普通高等教育“十一五”国家级规划教材

高职高专工程监理专业系列规划教材

土木工程测量

赵文亮　主　编
张东明　李会青　副主编

科学出版社
北　京

内 容 简 介

本书共十三章，主要内容包括绪论、测量仪器及操作、测量误差理论的基础知识、水准测量、角度测量、距离测量、小区域控制测量、大比例尺地形图测绘与应用、施工测量的基本工作、建筑施工控制测量、建筑工程施工测量、建筑物变形观测和竣工测量及测绘新技术简介。

本书可作为高职高专监理专业教学用书，亦可供土木工程测量人员参考。

图书在版编目(CIP)数据

土木工程测量/赵文亮主编.—北京：科学出版社，2004
(高职高专工程监理专业系列规划教材)
ISBN 978-7-03-013479-0

Ⅰ.土…　Ⅱ.赵…　Ⅲ.土木工程-工程测量-高等学校：技术学校-教材
Ⅳ.TU198

中国版本图书馆CIP数据核字(2004)第045471号

责任编辑：童安齐　彭明兰 / 责任校对：宋玲玲
责任印制：吕春珉 / 封面设计：耕者设计工作室

科学出版社 出版
北京东黄城根北街16号
邮政编码：100717
http://www.sciencep.com
三河市骏杰印刷有限公司印刷

科学出版社发行　各地新华书店经销

*

2004年7月第 一 版　开本：B5（720×1000）
2020年9月第十四次印刷　印张：13 3/4
字数：264 000

定价：36.00元

（如有印装质量问题，我社负责调换〈骏杰〉）
销售部电话 010-62136230　编辑部电话 010-62132124（VA03）

《高职高专工程监理专业系列规划教材》

编委会

前　言

近年来，以空间技术、计算机技术和信息技术为支柱的现代测绘新技术发展迅猛，测量仪器、测量工程技术和方法都取得了长足的进步。按照高职高专教育面向技术领域和职业岗位(群)的实际要求，本书内容紧密结合生产实际，并注意及时跟踪先进技术的发展，不仅让学生学习和掌握工程现场使用的常规测量仪器、测量技术和测量方法等工程测量知识，而且在相关章节中还介绍了电子水准仪、电子经纬仪、电子全站仪。此外，本书还对全球定位系统(GPS)、地理信息系统(GIS)、数字化测绘等新技术进行了介绍，反映了新技术和新方法在工程现场应用的新发展。本书具有较强的先进性和通用性，可作为建筑工程、土木工程监理、城市规划、城镇建设等专业的教材使用，也可供相关工程技术人员参考。

本书共分十三章，编写分工如下：昆明冶金高等专科学校赵文亮编写第一章、第二章，张东明编写第九章、第十章、第十一章，吕翠华编写第十二章和第十三章；深圳职业技术学院李会青编写第三章和第四章；平顶山工学院王卫军编写第七章和第八章；华北航天工业学院苏登天编写第五章和第六章；赵文亮负责全书的统稿定稿工作，并对部分章节做了补充和修改。

昆明理工大学方源敏教授对本书进行了审阅，并提出了宝贵的修改意见，在此表示衷心的感谢。

由于编者水平有限，书中可能存在疏漏之处，敬请读者批评指正。

目　　录

第一章　绪　　论

本章主要介绍土木工程测量的研究内容和任务，概述地球的形状和大小的概念及研究方法。重点讲述测量常用坐标系统及地球表面点位置的确定方法及测量原理，测量工作的程序及基本内容。分析了水准面的曲率对观测量的影响。

1.1　土木工程测量的内容和任务

测量学(亦称测绘学)是一门研究对地球整体和其表面形态以及对外层空间的物体的有关空间位置信息进行采集、处理、分析、描述、管理和利用的科学。测绘科学按照研究的重点内容和应用范围来分类，包括以下多个学科：

大地测量学——研究地球的形状、大小、重力场及其变化，通过建立区域和全球的三维控制网、重力网及利用卫星测量等方法测定地球各种动态的理论和技术。其基本任务是建立地面控制网、重力网，精确测定控制点的空间三维位置，为地形测量提供控制基础，为各类工程建设施工测量提供依据，为研究地球的形状、大小、重力场及其变化、地壳变形及地震预报提供信息。

摄影测量与遥感学——研究利用摄影和遥感技术获取被测物体的信息，以确定物体的形状、大小和空间位置的理论和方法。由于获得的图像的方法不同，摄影测量又分为航空摄影测量、水下摄影测量、地面摄影测量和航空遥感等。

海洋测量学——以海洋和陆地水域为研究对象，研究港口、码头、航道及水下地形测量的理论和方法。

工程测量学——研究在工程建设和自然资源开发中的规划、设计、施工、竣工验收和营运中测量的理论和方法。工程测量学包括控制测量、地形测绘、变形监测及建立相应的信息系统等内容。

地图制图学——研究各种地图的制作理论、原理、工艺技术和应用。研究内容主要包括地图编制、地图投影学、地图整饰、印刷等。现代地图制图学向着制图自动化、电子地图制作及地理信息系统方向发展。

土木工程测量是测量学的一个组成部分，它包括土木工程在勘测设计、施工建设和运营管理阶段所进行的各种测量工作。它的主要任务是：

1. 工程建设区域控制测量

根据土木工程建设的需要建立工程控制网，为测绘大比例尺地形图、施工放样和竣工测量、建(构)筑物形变的监测提供平面基准和高程基准。

2. 测绘大比例尺地形图

把工程建设区域内的地貌和各种物体的几何形状及空间位置，按照一定的符号和比例尺，运用测量学的理论、方法和工具测绘成地形图，为规划设计提供图纸和资料。

3. 地形图应用

为工程建设的规划设计，从地形图中获取所需的资料，例如点的平面坐标和高程、两点间的距离、地块的面积、地面的断面和地形分析资料等。

4. 施工放样和竣工测量

把图纸上设计的建(构)筑物，按照设计要求在现场标定出来，作为施工的依据；配合建筑施工工程，进行各种测量工作，保证施工质量；开展竣工测量，为工程验收、日后扩建和维修管理提供资料。

5. 建筑物变形观测

对于一些重要的建(构)筑物，在施工和营运其间，定期进行变形观测，以了解建(构)筑物的变形规律，监视其安全施工和运营。

归纳起来，测量工作大致可分为测定和测设两部分。测定是指使用测量仪器和工具，通过测量和计算得到一系列的数据，再把地球表面的地物和地貌绘成地形图，供规划、设计、经济建设、国防建设和科学研究使用。测设是指将图上规划、设计好的建筑物位置在地面上标定出来，作为施工的依据。

测绘工作贯穿于工程建设的全过程，直接关系到工程建设的速度和质量。因此，学好土木工程测量，掌握必要的测量知识和技能是很重要的。

1.2 地面点位定位及表示

1.2.1 地球的形状和大小

地面点位的确定，要求我们研究地球的形状和大小。地球的自然表面有高山、丘陵、平原、海洋等起伏形态，海洋面积约占地球表面的 71％，陆地面积约占 29％，是一个不规则曲面。假设一个静止不动的水准面延伸并穿过陆地，包围整个地球，形成一个闭合曲面，称之为水准面；与水准面相切的平面称为水平面。在地球上重力方向线与水准面相垂直，因此重力方向线称为铅垂线。铅垂线是测量工作的基准线。

水准面与因其高度不同而有无数个，其中与平均海水面相吻合的水准面称为大地水准面，它可以近似地代表地球的形状，如图 1.1 和图 1.2 所示。图中 PP_1 为地球自转轴。

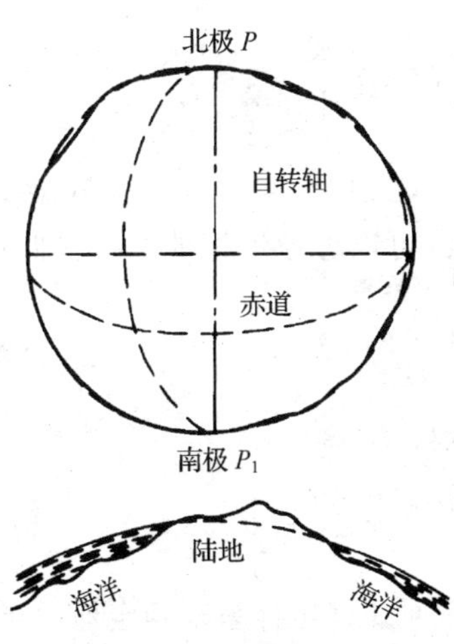

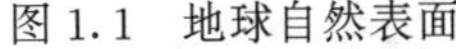

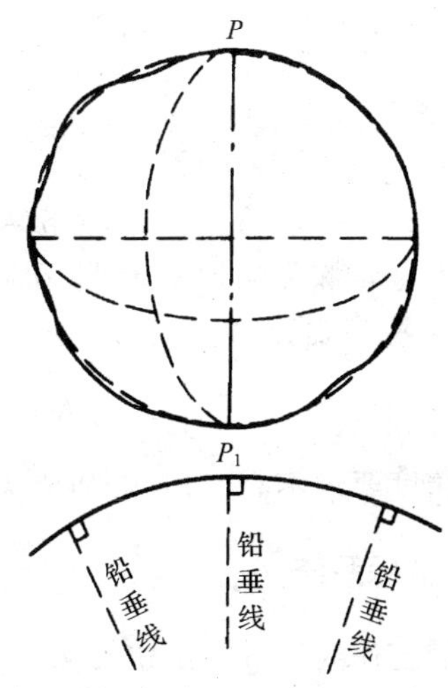

图 1.1　地球自然表面

图 1.2　大地水准面

大地水准面所包围的形体称为大地体。为了确定地面点的位置，必须有一个参照基准面，在实际测量工作中，是以大地水准面作为测量的基准面。由于地球内部质量分布不均匀，重力受其影响，致使大地水准面成为一个不规则的、复杂的曲面。如果将地球表面上的点位投影到这样一个不完全均匀变化的曲面上，在计算上将是很困难的。因此，经过长期测量实践表明，大地体与一个以椭圆的短轴为旋转轴的旋转椭球的形状十分近似，所以测绘工作便取大小与大地体很接近的旋转椭球作为地球的参考形状和大小，如图 1.3 所示。

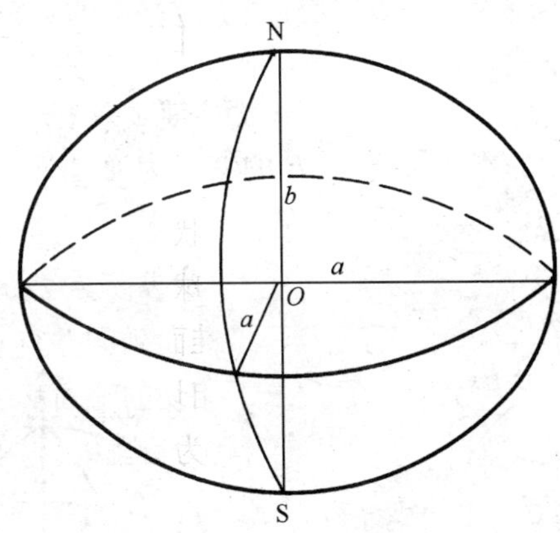

图 1.3　地球椭球体

我国目前采用的旋转椭球体的参数值为：

长半径

$$a = 6378140\text{m}$$

短半径

$$b = 6356755\text{m}$$

扁 率

$$\alpha = (a - b)/a = 1/298.257$$

由于旋转椭球的扁率很小，在测区面积不大，可以近似地把地球当作圆球，其半径 R 可按下式计算：

$$R = \frac{1}{3}(a + a + b) \tag{1.1}$$

在测量精度要求不高时，其近似值为 6371km。

1.2.2 坐标系统

测量工作的任务是确定地面点位。通常用下面几种坐标系来确定地面点位。

1. 地理坐标系

地理坐标系属球面坐标，根据不同的投影面，分为天文地理坐标系和大地坐标系。如图 1.4 所示，N、S 分别是地球的北极和南极，NS 称为自转轴。包含自转轴的平面称为子午面。子午面与地球表面的交线称为子午线。通过原格林尼治天文台的子午面称为首子午面。通过地心垂直于地球自转轴的平面称为赤道面，赤道面与椭球面的交线称为赤道。

以法线为依据，以地球椭球面为基准面的球面坐标系称为大地坐标系，赤道面和首子午面是确定地面点大地坐标的两个基准面，地面点的大地坐标用大地经度 L 和大地纬度 B 来表示。某点 P 的大地经度为过 P 点的子午面与首子午面的夹角 L；某点 P 的大地纬度为通过 P 点的法线与赤道平面的夹角 B，如图 1.4 所示。

若点的位置以铅垂线为依据，则以大地水准面为基准面的球面坐标系称天文坐标系。地面点的天文坐标用经度 λ 和天文纬度 φ 来表示。某点 P 的经度为过 P 点的子午面与首子午面的夹角 λ；某点 P 的纬度为通过 P 点的铅垂线与赤道平面的夹角 φ，如图 1.5 所示。

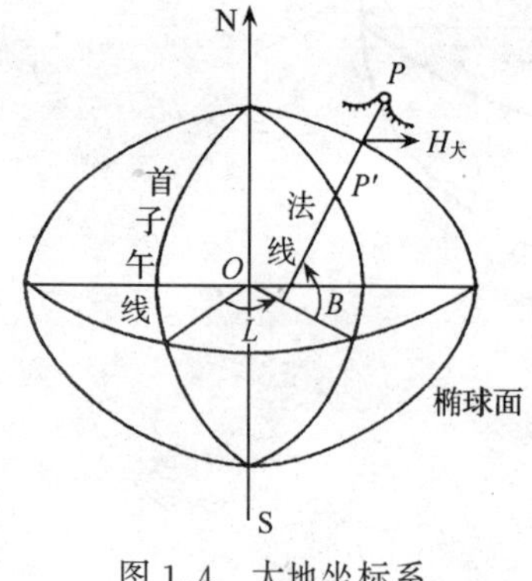

图 1.4 大地坐标系

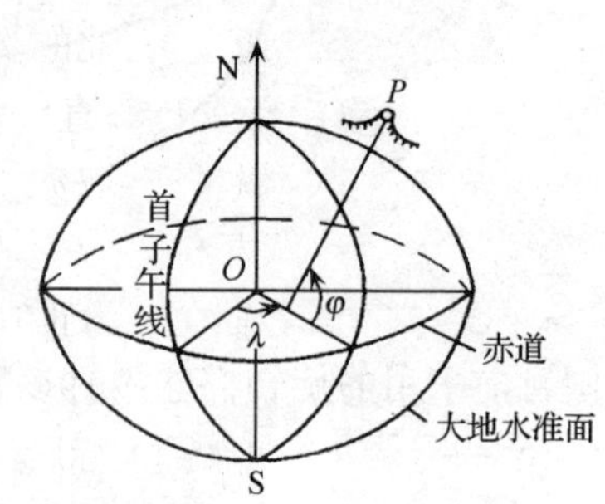

图 1.5 天文坐标系

大地坐标和天文坐标，自首子午线起，向东 0°～180°称东经，向西 0°～180°称西经。自赤道起，向北 0°～90°称北纬，向南 0°～90°称南纬。例如北京某点的大地坐标为东经 $L=116°28'$，北纬 $B=39°54'$。

2. 高斯平面直角坐标系

地理坐标是球面坐标，由于工程设计与计算是在平面上进行的，需要将点的位置和地面图形表示在平面上，因而地理坐标不便于直接进行各种计算。为此，需将球面上的图形用平面表现出来，这就必须采用适当的投影方法。我国采用的是高斯投影法。

高斯投影方法是首先将地球按经线划分成带，称为投影带。投影带从首子午线起，每隔 6°划分一带（称为 6°带），如图 1.6，共划分成 60 个带，如图 1.6(a)所示。从首子午线开始自西向东编号，东经 0°～6°为第一度带，6°～12°为第二度带，依次类推，如图 1.6(b)。位于每一带中央的子午线称为中央子午线，第一带子午线的经度

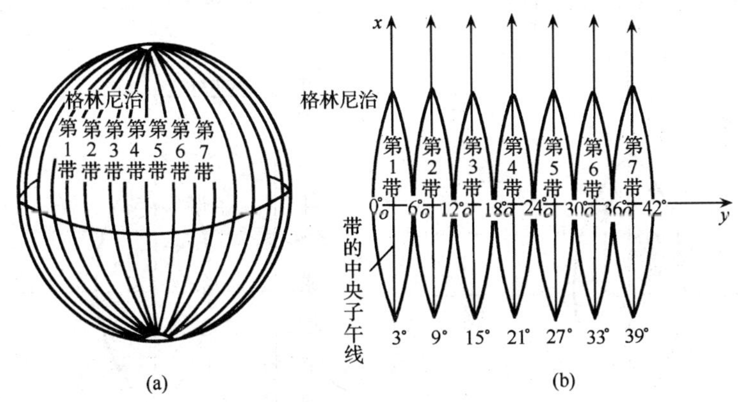

图 1.6　高斯投影 6°分带

为 3°，任意一带的中央子午线经度 λ_0 为：

$$\lambda_0 = 6N - 3 \tag{1.2}$$

式中：N——6°带的带号。

采用高斯投影时，设想取一个空心圆柱与地球椭球的某一中央子午线相切，如图 1.7 所示。在地球图形与柱面图形保持等角的条件下，将球面上的图形投影到圆柱面上，然后将圆柱沿着通过南、北的母线切开、并展成平面。在这个平面上，中央子午线与赤道线成为相互垂直的直线，其他子午线和纬线成为曲线，如图 1.9 所示。取中央子午线为坐标纵轴 X，取赤道为坐标横轴 Y，两轴的交点 O 为坐标原点，组成高斯自然平面直角坐标系。

在坐标系内，规定 X 轴向北为正，Y 轴向东为正。我国位于北半球，X 坐标均为正值，Y 坐标则有正有负，如图 1.9(a)所示，$Y_A=136780$m，$Y_B=-272440$m。为了避免 Y 坐标出现负值，将每带的坐标原点向西移动 500km，如图 1.9(b)所示，纵轴西移后，$Y_A=500\ 000+136\ 780=636\ 780$m，$Y_B=500\ 000+(-272\ 440)=227\ 560$m。由于每个投影带中都有这样一个坐标的点，为说明点所在的投影带，在 Y 坐

标前再冠之以投影带的带号，以构成高斯实用坐标。如该两点在第 26 投影带中，则 $Y_A=26\ 636\ 780\text{m}$，$Y_B=26\ 227\ 560\text{m}$。在高斯投影中，离中央子午线近的部分变形小、离中央子午线愈远变形愈大，两侧对称。当要求投影变形更小时，可采用 3°带投影或 1.5°带投影法。

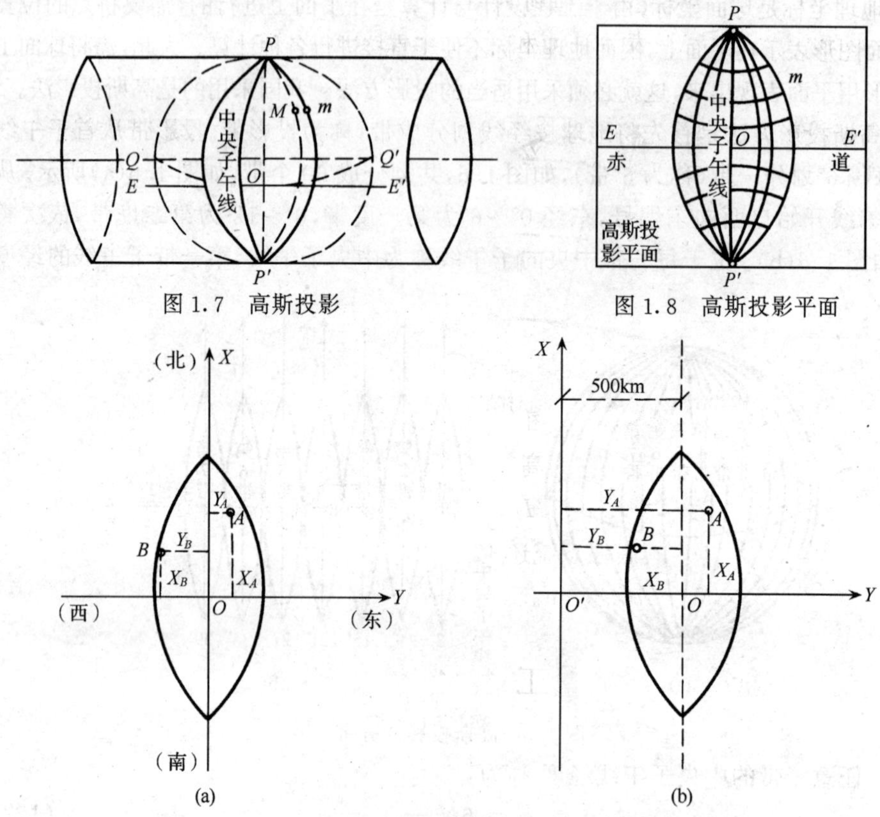

图 1.7　高斯投影

图 1.8　高斯投影平面

图 1.9　高斯平面直角坐标

高斯平面直角坐标系和数学笛卡儿坐标系相比较，象限顺序不同，并赋予了统一的地理方位的意义表现在地图上的上北下南左西右东，这个变化不影响平面点线之间的数学关系。

3. 任意平面直角坐标系

当测量的范围较小时，可以将该测区的大地水准面当作平面看待，在该面上建立独立平面直角坐标系。通常将任意直角坐标系的原点选在测区西南角，以使测区内任意点的坐标均为正值。坐标系原点可以是假定坐标值，也可采用高斯平面直角坐标值。规定 X 轴向北为正，Y 轴向东为正。

1.2.3　高程系统

地面点高程是指一定高程基准面至地面点的垂直距离，简称高程，用 H 表示。

如图 1.10 所示，H_A、H_B 分别为 A 和 B 点的高程。

我国的高程系统是以青岛验潮站历年记录的黄海平均海平面为基准，并在青岛建立了国家水准原点，其高程为 72.260m，称为 1985 年国家高程基准。

在局部地区有时可以假定一个水准面作为高程起算面（指定某个固定点并假设其起算高程为零），假定水准面到地面点的铅垂线长称为该点的相对高度。如图 1.10 所示，H'_A、H'_B 分别表示 A 点和 B 点的相对高程。

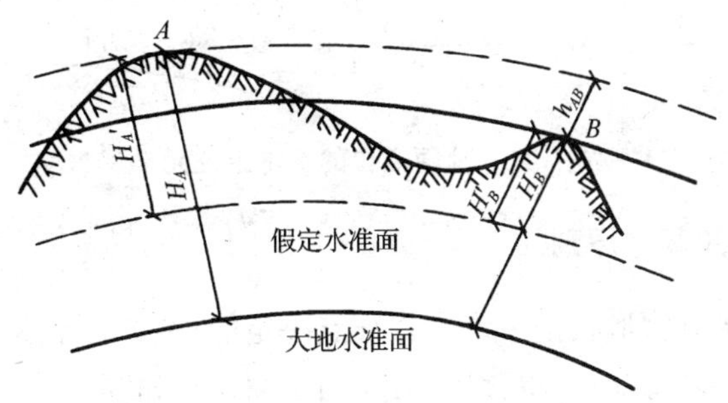

图 1.10　高程系统

地面两点之间的高程差称为高差，用 h 来表示。A、B 两点的高差为

$$h_{AB} = H_B - H_A = H'_B - H'_A \tag{1.3}$$

在我国有的地方，其高程系统还在沿用 1956 年黄海高程系统。1956 年黄海高程系统青岛原点高程为 72.289m。

1.3　测量工作的基本内容和原则

1.3.1　测量工作的基本内容

地球表面高低起伏、有各种地物，其外形是复杂的。测绘工作的基本任务是用测绘技术确定地面点的位置，即地面点定位。地面点定位过程有测绘和测设两个方面。测绘是利用测量技术手段测定地面点的空间位置，并以图形、数据等信息表示出来的过程；测设是利用测量技术手段把设计拟定的点位标定到地面上的过程。实际测量工作中，一般不能直接测出地面点的坐标和高程。通常是求得待定点与已测出坐标和高程的已知点之间的几何位置关系，然后再推算出待定点的坐标和高程。

如图 1.11 所示，设 M、N 点的坐标已知，P 点为待定点，A 的高程已知，B 点为待定点。在 ΔMNP 中，通过测量角度值 a 和边长 D 即可解算出 P 点的坐标。欲求 B 点的高程，则要测量出 A、B 点间高差 h，并可推算出 B 点高程。确定点的高程的主要测量工作是测高差。

由此可见，测量的基本工作是角度测量、距离测量和高差测量。角度、距离和高差是地面定位的基本观测量。

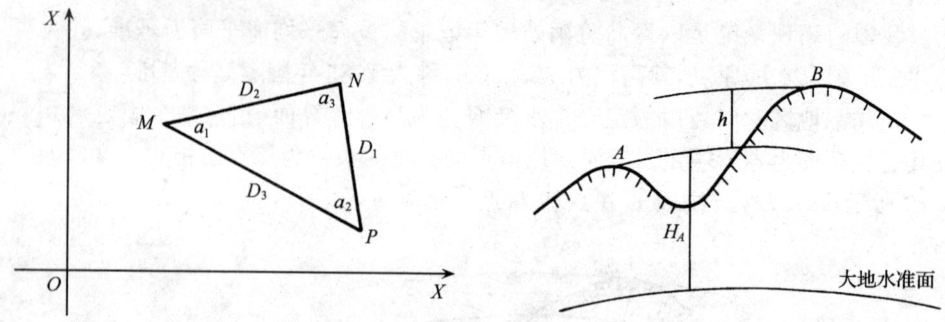

图 1.11　地面点位的基本定位元素

1.3.2　测量工作的基本原则

地表形态和建筑物形状是由许多特征点决定的。在进行土木工程测量时，就需要测定(或测设)许多特征点(也称碎部点)的平面位置和高程。如果从一个特征点开始逐点进行施测，虽然可得到待测各点的位置坐标，但由于测量工作中存在不可避免的误差，会导致前一点的测量误差传递到下一点，并且误差会积累起来，最后可能使点位误差达到不可容许的程度。而且如一旦出现错误，将使后续工作由于在错误的基础上而完全错误。因此，测量工作必须按照一定的原则进行。在实际测量工作中，应遵循以下三个原则：

1. 整体原则

即“从整体到局部”的原则。任何测绘工作都必须先总体布置，然后分期、分区、分项实施，任何局部的测量过程必须服从全局的定位要求。

2. 控制原则

即“先控制后碎部”的原则。也就是先在测区内选择一些有控制意义的点(称为控制点)，把它们的平面位置和高程精确地测定出来，然后再根据这些控制点测定出附近碎步点的位置。这种测量方法可以减少误差积累，而且可以同时在几个控制点上进行测量，加快工作进度。

3. 检核原则

即“步步检核”的原则。测量工作必须重视检核，防止发生错误，避免错误的结果对后续测量工作的影响。

1.4　水准面曲率对观测量的影响

水准面是一个曲面，曲面上的图形投影到平面上，会产生一定的变形。在实际测量工作中，当测区面积不大，并能满足一定的变形精度要求时，往往以水平面代替水准面，即以水平面为基准面。

如图 1.12 所示，S 为地面上 M、N 两点在大地水准面 P 上的弧长，S' 为 M、N 两点投影点到水平面上的长度，投影的距离误差 $\Delta S=S'-S$，$n'n$ 为高程误差 Δh，R 为地球半径。

水平面代替大地水准面所产生的距离误差，可用下式表示：

$$\Delta S = \frac{S^3}{3R^2} \tag{1.4}$$

水平面代替大地水准面所产生的高程误差，可用下式表示：

$$\Delta h = \frac{S^2}{2R} \tag{1.5}$$

取 R=6371km，以不同的 S 值代入式(1.4)和式(1.5)，所产生的距离和高程误差分别如表 1.1 和表 1.2 所列。

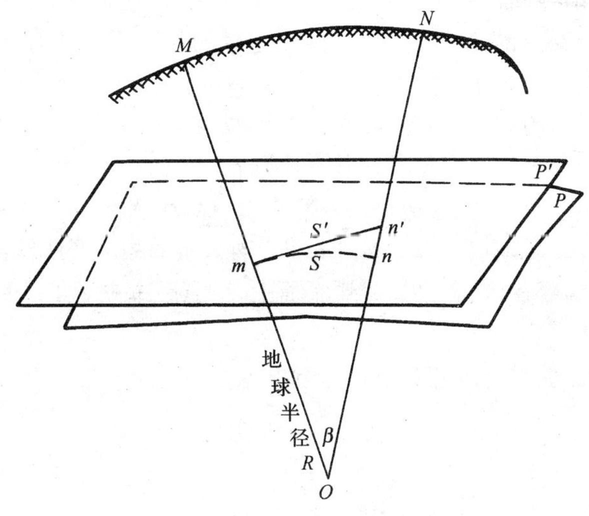

图 1.12　水平面代替水准面所产生的误差

由表 1.1 可知，当 S=20km 时，距离相对误差仅为 1∶300 000，对常规的测量精度要求而言也是允许的。因此，在半径为 20km 的范围内可以用水平面代替水准面。

由表 1.2 可知，距离仅 100m 时，高程误差已达 0.8mm；当距离为 200m 时，高程误差达 3.1mm。显然，进行高程测量时，应考虑地球曲率对高程的影响。

表 1.1　水平面代替水准面所产生的距离误差

S/km	ΔS/cm	$\Delta S/S$
10	0.8	1∶1 220 000
20	6.6	1∶304 000

表 1.2　水平面代替水准面所产生的高程误差

S/km	0.1	0.2	0.5	1
Δh/mm	0.8	3.1	19.6	78.5

思　考　题

1.1　土木工程测量的任务是什么？

1.2　测定与测设有何区别？

1.3　如何表示地球的形状和大小？

1.4　为何选择大地水准面和铅垂线作为测量工作的基准面和基准线？

1.5　何谓绝对高程？何谓相对高程？两点之间的绝对高程之差与相对高程之差是否相同？何谓标高？

1.6　地球上某点的经度为东经 112°21′，试问该点所在 6°带和 3°带的中央子午线经度和带号。

1.7　测量工作的基本内容是什么？有哪些基本观测量？

1.8　进行测量工作要遵循哪些基本原则？

1.9　已知某点的高斯平面直角坐标为 $X=3\ 102\ 467.28$m，$Y=20\ 792\ 538.69$m，试问该点位于 6°带的第几带？该带的中央子午线经度是多少？该点在中央子午线的哪一侧？在高斯投影平面上，该点距中央子午线和赤道的距离约为多少？

1.10　水准面曲率对观测量有何影响？

第二章 测量仪器及操作

测绘工作是一项实践与操作性强的技术工作，必须有相应的测量仪器作为支撑。熟练使用和操作测量仪器是测绘工程技术人员的一项基本技能。本章主要介绍经纬仪、水准仪和全站仪的基本结构，操作使用方法、以及用于测量的基本方法。重点突出对测绘仪器的操作及使用，同时讲述了测量仪器维护的基础知识。

2.1 水准测量的仪器和工具

2.1.1 概述

水准测量所使用的仪器为水准仪，工具为水准尺和尺垫，用来测量地面间两点的高差。

水准仪按其精度可分为（DS05、DS1、DS3 以及 DS10）等不同的四个等级。“D”、“S”分别是“大地测量”、“水准仪”两个汉语拼音第一个字母的简写，数字“05”、“1”、“3”和“10”等数字是用来表示该仪器进行水准测量时，每公里往、返观测得到的高差中数的偶然中误差值。水准仪有光学水准仪和电子水准仪两种类型。在土木工程测量中，DS3 级水准仪是目前广泛使用的水准仪，本章重点介绍这类仪器见表 2.1。

表 2.1 水准仪系列主要技术参数

项目名称	水准仪等级			
	DS05	DS1	DS3	DS10
每千米水准测量高差中误差/mm	±0.5	±1.0	±3.0	±10.0
望远镜物镜有效孔径(不小于)/mm	42	38	28	20
望远镜放大倍数	55	47	38	28
主要用途	一等水准测量	二等水准测量	三、四等水准测量及工程测量	一般工程测量

2.1.2 DS3 水准仪的构造

水准仪由望远镜、水准器和基座三部分组成。在进行水准测量时，水准仪能产生一条水平视线，并能瞄准水准尺进行读数。图 2.1 中的水准仪为我国生产的 DS3 微倾式水准仪。

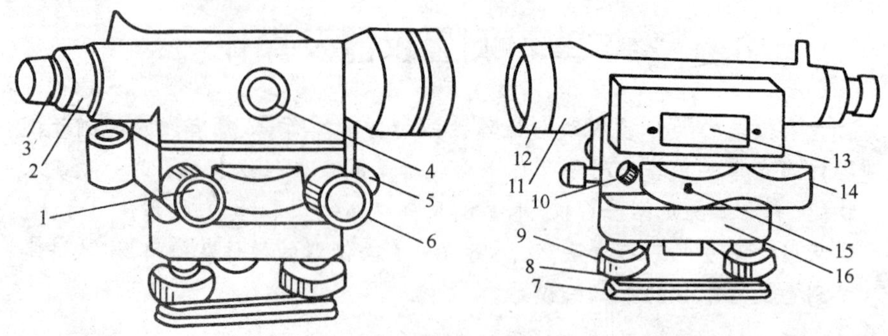

图 2.1 DS3 水准仪

1. 微倾螺旋；2. 分划板护罩；3. 目镜；4. 物镜调焦螺旋；5. 制动螺旋；6. 微动螺旋；7. 底板；8. 三角压板；9. 脚螺旋；10. 弹簧帽；11. 望远镜；12. 物镜；13. 管水准器；14. 圆水准器；15. 连接小螺钉；16. 轴座

1. 望远镜

水准仪的望远镜结构如图 2.2 所示。其主要由物镜、目镜、调焦透镜和十字丝分划板所组成。望远镜和水准管连成一个整体，转动微倾螺旋可调节水准管连同望远镜一起在竖直面内作微小转动，从而使望远镜视线精确水平。

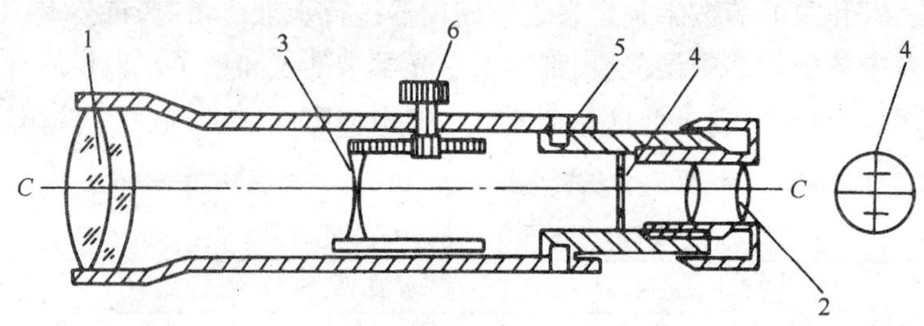

图 2.2 望远镜结构

1. 物镜；2. 目镜；3. 调焦透镜；4. 十字丝分划板；5. 连接螺钉；6. 调焦螺旋

十字丝分划板是一块刻有分划线的透明薄平板玻璃片，分划板上互相垂直的两条长丝，称为十字丝。纵丝称为竖丝，横线称为中线。上、下两条对称的短丝称为视距丝，用于测量距离。操作时，利用十字丝交叉点和中丝瞄准目标和读取水准尺上的读数。十字丝交叉点与物镜的连线，称为视准轴。当水准仪整平后，视准轴即为水平视线。

2. 水准器

水准器是操作人员用来判断水准仪安置是否正确的重要部件。水准仪上的水平视线就是借助水准器获得的。水准器有管水准器和圆水准器。

(1) 管水准器

管水准器外形如管状如图 2.3 所示，内壁圆弧的中心 O（最高点）为水准零点，过零点与圆弧相切的切线 LL，称为水准管轴。根据气泡在管内占有最高位置的特性，当气泡中点位于零点位置时，称为气泡居中，即 LL 呈水平。

水准管上对称于零点，向两侧刻有 2mm 间隔的分划线，水准管上相邻两分划间的弧长所对的圆心角值，称为水准管分划值，用 τ 表示，如图 2.4 所示。

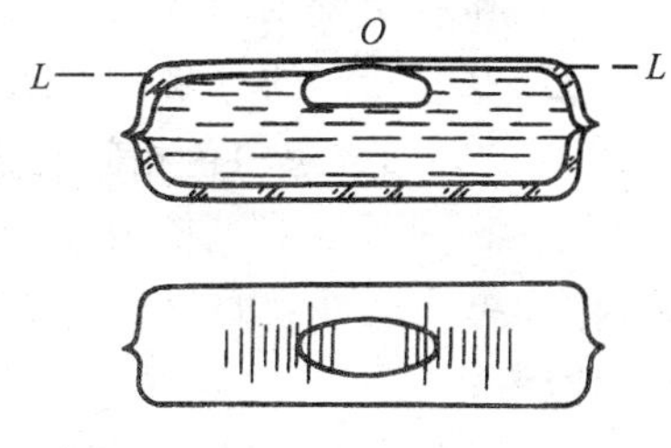

图 2.3　水准管

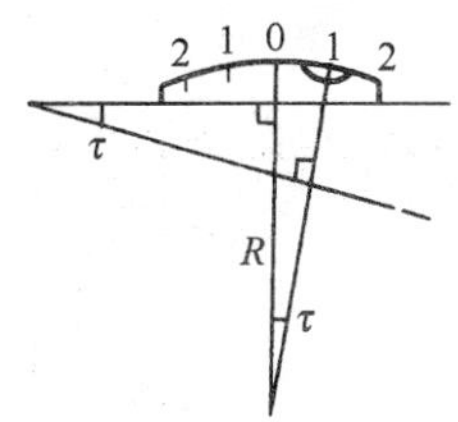

图 2.4　水准管分划值

水准管的圆弧半径越大，分划值越小，灵敏度（即整平仪器的精度）也越高。常用测量仪器的水准管分划值为 10″，20″，分别记作 10″/2mm，20″/2mm。为了提高水准气泡的居中精度和便于观测，水准仪上都装置了符合水准器。

符合水准器是在水准管的上方安装了一组棱镜，如图 2.5 所示，借反射作用把两端气泡影像传递到望远镜旁的观察窗内，当两端气泡影像符合一致时，如图 2.5（a）所示，表明气泡居中。

（2）圆水准器

圆水准器外形如圆盒状，顶部玻璃的内表面为球面，中央刻有圆圈，其圆心即为圆水准器的零点，零点与球面曲率中心的联线称为圆水准轴，用 $L'L'$ 表示，如图 2.6 所示，当气泡位于圆中心时表示气泡居中，即圆水准轴呈铅垂位置。气泡中心每偏离零点 2mm 所对应的圆心角称圆水准器的分划值，圆水准器的分划值一般为 4′～15′。

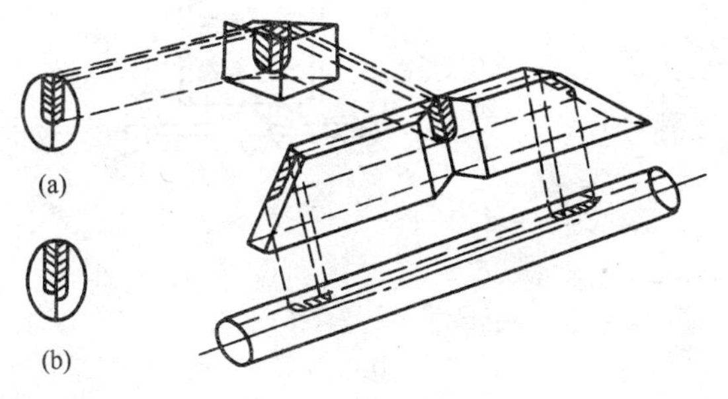

图 2.5　符合水准器

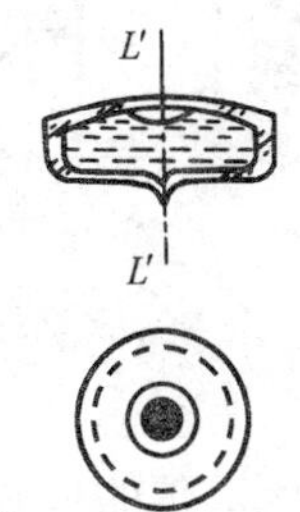

图 2.6　圆水准器

（3）基座

基座呈三角形，其中心是一个空心轴套，仪器上部通过竖轴插在轴套内。基座下部装了一块三角底板，脚螺旋分别安置在底板的三个叉口内，通过三角架上的连接螺旋将仪器与三角架相连。转动脚螺旋调节水准器使仪器大致水平。

2.1.3 水准尺和尺垫

水准尺是水准测量时使用的标尺。其质量好坏直接影响水准测量的精度。水准尺常用干燥优质木材、铝材和玻璃钢制成，有单面刻划和双面刻划两种尺子，如图 2.7 所示。尺长一般为 3m，尺面每隔 1cm 涂以黑白或红白相间的分格，每 1dm 处注有阿拉伯数字，数字有正写与倒写两种。双面水准尺的一面为黑白色相间的分格，称黑面尺，另一面为红白色相间的分格，称红面尺。黑面尺尺底分划值为零，红面尺尺底分划值是从一数值如 4687(或 4787)开始，称为黑红面分划差值常数 K，或称黑红面读数差值常数 K(K 可作为测量时读数的检核)。

进行水准测量时，在需要设置转点的地面放一块尺垫，如图 2.8 所示，尺垫一般由三角形的铸铁块制成，中央有突起的半圆球，水准尺就立在半圆球的顶上。

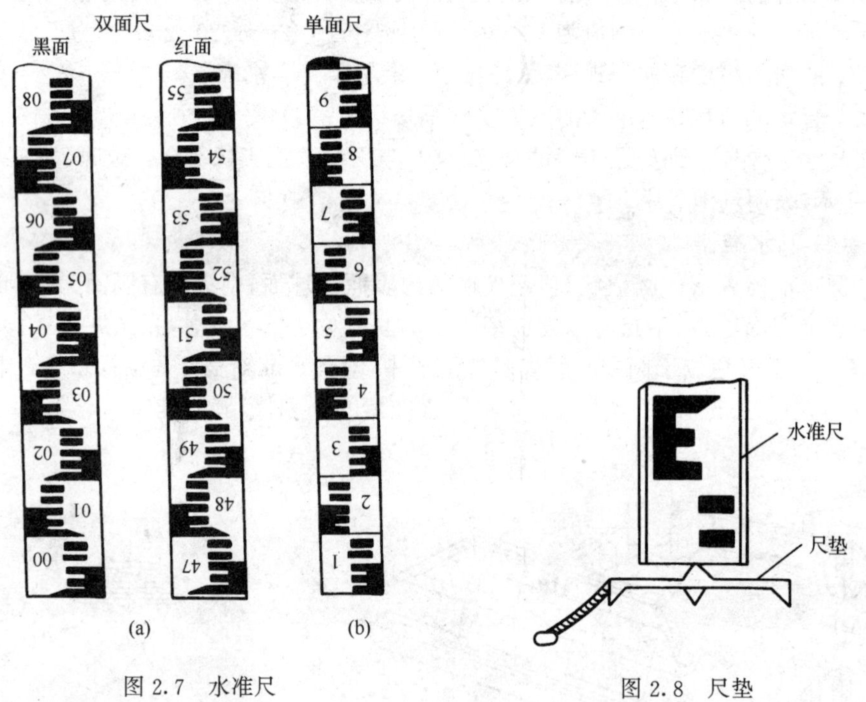

图 2.7 水准尺

图 2.8 尺垫

2.1.4 水准仪的使用

在安置水准仪之前，松开三脚架脚腿上的 3 个制动螺旋，伸缩架腿，使三脚架的安置高度约在观测者的胸部，并旋紧制动螺旋。三脚等分开，使架头大致水平，并用脚尖将脚架踩实。然后从仪器箱内取出水准仪，放在三脚架头上，立即将架头上的连接螺旋旋入仪器基底内，旋紧固定，以防仪器从架头上摔下来。

1. 粗略整平

粗平是借助圆水准器的气泡居中，使仪器竖轴大致铅垂，从而使视准轴水平。具体方法是：首先用双手按图 2.9(a)箭头所指的方向转动脚螺旋 1 和 2，使气泡移到中央，再按图 2.9(b)移动脚螺旋 3 使气泡居中。气泡移动方向和左手大姆指旋转螺旋时转动的方向相同。

2. 照准水准尺

首先转动目镜调焦螺旋使十字丝清晰，然后松开制动螺旋，转动仪器，通过望远镜上面的准星找到目标，旋紧制动螺旋。转动物镜调焦螺旋，使水准尺的成像最清晰。然后旋转微动螺旋使水准尺的影像靠近十字丝纵丝的一侧，如图 2.10 所示。

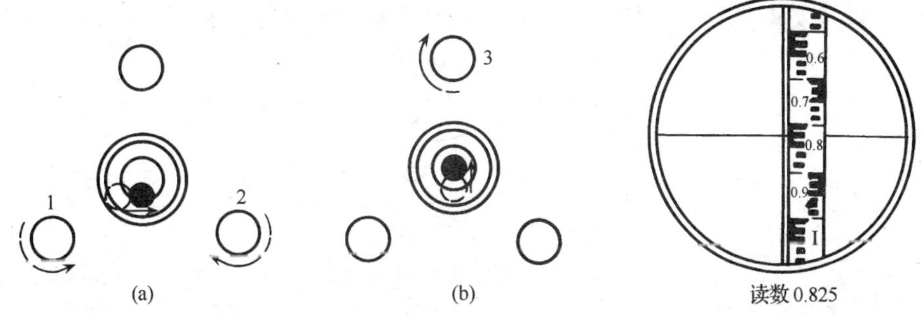

图 2.9　圆水准器整平　　　　图 2.10　瞄准与读数

眼睛在目镜端上下微微移动，若十字丝的横丝在水准尺影像上位置随之变动，这种现象称为视差。视差的存在会影响读数的正确性，观测时应消除之。视差消除的方法是重新仔细地进行调焦，直到眼睛上下移动读数不变时为止。

3. 精平和读数

精平是转动微倾螺旋使长水准管气泡居中。符合水准气泡的两半影像符合成图 2.11(a)的形式，即表示视线水平。如果是如图 2.11(b)或(c)情形时，可转动微倾螺旋使气泡居中。并可根据中丝在水准尺上读取读数，如图 2.10 所示，水准尺读数为 0.825m，估读到 mm。

2.1.5　电子水准仪

电子水准仪是近些年所发展起来的集光、电、机为一体的水准测量仪器，如图 2.12 所示，是徕卡公司生产 NA2000 数字编码自动安平水准仪。电子水准仪利用电子图像处理技术来获得测站高程和距离，并能自动记录。仪器内置测量软件包，功能包括测站高程连续计算、测点高程计算、路线水准平差、高程网平差及断面计算，多次测量平均值计算和测量精度计算等。

电子水准仪的安置与普通光学水准仪大致相同，只是电子水准仪的水准尺为条形码尺，不用人工读数，实现了水准测量的自动化。电子水准仪的使用方法如下：

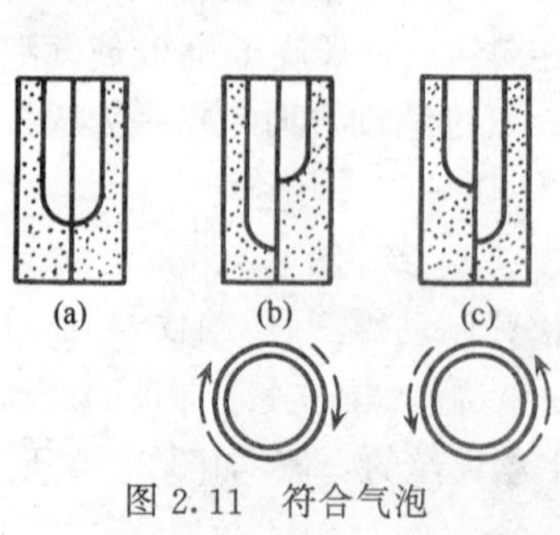

图 2.11　符合气泡

图 2.12　电子水准仪

1）仪器安置。电子水准仪的安置同光学水准仪的安置。

2）整平。旋转脚螺旋使圆水准盒气泡居中。

3）数据准备。输入测站参数，即测站的高程。

4）观测。将望远镜对准水准尺，并按测量键进行测量。

5）读数。直接从显示窗口中读取高差和高程，此外还可以获得距离等数值。

2.2　角度测量仪器

2.2.1　概述

测量角度的仪器称之为经纬仪。经纬仪的种类很多，分光学经纬仪和电子经纬仪两大类。

经纬仪按测角精度的不同，我国把经纬仪分为(DJ07、DJ1、DJ2、DJ6)等不同级别。其中，“D”、“J”分别是“大地测量”、“经纬仪”两个汉语拼音第一个字母的简写，数字“07”、“1”、“2”、“6”等表示该级别仪器所能达到的测量精度指标(数字表示此精度级别的经纬仪一测回方向观测中误差的秒值)。表 2.2 列出了各等级光学经纬仪的主要技术参数及主要用途。

电子经纬仪、全站仪按照不同测角(测距)精度可分为 0.5s、1s、2s 和 5s 等几个级别。

目前，在一般的土木工程测量中使用较多的是光学经纬仪，在工程上最常用的是 DJ6 光学经纬仪。本节重点介绍 DJ6 经纬仪的操作及使用。

2.2.2　DJ6 光学经纬仪

DJ6 光学经纬仪属于普通经纬仪。经纬仪一般都包括基座，水平度盘和照准部三个部分。现以西北光电仪器厂生产的经Ⅲ经纬仪为例说明 DJ6 光学经纬仪的构造，图 2.13 为经纬仪基本构造示意图。

表 2.2 系列光学经纬仪技术参数

项目名称	经纬仪等级		
	DJ1	DJ2	DJ6
一测回水平方向中误差不大于	±1″	±2″	±6
望远镜物镜有效孔径(不小于)/mm	60	40	40
望远镜放大倍数	30	28	20
主要用途	二等平面控制测量及精密工程测量	三、四等平面控制测量、一般工程测量	图根控制测量、一般工程测量

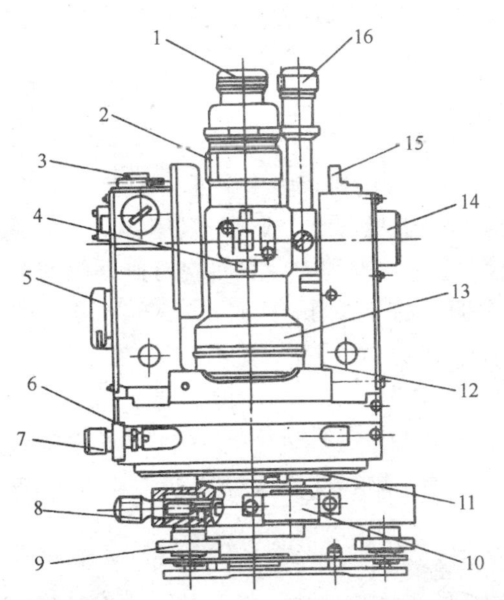

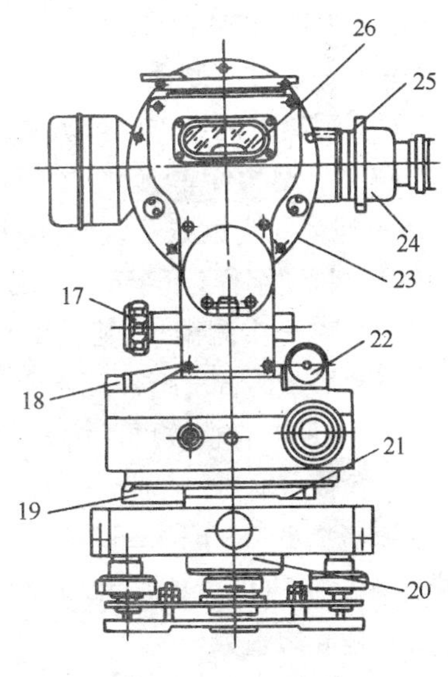

图 2.13 DJ6 型光学经纬仪

1. 望远镜目镜;2. 调焦螺旋;3. 零位水准器反光镜;4. 光学粗瞄器;5. 照明反光镜;6. 水平微动螺旋;7. 水平制动螺旋;8. 轴座固定螺旋;9. 脚螺旋;10. 圆水准器;11. 电刷;12. 水准器调节螺旋;13. 望远镜;14. 照明变阻器;15. 磁针插座;16. 读数显微镜;17. 垂直微动螺旋;18. 光学对中器;19. 照明供电插座;20. 基座;21. 水平度盘变换手轮;22. 照准部水准器;23. 竖直度盘;24. 分划板护罩;25. 照准部;26. 竖盘水准管

1. 基座部分

基座主要有轴座、脚螺旋和连接板。转动脚螺旋可使照准部上的水准气泡居中,从而使竖轴铅直,度盘水平。将三角架头上的连接螺旋旋进基座连接板,仪器与三角架就可固定连在一起。

2. 照准部部分

照准部的构件最多，主要有望远镜、读数设备、竖直度盘、水准器和竖轴。照准部的旋转轴即为仪器的纵轴，照准部在水平方向转动，瞄准目标时，由水平制动螺旋和水平微动螺旋来控制。

望远镜用来照准远处的观测目标，望远镜旋转的轴为横轴。瞄准目标时，由望远镜制动螺旋和望远镜微动螺旋来控制。由于望远镜在竖直平面内转动，所以又称垂直制动螺旋和垂直微动螺旋。

3. 度盘部分

经纬仪的水平度盘和垂直度盘由光学玻璃制成。水平度盘安装在纵轴套外围，不随照准部一起转动，但是可以通过转动水平度盘变换手轮，使水平度盘转动一个位置。垂直度盘以横轴为中心，并与横轴固定连接，随望远镜一起转动。

4. 度盘读数装置和读数方法

光学经纬仪的度盘读数装置包括光路系统和测微器。水平度盘和垂直度盘的分划线(度盘刻度)，经照明后通过一系列棱镜和透镜，最后成像在读数显微镜内。DJ6 光学经纬仪有测微尺和平行玻璃测微器两种读数装置。

(1) 测微尺测微器及读数方法

测微尺结构简单，读数方便，目前大部分 DJ6 经纬仪都采用这种测微器。图 2.14 此即为此类读数系统。读数窗口上半部分的影像为水平度盘读数，一般标有“H”或“水平”字样，下半部分为竖直度盘，一般标有“V”或“竖直”字样。上半部和下半部各有一个测微尺，其长度与成像在读数窗分画线上的度盘分画间隔的宽相等。测微尺分为 60 小格，相当于度盘上的 1°的分画间隔分成 60 等分，每小格的格值为 1′，不足 1′的小数可以估读。为了读数方便，每 10 小格标有注记。实际读数时，则以度盘的分画线作为读数指标。读数时，“度”从压在度盘测微尺的度盘分划上的注字读出；“分”以下的数以该分划线为指标读出。在图 2.14 中，水平度盘读数为 49°52′30″，竖直度盘读数为 287°01′48″。注意，估读秒时，按 1/10 格为 6″估读，因此秒值应是 6″的整数倍。

(2) 平行玻璃测微器及读数方法

根据光学原理，光线经以一定的入射角穿过平行玻璃板时，将会产生平移。平行玻璃测微器就是根据这一原理设计的。采用平行玻璃测微器的经纬仪，度盘分划 2 值一般为 30′，整度数处标有注记。测微器主要由平行玻璃板、测微尺和测微轮组成。转动测微轮可带动平行玻璃和与之相连在一起的测微尺转动。这时，可以在读数显微镜中看到度盘分画的影像和测微尺一起移动，当度盘分画影像移动一格(即为 30′)时，测微尺正好转动 90 小格。因此，测微尺的格值为每格 20″，一般常规最小可估读至 0.1 格(即 0.1×20″=2″)。图 2.15 为在读数显微镜中看到的平行玻璃测微器的读数窗。在读数窗中有三个读数窗口，下窗为水平度盘影像，中窗为竖直度盘影像，上窗为测微尺影像。读数时，先转动测微轮，使度盘分画线精确地位于双指

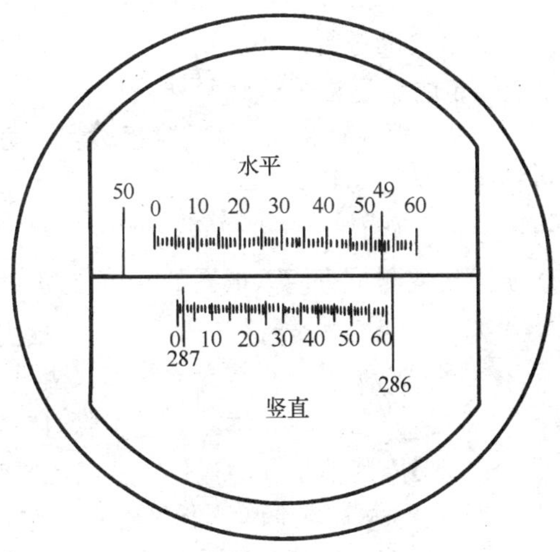

图 2.14 测微尺的读数窗

标线的中间，整度数（或 30′）根据该分画线读出，分数和秒数从测微尺上读取，两个读数相加，即为度盘的完整读数。在图 2.15 中，水平度盘读数：49°30′＋22′40″＝49°52′40″；竖直度盘读数：107°＋01′40″＝107°01′40″。

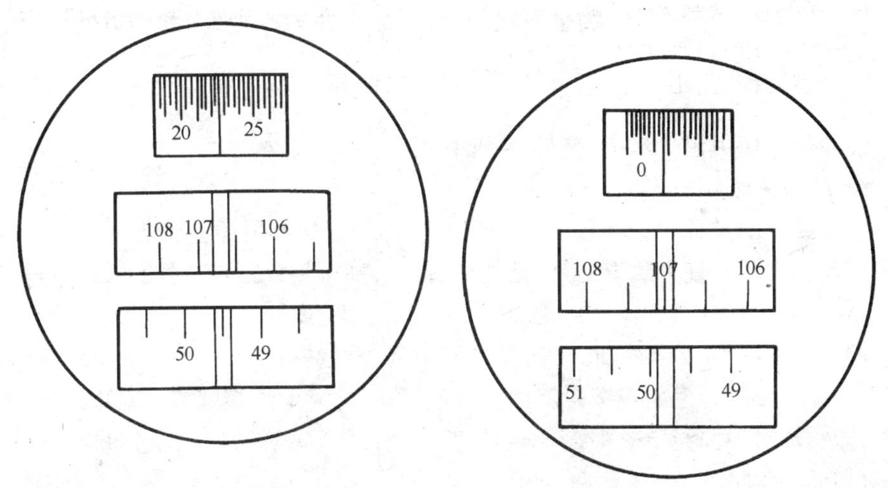

图 2.15 平行玻璃测微器读数窗

2.2.3 电子经纬仪

电子经纬仪是近代生产的一种新型测角仪器，是利用电子测角原理，自动地把度盘的角值以数字方式显示在屏幕上，其外形如图 2.16 所示。与光学经纬仪相比较，电子经纬仪主要有以下特点：

1）采用扫描技术，从而消除光学经纬仪在结构上的一些误差，例如度盘偏心差、度盘刻划误差等。

2）现代电子经纬仪具有三轴自动补偿功能，可以自动测定仪器的横轴误差、竖轴误差，并能对角度观测值自动进行改正。

3）电子经纬仪可依一定的编码格式将观测结果自动存储至数据记录器、外存储器或直接通过通讯接口传输到计算机中，并同时用数字的方式直接在显示屏上显示，可以实现角度自动测量和数字化。

4）电子经纬仪与电磁波测距仪的有机组合，构成各种类型的全站仪，可直接测量点位的三维坐标，便于实现测量、计算、成图的一体化和自动化。

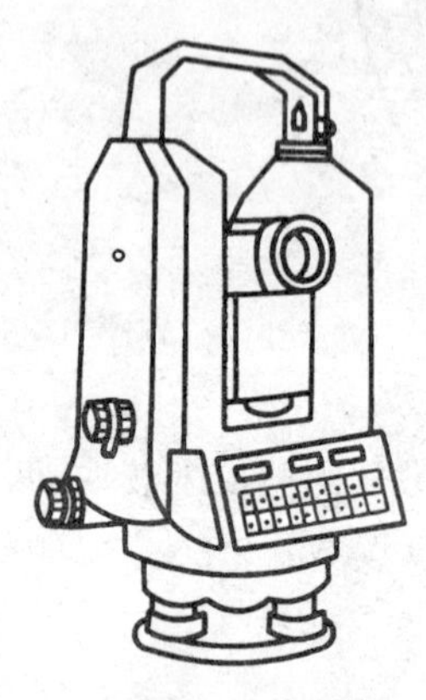

图 2.16　电子经纬仪

电子经纬仪在结构上和外观上与光学经纬仪基本类似，使用方法与光学经纬仪也基本相同，包括安置仪器、照准目标和读数三个步骤。除读数在屏幕上直接读取外，其他步骤的操作方法与光学经纬仪完全相同。

电子经纬仪与光学经纬仪的主要区别在于读数系统。光学经纬仪采用带有数字注记刻画的光学度盘，以及由度盘和一系列光学棱镜、透镜所构成的光学读数系统。电子经纬仪采用电子度盘以及由机、电、光器件组成的测角系统。电子经纬仪有 3 种测角方法，即编码法、增量法和动态法。在这里不再讲述各种测角系统的测量原理，请参阅有关的仪器说明书和相关书籍。

2.2.4　经纬仪的使用

经纬仪的使用包括对中、整平、瞄准和读数等几个步骤。

1. 经纬仪的对中

对中的目的是要把经纬仪的纵轴安置在测站点所在的铅垂线上，并同时保持水平度盘的水平。其大致方法是：按观测者的身高调整好三脚架腿的长度，张开三脚架，将三脚大致安放在测站点上，使三支脚的张度适中，成 120°，架头大致水平，架头的高度齐中胸较合适，此时从仪器箱中取出经纬仪放到架头上，一手握住仪器，另一手将三脚架上的连接螺旋旋入基座底板，并旋紧连接螺旋。对中的方法有两种，即垂球对中和光学对中。

(1) 垂球对中

把垂球挂在连接螺旋中心的挂钩上，调整垂球线长度，使垂球尖离地面的高差约 1～2mm。如果偏差较大，可平移三脚架，使垂球尖大致对准地面点，将三脚架的脚尖踩入土中（在水泥地板上，要将仪器脚架固定，防止打滑），使三脚架稳定。当垂球尖与地面点的偏差不大时，可稍旋松连接螺旋，在三脚架头上移动仪器，使垂球准确地对准测站点，并将连接螺旋转紧。垂球对中的误差不应超过 2mm。

(2) 光学对点器对中

1)先将三脚架升到合适的高度，然后在测站点上方张开支设脚架，并连接经纬仪。调节光学对中器目镜调焦螺旋，使对中标志(小圆圈或十字丝)清晰，转动对中器物镜调焦螺旋或推拉对中器目镜筒，进行物镜调焦，使地面点成像清晰。

2) 双手轻轻提起三脚架的两个脚移动，眼睛同时通过光学对中器瞄准地面，直至对中器分画板的刻画中心与测站中心标志大致重合，然后轻轻放下三脚架并踩实。

3) 调节脚螺旋使测站点标志中心与对中器分画板的刻画中心严格重合。

4) 伸缩三脚架的相应架腿，使圆水准气泡基本居中。调节脚螺旋，使水平度盘水准管在相互垂直的两个方向上的气泡都居中。

5) 观察测站点标志中心与对中器中心是否重合。当偏离较小时，可稍微旋松连接螺栓，在三脚架头上平移仪器，使之重合，并将连接螺旋转紧。光学对中误差不应超过 1mm。重复 4)、5)步，直至使仪器即整平又对中。

6) 当偏离较大时，再调节脚螺旋使测站点标志中心与对中器分画板的刻画中心严格重合，并重复第 4)、5)步。

当操作熟练后，可采用下列方法进行对中：

1) 将三脚架腿上的螺旋打开，三脚并拢时其高度大致到观测员中胸部；

2) 将三脚架安放在测站上，并目估使架头水平，架头中心大致位于测站点上，同时将脚架踩实；连接经纬仪，并用圆水准器整平。

3) 此时，眼睛通过光学对中器瞄准地面，并可看到测站点标志与对中器中心的差距即为实际编差。旋松连接螺栓，平动仪器使仪器对中。

4) 检查并严格整平，重复 3)、4)，使仪器即对中整平为止。

2. 经纬仪的整平

整平的目的是使经纬仪的纵轴铅垂，从而使水平度盘和横轴处于水平位置，垂直度盘位于铅垂面内。

整平的方法是：首先松开水平制定螺旋，转动照准部，使长水准管与任意两个脚螺旋大致平行，如图 2.17 所示。两手以相反方向旋转①、②两个脚螺旋，使水准管气泡居中。然后将照准部平转 90°，使水准管垂直①、②脚螺旋的连线，旋转③脚螺旋，并使水准管气泡居中。以上操作重复进行，直到气泡在任何位置都居中为止。

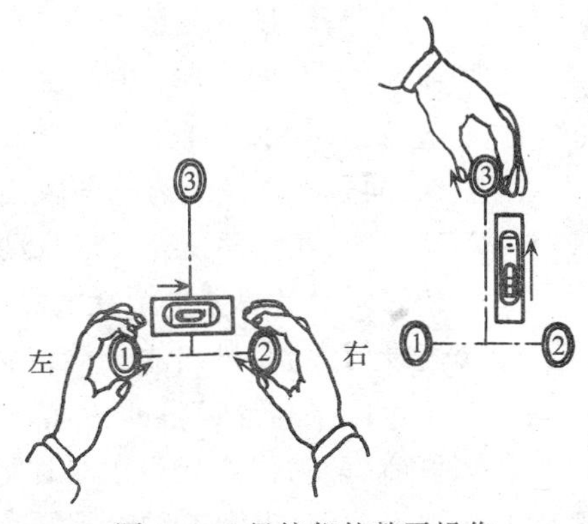

图 2.17 经纬仪的整平操作

3. 观测目标的瞄准

在进行观测前，首先松开望远镜制动螺旋和照准部制动螺旋，将望远镜对向明亮的背景（例如天空），调节目镜调焦螺旋，使十字丝分划板成像最清晰。

用望远镜瞄准目标的一般方法是：松开望远镜和照准部制动螺旋，通过望远镜筒上面的瞄准器，旋转照准部和望远镜粗略瞄准目标，并使目标的成像位于十字丝附近，然后旋紧制动螺旋。调节物镜调焦螺旋，使目标成像十分清晰，旋转照准部和望远镜微动螺旋，将十字丝对准目标的适当位置，如图 2.18 所示。

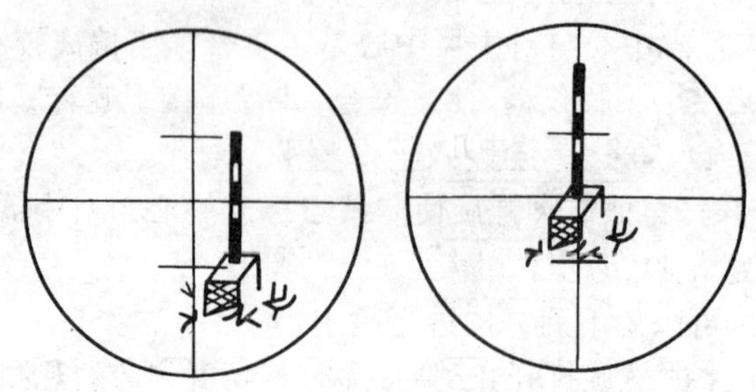

图 2.18　瞄准目标

在观测中，如果向左、右或上、下稍许移动眼睛时，会出现成像目标与十字丝之间相对移动，则说明有视差存在。此时应重新进行物镜和目镜调焦，消除视差，才能进行观测。

2.3　电子全站仪

2.3.1　概述

全站型电子速测仪，简称为全站仪，是把电子经纬仪、测距仪和微型计算机组合在一起的测量仪器，是能在一个测站上能同时完成角度（水平角和竖直角）和距离测量，并且可以立即计算、显示测量点的三维坐标（平面坐标 X、Y 和高程 H）的仪器。由于全站仪一次观测即可自动获得水平角、竖直角和倾斜距离三种基本观测数据，而且机内还载有功能较强的各种计算及数据处理程序，测量时仪器可以自动完成平距、高差、坐标和高程的计算并显示在液晶屏幕上，并能直接自动记录、存储在机内的存储设备上，或通过接口实现测量成果与计算机的传输，使测量工作大为简化。目前，全站仪广泛用于小地区控制测量、大比例尺地形测图、土木工程测量以及各类工程建设中。

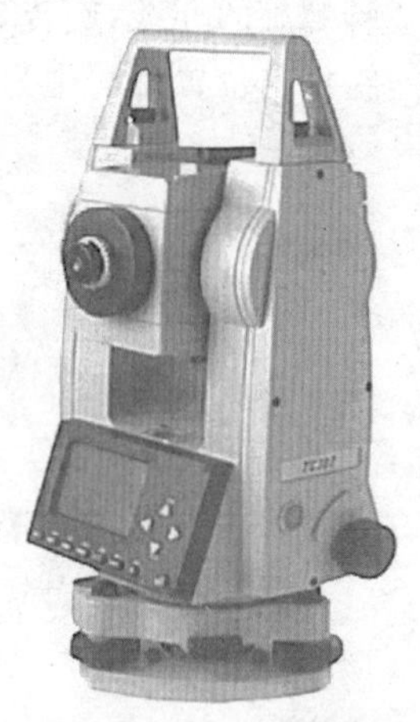

图 2.19　TC305 全站仪

全站仪按其结构可分为“组合式”和“整体式”两类。“组合式”全站仪是把光电测距仪组合在电子经纬仪的光学望远镜中，照准轴与测距轴不同轴，可分可合，故又称“半站仪”，如 T2000+DI5。“整体式”全站仪则是在一个仪器外壳内包含了电子经纬仪、光电测距仪和微处理机，而且电子经纬仪与光电测距仪共用一个望远镜，仪器各部分构成一个整体，如 TC305、SET2C 等仪器，图 2.19 即是一台“整体式”全站仪。

2.3.2 几种常见全站仪的技术指标

其技术指标见表 2.3。

表 2.3 工程中几种常用全站仪的主要技术指标

型号	厂家	光源	测程/km		测角精度	测距精度
			单棱镜	三棱镜		
TC2002	瑞士莱卡	红外	2.0～2.5	2.8～3.5	±0.5″	$\pm(1mm+1\times10^{-6})$
TC1610	瑞士莱卡	红外	2.5～3.5	3.5～5.0	±1.5″	$\pm(2mm+2\times10^{-6})$
TC1010	瑞士莱卡	红外	2.0～2.5	2.8～3.5	±3.0″	$\pm(2mm+2\times10^{-6})$
TC305	瑞士莱卡	红外	1.8～3.5	2.3～5.4	±5.0″	$\pm(2mm+2\times10^{-6})$
SET2CII	日本索佳	红外	2.4～2.7	3.1～3.5	±2.0″	$\pm(3mm+2\times10^{-6})$
SET3CII	日本索佳	红外	2.2～2.5	2.9～3.3	±3.0″	$\pm(3mm+3\times10^{-6})$
SET4CII	日本索佳	红外	1.2～1.5	1.7～2.1	±3.0″	$\pm(5mm+3\times10^{-6})$
DTM-750	日本尼康	红外	2.4～2.7	3.1～3.6	±2.0″	$\pm(2mm+2\times10^{-6})$
DTM-730	日本尼康	红外	2.2～2.5	2.9～3.3	±3.0″	$\pm(3mm+3\times10^{-6})$
DTM-720	日本尼康	红外	1.6～2.0	2.3～2.8	±4.0″	$\pm(3mm+3\times10^{-6})$
GTS-6	日本托普康	红外	2.0～2.3	2.7～3.1	±2.0″	$\pm(3mm+2\times10^{-6})$
GTS-6B	日本托普康	红外	1.6～1.8	2.2～2.5	±5.0″	$\pm(3mm+3\times10^{-6})$

2.3.3 电子全站仪的使用

电子全站仪的使用可分为观测前的准备工作、角度测量、距离（斜距、平距、高差）测量、三维坐标测量、交会定点测量和放样测量等。角度测量和距离测量属于基本的测量工作，全站仪内载有许多功能实用的测量应用程序，如导线测量、自由设站、放样测量、对边测量等应用程序，调用相应的测量程序并可完成特定的测量工作。全站仪具有与计算机的通信接口，可实现与计算机之间的双向通信。本节以 TC305 全站仪为例，简要介绍它的各种功能和基本操作。

1. TC305 全站仪概述

图 2.20 为 TC305 全站仪的外形及外部构件名称。

莱卡 TC305 是一种 5″级工程用的电子全站仪，测距精度为 $\pm(2mm+D\times2\times$

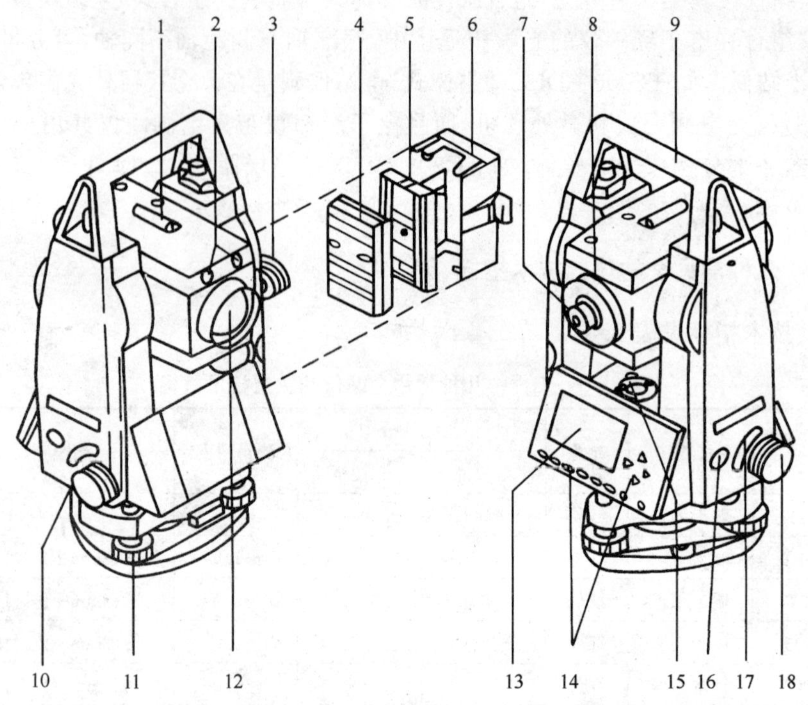

图 2.20　TC305 全站仪

1. 粗瞄器；2. 内装导向光装置(选件)；3. 垂直微动螺旋；4. 电池；5. GEB111 电池盒垫块；6. 电池盒；7. 目镜；8. 调焦环；9. 仪器提把；10. RS232 串行接口；11. 脚螺旋；12. 望远镜物镜；13. 显示屏；14. 键盘；15. 圆水准器；16. 电源开关键；17. 热键；18. 水平微动螺旋

10^{-6}mm)，在土木工程测量和放样工作中尤为适用。TC305 全站仪操作简单，实用方便，具有如下特点：人机对话键盘，清晰的 LCD 大屏幕显示器，如图 2.21 所示；体积小，重量轻，易使用；内装有可见光束激光测距仪，可实现无棱镜测距(TCR 仪器)；仪器侧面装有热键；无限位垂直和水平微动螺旋；装有激光对中器。

2. TC305 全站仪的菜单及应用程序

(1) 菜单调用

开机后，按“SHIFT”和“MENU”即可进入全站仪的菜单界面。TC305 全站仪有 5 个主菜单：快速设置、完全设置、数据管理、轴系误差、系统信息。

其中，进入“设置”菜单可设置全站仪的距离和角度测量的单位、通信参数及全站的系统参数等。

进入“数据管理”后有 4 个子菜单可供选择，即编辑数据、初始化、数据下载、数据统计。可增加或删除观测作业、增加已知点数据、删除观测数据等。

(2) 应用程序调用

按“PROG”键即进行到全站仪的应用程序界面。在仪器中，内置了 5 个测量应用程序：测量、对边测量、放样、自由测站、面积测量。

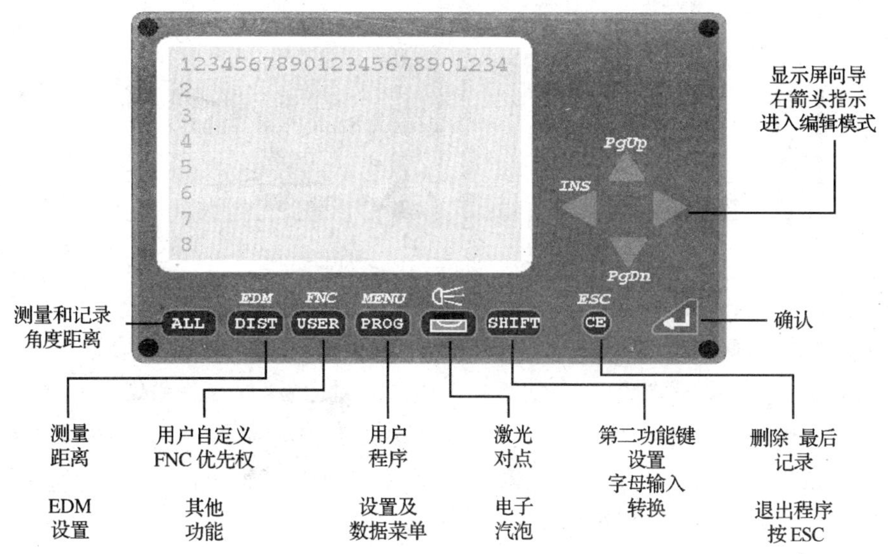

图 2.21 TC305 全站仪的显示屏和键盘

3. 测量前的准备工作

首先将全站仪安置在测站点上,其操作方法与经纬仪大致相同,只是 TC305 全站仪采用激光对中和电子气泡整平方式。并将充足电的机载电池装入到全站仪的电池盒中,轻触仪器侧面的红色开关按钮,仪器将进行自检,自检完毕后进入到常规测量界面,如图 2.22 所示。按键打开激光对中器开关,同时仪器显示器上显示电子水准器图形,如图 2.23 所示。移动脚架使激光束对准地面点,旋转脚螺旋使激光束精确对准地面点,按经纬仪对中整平的方法进行对中整平。

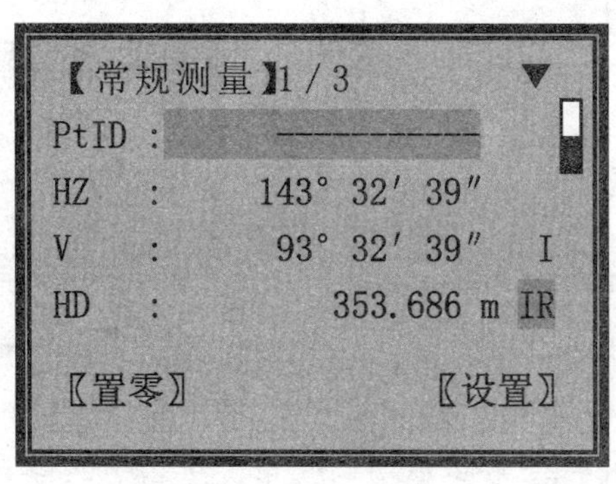

图 2.22 常规测量界面

此时,可对仪器参数进行设置,通常情况下仅需对“EDM”进行设置。按“SHIFT”和“DIST”键进入到“EDM”设置模式,即输入气象改正元素,并选择相应的测距模式。在以上工作完成后,TC305 全站仪可进行水平角度测量、竖直角测量、距离测量,还可利用相应的测量应用程序进行测量。

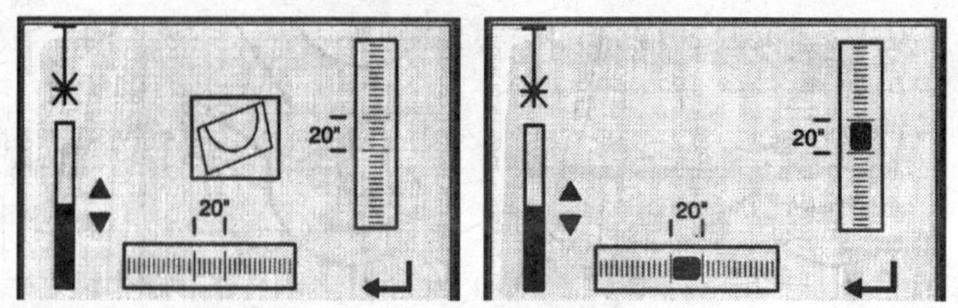

图 2.23　电子水准器图形

4. 常规的测量操作

(1)角度测量

TC305 全站仪安置好后，在常规测量模式下，按经纬仪观测角度的方法，转动望远镜，精确瞄准目标，即可在显示屏上读取水平角值和竖直角值。如果设置水平方向起始度盘角值，可使用常规测量下的“置零”功能使起始方向为“0°00′00″”。对于任意水平方向起始度盘角值，使用“设置”功能进行配置。

(2) 距离测量

精确瞄准反射棱镜后，按键盘上的“DIST”键，即在屏幕上显示所测站点至测量点之间的斜距和平距值。

(3) 三维坐标测量

首先进入应用程序界面，如图 2.24 所示。利用屏幕导航键选择，并选择“①测量”菜单，按“确认”键选中后进入到测量模式，如图 2.25 所示。按照屏幕上菜单提示依次进行操作。

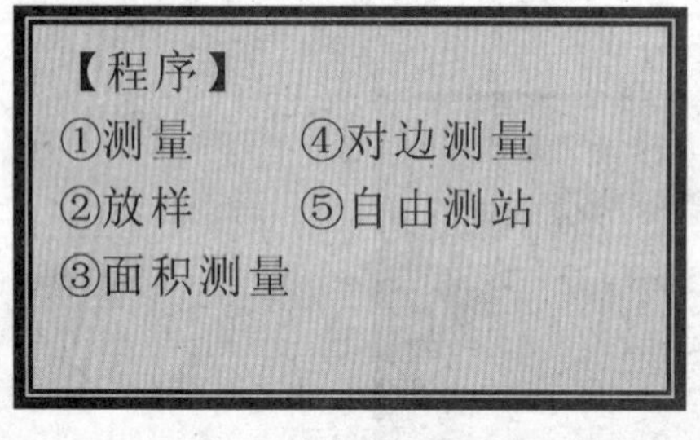

图 2.24　应用程序界面

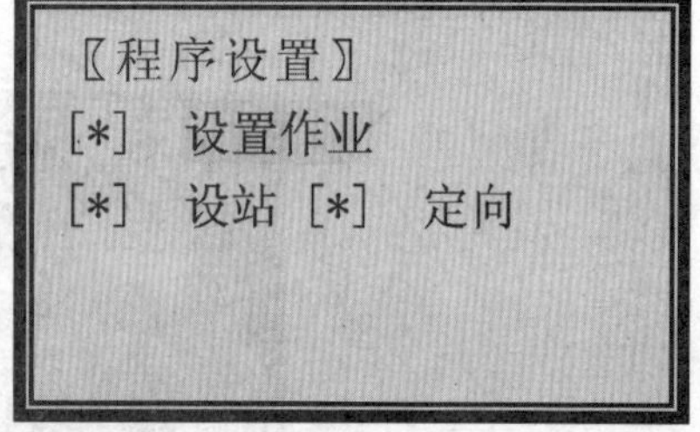

图 2.25　测量程序设置界面

“设置作业”是设置一个文件，如图 2.26 所示。全部数据都存在如同子目录一样的作业(Job)里，Job 包含不同类型的测量数据(例如，测量数据、编码、固定点、测站……)，可以单独管理，也可以分别读出、编辑或删除。在图 2.26 中，设置的作业名(Job)为“Job01”，同时可输入操作者信息和时间，如“oper：Jianglixing”、“Date：09/09/2003”。

每个点的坐标都是根据测站点坐标计算得出来的，因此在进行坐标测量前应输入测站点坐标、高程和仪器高。“测站设置”需要设置测站点的平面坐标(x, y)和高程(H),如图 2.27 所示。坐标可以手工输入,可以从仪器内存中读出。“Stn”是测站点点号,如 0011。“hi”是仪器高,如量取的仪器高是 1.328m。

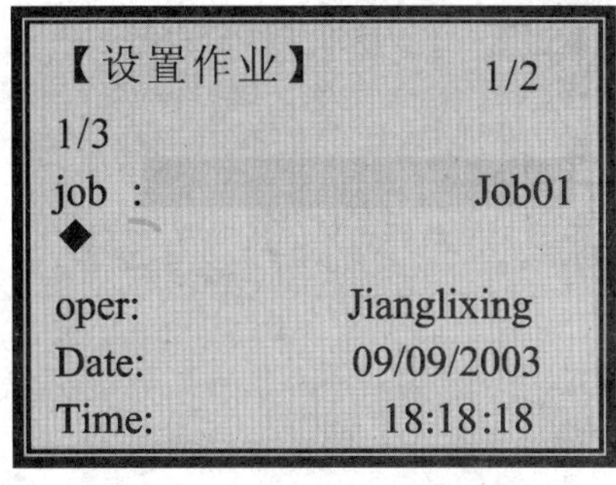

图 2.26 设置作业界面

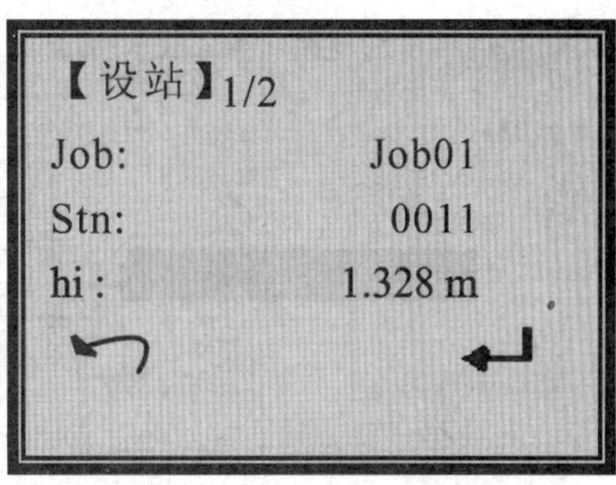

图 2.27 设置测站

“定向”程序可以用手工输入定向角或用测量已知坐标的点的方法来给水平度盘定向。如图 2.28 所示,“BsPt”是定向点号,如图中的 B1。“BsBrg”是定向方向的水平角值,如 2°10′56″。选择“定向测量”可在全站仪中用测站点坐标和定向点坐标计算出定向方位角。“置零”功能可使定向方向的水平角为 0°00′00″。

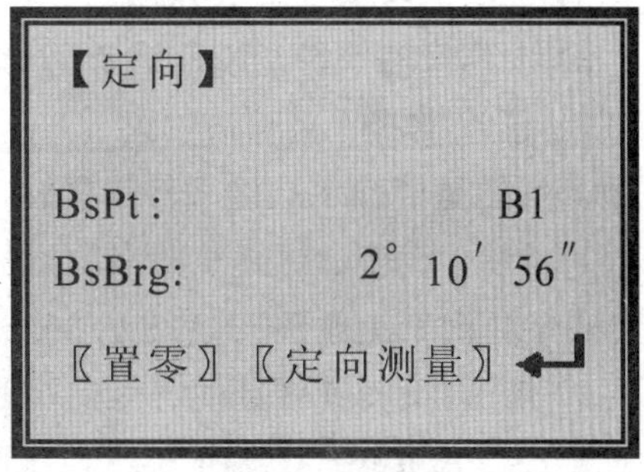

图 2.28 设置定向角值

在上述过程完成后,即可将望远镜精确瞄准所需测量点位上的反射棱镜,按键盘上的“DIST”键,即在屏幕上显示所测量点的三维坐标。

由于 TC305 全站仪是中文界面,极大地降低了仪器的操作难度,全站仪的其他测量功能,可参阅使用说明书。说明书中对仪器的使用作了相当详细的讲解。

2.4 测量仪器的检验和保管

2.4.1 测量仪器的常规检验与校正

1. 水准仪的检验和校正

(1) 水准仪应满足的几何条件

水准仪在出厂前,虽然对各轴线的几何关系都进行了严格的检验和校正,但经过长途运输和长期使用,各轴线的几何关系逐渐会有变化,因此要定期进行检验和校正,以使测量成果符合精度要求。

根据测量原理，如图 2.29 所示，微倾式水准仪各轴线间应具备的几何关系是：

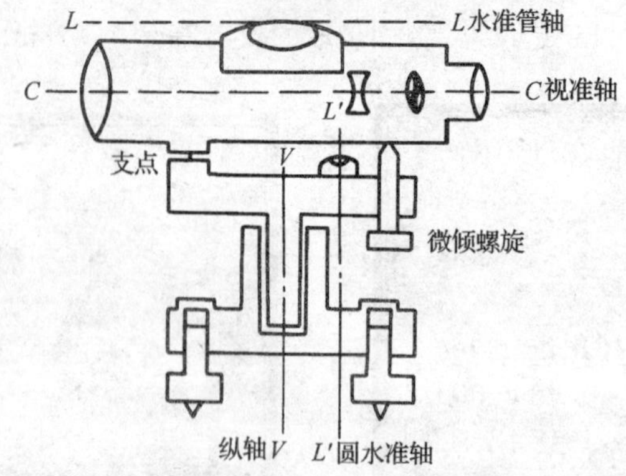

图 2.29 水准仪轴线图

1）圆水准轴平行竖轴 $L'L'//VV$；

2）十字横丝垂直于竖轴；

3）水准管轴平行于视准轴 $LL//CC$。

(2)圆水准器的检验和校正

其目的是使圆水准轴平行于竖轴，即 $L'L'//VV$。

1)检验。旋转脚螺旋使圆水准器气泡居中[图 2.30(a)]，然后将仪器绕竖轴旋转 180°，如果气泡偏于一边[图 2.30(b)]，说明 $L'L'$不平行 VV，需要校正。

2）校正。旋转脚螺旋使气泡向中心移动偏距的一半[图 2.30(c)]，然后用校正针拨圆水器底下的三个校正螺丝使气泡居中[图 2.30(d)]。在圆水准器底部除了有三个校正螺丝以外，中间还有一个松紧螺丝，如图 2.31 所示。在拨动各个校正螺丝以前，应先稍松一下松紧螺丝。这样，拨校正螺丝时气泡才能移动，校正完毕后勿忘把松紧螺丝再旋紧。

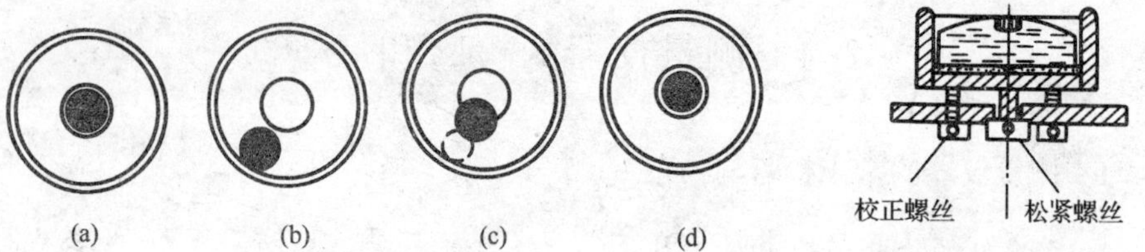

图 2.30 圆水准器的检校　　图 2.31 圆水准器校正螺丝

(3) 十字丝横丝垂直于竖轴的检验和校正

在用水准仪进行测量时，当仪器整平后，十字丝的横丝应该水平。

1)检验。整平仪器后，用十字丝交点瞄准远处一个明显标志 P，制紧制动螺旋，转动微动螺旋，如果 P 点离开横丝[图 2.32(a)]，表示横丝不水平，需要校正。

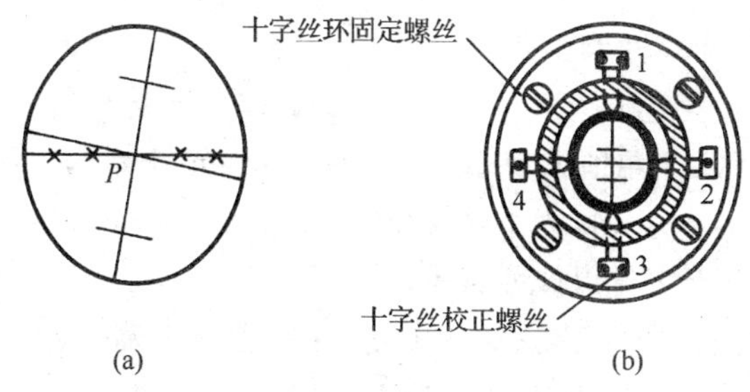

图 2.32 横丝的检验

2）校正。松开十字丝环的四个固定丝[图 2.32(b)]，按十字丝横丝倾斜方向的反方向微微转动十字丝环，直到满足要求，最后旋紧固定螺丝。

(4) 水准管 i 角的检验和校正

其目的是使水准管轴平行于望远镜视准轴，即 $LL/\!/CC$。

1）检验。设水准管轴和视准轴不平行，即它们之间形成一个 i 角。当水准管气泡居中时，视准轴将倾斜 i 角。显然，水准尺至水准仪距离越远，由此引起的读数误差也越大。当仪器的前视距离与后视距离相等时，则根据后视读数减前视读数求得的高差不受影响，如图 2.33 所示，这是因为

$$h=(a_1-x)-(b_1-x)=a_1-b_1$$

检验时，在平坦的地面上选 A、B、C 三点，大致位于一条直线上，并使 $AC=BC$，($AB\approx 80\text{m}$)，在 A、B 点打下木桩或放尺垫。如图 2.33 所示，先将水准仪安置在 C 点，在 A、B 两点竖立水准尺，当水准气泡居中后，分别在 A、B 点水准尺上读得读数 a_1 和 b_1，则 $h=a_1-b_1$(一般测两次高差取平均值作为最后结果)。

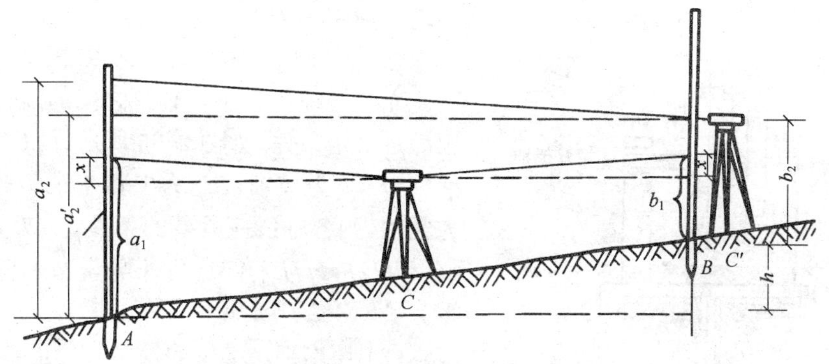

图 2.33 水准管轴平行视准轴的检验

然后将水准仪安置于 B 点附近的 C' 处，离 B3m 左右，整平仪器后，读得 B 点水准尺上的读数 b_2，再瞄准 A 点水准尺，转微倾螺旋，使长水准气泡居中，得读数 a_2。如果 $h=a_1-b_1$ 与 $h'=a_2-b_2$ 相等说明 $CC/\!/LL$。否则，存在 i 角误差，其值为

$$i=\frac{a_2'-a_2}{D_{AB}}\rho''=\frac{h'-h}{D_{AB}}\rho''$$

式中：D_{AB}——A、B 两点间的平距；

$\rho''=20626\ 5''$。

对于 DS3 水准仪，i 角值大于 $20''$时，需要校正。先计算视准轴水平时在 A 尺上的正确读数 a_2'，即 $a_2'=b_2+h$，为了使 $LL/\!/CC$，一般是校正水准管以改变水准管轴位置，但也可以较正十字丝以改变视准轴位置。

2）校正。首先计算出视准轴水平时在 A 尺上的正确读数 a_2'，即 $a_2'=b_2+h$，并转动微倾螺旋，使十字丝的中丝在 A 尺上的读数从 a_2 移到 a_2'，这时视准轴已呈水平，但水准管气泡不居中，用校正针拨动水准管上、下校正螺丝，如图 2.34 所示，使气泡回复居中符合。

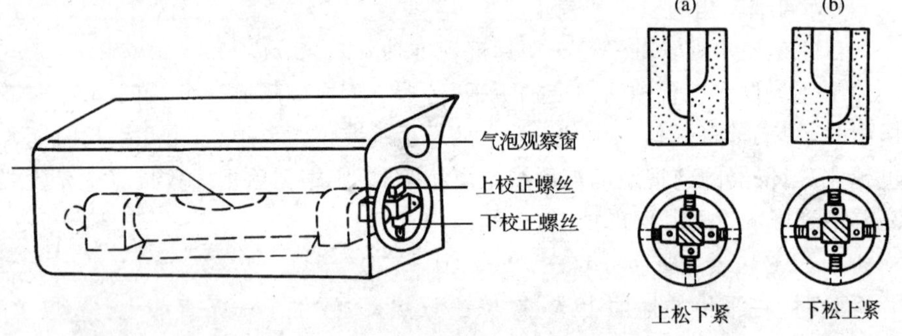

图 2.34　水准管的校正

总之，拨动校正螺丝前，应遵守"先松后紧"的原则。校正后的仪器必须再进行检测，如果测得 i 角值大于 $20''$，则再进行校正。

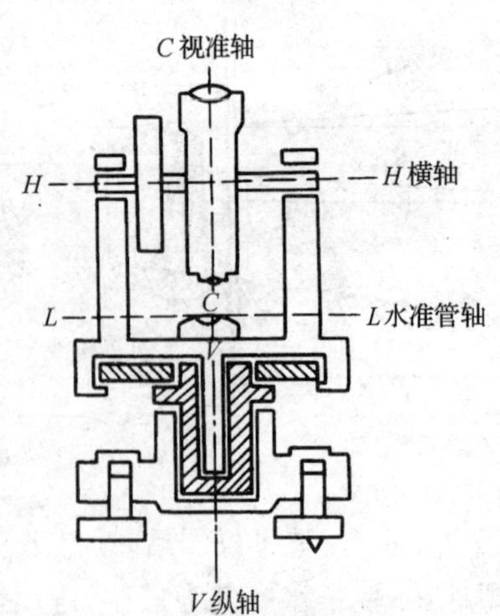

图 2.35　经纬仪轴线关系

2. 光学经纬仪

(1) 经纬仪应满足的几何条件

光学经纬仪各主要轴线之间的几何关系应满足一定条件。如图 2.35 所示，设 CC 为视准轴，HH 为横轴，LL 为上盘水准管轴，VV 为竖轴，则各轴线应具备的条件为 $LL\perp VV$，$CC\perp HH$，$HH\perp VV$，另外竖盘指标差应为零。

(2) 照准部水准管的检验与校正

1）检验。首先将仪器整平，然后松开照准部制动螺旋，使照准部水准管平行于一对脚螺旋，转动脚螺旋使气泡居中。然后，将照准部旋转 180°，这时，若气泡居中，说明水准管轴垂直于竖轴。如果气泡不再居中，偏离水准管中点若干格，那么就说明水准管轴不垂直于竖轴，需要校正。

2）校正。如图 2.36(a)所示，设水准管轴不垂直于竖轴，偏离了 α 角。当仪器绕竖轴旋转 180°后，如图 2.36(b)，竖轴不垂直于水准管轴有偏角 2α，气泡不再居中了，假如偏离中点四格，这四格的水准管分划值，即等于水准管轴不垂直于竖轴偏角的两倍。在这种情况下，需要对其进行校正。

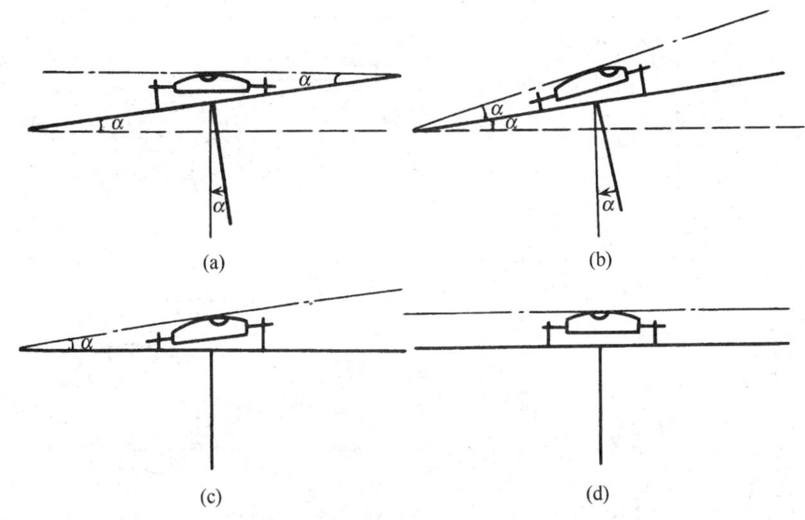

图 2.36　水准管轴检验和校正

校正时，先旋转脚螺旋，使气泡退回偏离格数的一半(两格)，如图 2.36(c)。此时，竖轴已处于铅垂线位置，但水准管轴仍倾斜 α 角(即气泡偏离中心两格)。用校正针拨动水准管一端的校正螺旋，使气泡居中，这时水准管轴即与竖轴垂直，如图 2.36(d)所示。

此项检验与校正必须反复进行几次，直至仪器整平时，在任何位置气泡偏离中点均不大于一格为止。

(3) 十字丝竖丝的检验与校正

1）检验。以十字丝交点瞄准一清晰的目标点 P，左旋或右旋望远镜微动螺旋，如果 P 点移动的轨迹明显地偏离竖丝，如图 2.37 虚线所示，则需校正。

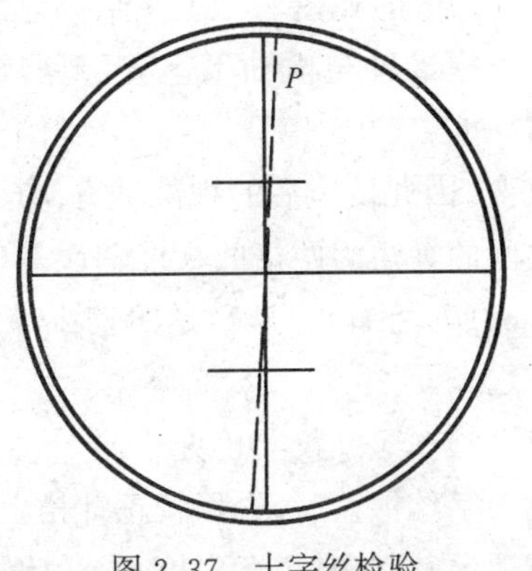

图 2.37　十字丝检验

2）校正。卸下目镜处的外罩，微微旋松十字丝环的四个固定螺丝，转动十字丝环，直到望远镜上下移动时，P 点始终沿竖丝移动为止。最后拧紧固定螺丝。有些经纬仪没有十字丝环固定螺丝，而是利用十字丝校正螺丝把十字丝环与望远镜筒相连接，这时可旋松相邻两个十字丝校正螺丝，即可转动十字丝环，直至 P 点始终沿竖丝移动为止。校正好以后，再拧紧松开的螺丝。

(4) 视准轴垂直于横轴的检验与校正

1)检验。选择一较为平坦的场地，如图 2.38 所示，A、B 两点相距 80～100m，经纬仪安置于中点 O。在 A 与仪器同高处选择一明显目标，贴一张白纸。

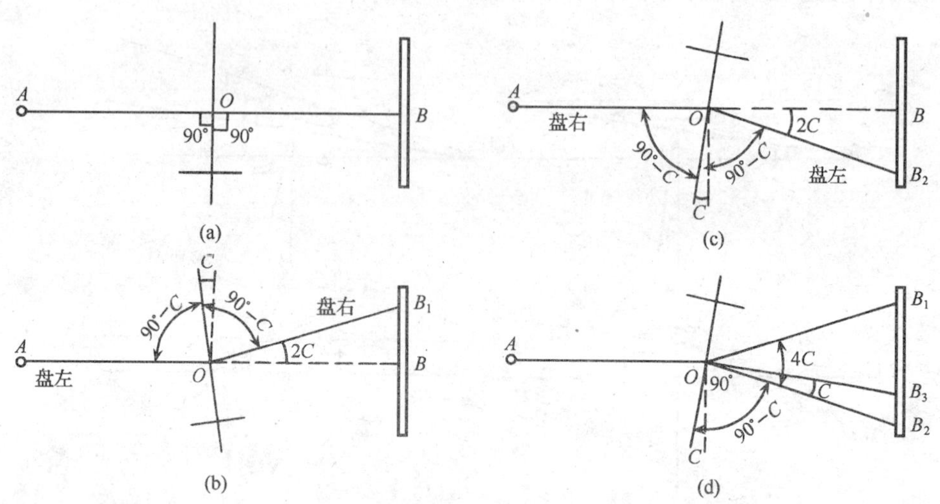

图 2.38 视准轴垂直于横轴的检验与校正

盘左位置时，由望远镜瞄准 A，固定照准部，倒镜呈盘右位置。在 B 处以十字丝交点为准，在白纸上作一标志，设为 B_1，如图 2.38(b)所示。

盘右位置时，再瞄准 A 点，固定照准部，倒镜呈盘左位置。再以十字丝交点为准，在 B 处白纸上作标志。若前后两次的标志点位重合，即如图 2.38(a)所示，视准轴与横轴垂直，无视准轴误差。

若前后两次点位标志不同，设后者为 B_2，即如图 2.38(c)所示。将图(b)与图(c)合并，即如图 2.38(d)所示。说明该仪器视准轴与横轴不垂直，应进行校正。

视准轴与横轴不垂直，视准轴误差为 C。这时，视准轴与横轴之间的夹角为 $90°-C$(或 $90°+C$)。两次分别倒镜后，横轴位置不变，视准轴与横轴之间关系也未改变。因此倒镜后的视准轴方向(OB_1 或 OB_2)与倒镜前视准轴 OA 的延长方向 OB 之间的夹角为两倍的视准轴误差($2C$)，如图 2.38(b)和图 2.38(c)所示。这样，由图 2.38(d)可看出，B_1B 是四倍视准轴误差在 B 处的反映，因此，校正时只改正其四分之一。

2) 校正。仪器仍处于图 2.38(d)所示盘左位置，十字丝交点对准 B_2，旋出望远镜十字丝护盖后，先用校正针松上(或下)校正螺丝，然后用校正针调节左右两个校正螺丝，调节时注意先松一个，后紧另一个。使十字丝交点所对点位由 B_2 向 B_1 方向移动$\frac{1}{4}$，即对准 B_3（B_3 点应事先标志好）。

校正后应重新检验，如投点不符合要求，应按上述方法重新校正，直至满足要求为止。

(5) 横轴垂直于竖轴的检验与校正

如图 2.39 所示，在距墙壁 10～20m 处安置经纬仪，在墙面上设置一明显标志点 A（可事先做好贴在墙面上）。要求望远镜瞄准 A 点的仰角在 30°以上。

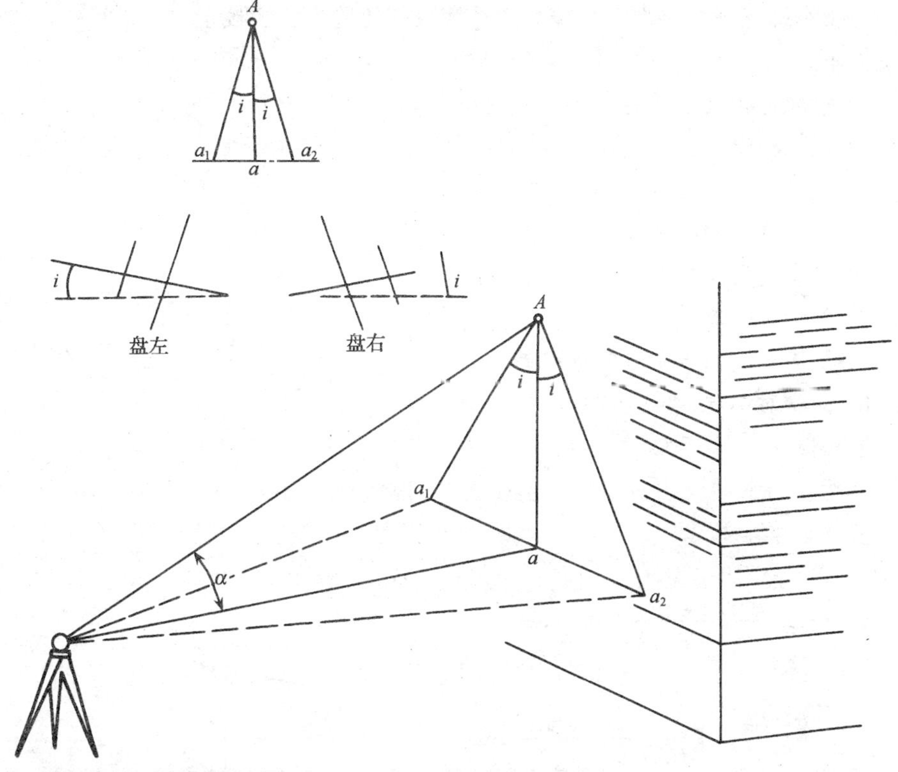

图 2.39 横轴垂直于竖轴的检验

盘左位置时，望远镜先瞄准高处明显目标点 A，固定照准部，放平望远镜，用十字丝交点照准墙面，并在墙上标志一点，设为 a_1。

盘右位置时，望远镜再瞄准高点 A，固定照准部，放平望远镜。如十字丝交点对准 a_2，则表明横轴与竖轴不垂直，该项关系不满足。如两点重合，则表明该项关系满足要求，横轴与竖轴不垂直的误差 i 叫做横轴误差。

此项校正一般由仪器检修人员进行。

(6)竖盘指标差的检验与校正

1)检验。在地面上安置好经纬仪，用盘左、盘右分别瞄准同一目标，正确读取竖盘读数 L 和 R，并按式(5.12)和式(5.13)计算出指标差 x。当 x 值超过规定时，应以改正。

2)校正。盘右位置,照准原目标,调节竖盘指标水准管微动螺旋,使竖盘读数对准正确读数 $R_{应}$:

$$R_{应} = \alpha + \text{盘右视线水平时的读数}$$

此时,竖盘指标水准管气泡不居中,调节竖盘指标水准管校正螺丝,使气泡居中。在调节过程中,注意不要使十字丝偏离原来的目标。

3. 电子经纬仪

电子经纬仪的光学部分可按光学经纬仪的检验方法及校正方法进行。其检验内容如下:

1)水准管和圆水准器。

2)视准轴误差。

3)横轴误差。

4)水平度盘偏心差。

5)竖直度盘偏心差。

6)竖盘指标差。

7)室内一测回水平方向标准差。

8)光学对中器。

4. 测距仪与全站仪

测距仪与全站仪的检验与校正应送专门检验部门和维修部门进行,表 2.4 所列检验项目供参考。

表 2.4 全站仪的参考检验项目

序号	检验项目	检定类别	
		新购置及经常维修后	使用中
1	发射、接收、照准三轴关系正确性	+	+
2	内部符合精度	+	+
3	精测频率	+	+
4	周期误差	+	+
5	仪器常数	+	+
6	检定综合精度	+	+
7	调制光相位均匀性	+	±
8	分辨精度	±	−
9	电压−距离特性	±	−
10	幅相误差	±	−
11	测程	±	−
12	整机高低温性能	±	−
13	反射棱镜常数一致性	±	−
14	光学对中器、对中杆	±	−

注:"+"为必检项目,"−"为可以不检项目,"±"为按需要决定检与不检项目。

2.4.2 测量仪器的保管

1. 电子仪器的保管与维护

电子测量仪器是一种结构复杂、价格昂贵的先进测量仪器，全站仪更是如此。如果仪器损坏或发生故障，都会给生产带来直接影响，因此必须严格遵守操作规程，正确使用和精心保管。

1) 新购置的仪器，如果首次使用，应结合仪器认真阅读仪器的使用说明书。通过反复学习、使用和总结，力求做到得心应手，最大限度的发挥仪器的作用。

2) 测距仪的测距头不能直接对准太阳，以免损坏测距仪的发光二极管。

3) 在阳光下或阴雨天进行作业时，应打伞遮阳、遮雨。

4) 在整个操作过程中，观测者不能离开仪器，以免发生事故。

5) 仪器应保持干燥，遇雨后应将仪器擦干，放在通风处，完全凉干后才能装箱。表 2.4 中第 4、5 项应在 6～12 个月内检验一次。

6) 全站仪在迁站时，即使很近，也应取下仪器装箱。

7) 仪器运输过程中必须注意防震，长途运输最好装在原包装箱内。

8) 仪器应经常保持清洁，用完后用毛刷和软布将仪器上的灰尘擦掉。镜头不要用手去摸，如果脏了可用吹风器吹去浮土，再用镜头纸擦净。如果仪器出现故障，应与厂家委派的维修部门联系修理，决不可随意拆卸仪器，造成不应有的损害。仪器应放在清洁、干燥、安全的房间内，并有专人保管。

9) 棱镜应保持干净，不用时应放在安全的地方，如有箱子应装在箱内，以免碰坏。

10) 电池充电应按说明书的要求进行。

2. 常规仪器的保管与维护

光学测量仪器一种精密测量设备，在使用过程中应精心爱护。其保管与维护可参见电子测量仪器的保管与维护。

思 考 题

2.1 水准仪是由哪些主要部件构成？各有什么作用？

2.2 视差是如何产生的？对观测成果有什么影响？应如何消除视差？

2.3 水准仪如何进行操作？

2.4 经纬仪是由哪些主要部件构成？各有什么作用？

2.5 经纬仪为何要进行对中和整平？请叙述经纬仪的操作过程。

2.6 什么是电子全站仪？全站仪与经纬仪有哪些相同和不同部分？

2.7 TC305 全站仪是由哪些主要部件构成的？各有什么作用？

2.8 简述全站仪的操作及测量。

2.9 TC305 全站仪有哪些菜单和应用测量程序？

2.10 简述 TC305 全站仪测量点位三维坐标的过程与方法。

2.11 水准仪和经纬仪各应满足哪些几何条件？

2.12 水准仪和经纬仪的检验项目各有哪些？能否列举几项水准仪和经纬仪的检验与校正方法？

2.13 全站仪要进行哪些项目的检验？

2.14 结合实际，简述对电子测量仪器应如何进行保管。

第三章　测量误差理论的基础知识

在测量中，观测结果往往与观测量的真值有差异，该差异称为测量误差。测量误差分为偶然误差和系统误差。系统误差一般采用合理的观测程序或直接加改正的方法进行消除或减弱，偶然误差则通过必要观测值数量增加多余观测后，利用偶然误差的特性求取最或然值来减弱影响。平差值(最或然值)的计算与精度评定是误差理论的重要内容。对观测结果和平差值进行精度评定通常用中误差、相对误差等指标。

3.1　误差理论的概述

3.1.1　测量误差

对未知量进行测量的过程称为观测，测量所得到的结果即为观测值。一般情况下观测值与真值之间存在差异，比如测量三角形的三个内角，其测量结果往往和其真值 180°有差异，这种差异被称为测量误差。用 l 代表观测值，X 代表真值，测量误差 Δ 可用下式表示：

$$\Delta = l - X \tag{3.1}$$

测量误差是不可避免的。

3.1.2　测量误差产生的原因

测量是观测人员利用测量设备，在一定的外界条件下来完成的。所以测量误差来源于以下三个方面的客观限制：观测者、测量设备和外界条件。观测者的视觉鉴别能力和技术水平会导致测量结果产生误差。同样测量设备的精密程度对测量结果也有影响，测量设备引起的误差称为仪器误差。仪器误差与测量仪器、工具的精密性相关，比如很难利用普通的量角器将一个角度的分和秒部分精确测量出来。外界条件的影响是指观测过程中不断变化着的大气温度、湿度、风力以及大气的能见度等给观测结果带来的误差，比如由于温度升高致使丈量距离的钢尺膨胀变长而引起的误差，由于大气折光给测角带来的误差。

我们将观测者、测量设备和外界条件三者综合称为观测条件。观测条件决定观测成果的质量。

3.1.3 测量误差的分类

测量误差按其产生的原因和对观测结果影响的性质分为系统误差和偶然误差两类。

1. *系统误差*

在相同的观测条件下，进行一系列的观测，如果误差出现的符号和大小不变，或按一定的规律变化，这种误差称为系统误差。例如用名义长度为 30m 而实际正确长度为 30.005m 的钢尺量距，每量 30m 就有 0.005m 的误差，大小符号不变，而且对观测结果影响具有累积性，因此一定要设法消除或减弱其影响。

系统误差对观测结果的影响相对来说具有稳定性或规律性，消除减弱方法有两种：一是采用合理的观测方法和观测程序，使系统误差符号相反，大小相当，再使用取平均值来限制或削弱系统误差的影响。如角度测量时，采取盘左盘右观测，水准测量时保持前后视距相等；另一种是利用系统误差产生的原因和规律对观测值进行改正，如对距离测量值进行尺长改正、温度改正等。

2. *偶然误差*

在相同的观测条件下，进行一系列观测，如果误差出现的符号和大小从表面上看没有规律性，这种误差称为偶然误差。偶然误差是由人力所不能控制的因素或无法估计的因素（如人眼的分辨率等）引起的，其数值的大小、符号的正负具有偶然性。例如我们用望远镜照准目标，由于大气的能见度和人眼的分辨率等因素使我们照准时有时偏左，有时偏右。在水准标尺上读数时，估读的毫米位有时偏大，有时偏小。

从单个偶然误差来看，其符号和大小没有任何规律性。但是，当进行多次观测对大量的偶然误差进行统计分析发现，偶然误差具有如下特性：

1）在一定的观测条件下，偶然误差的绝对值不会超过一定限值。

2）绝对值小的误差出现的频率大，绝对值大的误差出现的频率小。

3）绝对值相等的正、负误差具有大致相等的频率。

4）当观测次数无限增大时，偶然误差的理论平均值趋近于零。

利用偶然误差的第四特性，增加观测次数，取其平均值可以减弱偶然误差的影响。

在测量中有时存在读错数、记错数等情况，由此产生的错误被称为粗差。粗差是不应出现的，应能避免的。

3.1.4 衡量观测值精度的标准

为了衡量观测结果的优劣，通常用中误差、相对误差和容许误差来衡量。

1. *中误差*

中误差用 m 表示，公式如下：

$$m = \pm\sqrt{\frac{\Delta_1^2 + \Delta_2^2 + \cdots + \Delta_n^2}{n}} = \pm\sqrt{\frac{[\Delta\Delta]}{n}} \tag{3.2}$$

式中：$\Delta_1,\Delta_2,\cdots,\Delta_n$——测量误差；

n——测量次数。

从式(3.2)中可以看出如果测量误差大，中误差就大；测量误差小，中误差就小。一般说来中误差大精度就低，中误差小精度就高。

【例 3.1】 对 10 个三角形的内角和进行了两组观测，每组在相同条件下进行，根据两组观测值分别计算中误差，结果列于表 3.1 中。计算结果表明第二组的观测值的中误差 m_2 大于第一组观测值的中误差 m_1，即第一组观测值相对来说精度较高。

表 3.1 中误差计算

次序	第一组观测			第二组观测		
	观测值 l /° ′ ″	误差 Δ/(″)	Δ^2	观测值 l /° ′ ″	误差 Δ/(″)	Δ^2
1	180 00 03	−3	9	180 00 00	0	0
2	180 00 02	−2	4	179 59 59	+1	1
3	179 59 58	+2	4	180 00 07	−7	49
4	179 59 56	+4	16	180 00 02	−2	4
5	180 00 01	−1	1	180 00 01	−1	1
6	180 00 00	0	0	179 59 59	+1	1
7	180 00 04	−4	16	179 59 52	+8	64
8	179 59 57	+3	9	180 00 00	0	0
9	179 59 58	+2	4	179 59 57	+3	9
10	180 00 03	−3	9	180 00 01	−1	1
$\sum\lvert\;\rvert$		24	72		24	130
中误差	$m_1 = \pm\sqrt{\frac{[\Delta\Delta]}{10}} = \pm 2''.7$			$m_2 = \pm\sqrt{\frac{[\Delta\Delta]}{10}} = \pm 3''.6$		

2. 相对误差

中误差有时不能完全表达精度的优劣，例如分别测量了长度为 100m 和 200m 的两段距离中误差皆为±0.02m，显然不能认为两段距离测量精度相同。为此引入了相对误差的概念。相对误差 k 是误差 m 的绝对值与相应观测值 D 的比值，常用分子为 1 的分式表示，为

$$k = \frac{|m|}{D} = \frac{1}{\dfrac{D}{|m|}} \tag{3.3}$$

上例中如果用相对精度来衡量，则容易发现第二段距离比第一段距离测量精度高。

相对精度不能用于角度测量，因为角度测量误差与角度大小无关。

3. 容许误差

由于偶然误差具有有界性，即在一定观测条件下，偶然误差超过某一限值的可能性很小，根据统计，误差大于 2 倍中误差的可能性已经小于 5%，被认为是不可能事件，因此就取这个限值作为极限误差。也有人将 3 倍的中误差作为极限误差（误差超过 3 倍中误差的可能性小于 3%）。即

$$\Delta_{极限} = 2m \tag{3.4}$$

或

$$\Delta_{极限} = 3m \tag{3.5}$$

在观测值中如果出现了大于极限误差的偶然误差，则认为该观测值不可靠，应舍去。

3.2 误差传播定律

在测量中有些量是利用其他观测值间接求得，例如长方形面积 $S=a \cdot b$，式中 a、b 是直接观测值，S 是间接观测值。测量误差势必通过函数关系影响这些间接观测值，即间接观测值的中误差与直接观测值的中误差有一定的函数关系。各观测值中误差与其函数中误差的关系，称为误差传播律。

设 Z 是独立观测值 $X_1, X_2, \cdots, X_n$ 的函数，即

$$Z = f(X_1, X_2, \cdots, X_n) \tag{3.6}$$

如果函数 Z 的中误差为 m_Z，观测值 $X_1, X_2, \cdots, X_n$ 对应的中误差分别为 m_1，$m_2, \cdots, m_n$，则有

$$m_Z = \pm \sqrt{\left(\frac{\partial f}{\partial X_1}\right)^2 m_1^2 + \left(\frac{\partial f}{\partial X_2}\right)^2 m_2^2 + \cdots + \left(\frac{\partial f}{\partial X_n}\right)^2 m_n^2} \tag{3.7}$$

对于倍函数

$$Z = kX$$

利用式(3.7)得到

$$m_Z = \pm \sqrt{\left(\frac{\partial f}{\partial X}\right)^2 m^2} = \pm \left(\frac{\partial f}{\partial X}\right) m = \pm km \tag{3.8}$$

【例 3.2】 测量一正方形边长为 10.5m，其测量中误差为 $m_d = \pm 0.05\text{m}$，求该正方形的周长 l 及其中误差 m_l。

【解】 $l=4d=4\times 10.5=42\text{m}$

根据式(3.8)得到

$$m_l=\pm 4m_d=\pm 4\times 0.05=\pm 0.2\text{m}$$

周长测量结果表示成

$$l=42\text{m}\pm 0.2\text{m}$$

对于和差函数

$$Z=X_1\pm X_2$$

利用式(3.7)得到

$$m_Z=\pm\sqrt{\left(\frac{\partial f}{\partial X_1}\right)^2 m_1^2+\left(\frac{\partial f}{\partial X_2}\right)^2 m_2^2}=\pm\sqrt{m_1^2+m_2^2} \tag{3.9}$$

【例 3.3】 对一个三角形观测了其中 α、β 两个角，测角中误差分别为 $m_\alpha=\pm 3''.5$，$m_\beta=\pm 6''.2$。另外一个角 $\gamma=180-\alpha-\beta$，求 γ 角的中误差。

【解】 由式(3.9)有

$$m_\gamma=\pm\sqrt{m_\alpha^2+m_\beta^2}=\pm\sqrt{3.5^2+6.2^2}=\pm 7''.1$$

对于线性函数

$$Z=k_1X_1\pm k_2X_2\pm\cdots\pm k_nX_n$$

利用式(3.7)得到

$$m_Z=\pm\sqrt{(k_1)^2m_1^2+(k_2)^2m_2^2+\cdots+(k_n)^2m_n^2} \tag{3.10}$$

和差函数就是典型的线性函数。

对于非线性函数，如长方形面积计算公式 $S=a\cdot b$，可计算面积中误差如下：

$$\frac{\partial f}{\partial a}=b \qquad \frac{\partial f}{\partial b}=a$$

利用式(3.7)得到

$$m_s=\pm\sqrt{b^2m_a^2+a^2m_b^2}$$

3.3 平差值的计算

在测量中，为了发现粗差并消除减弱偶然误差的影响，往往大量采用重复测量和多于必要量的观测，形成多余观测。多余观测使观测误差显现于观测值之间的矛盾。比如同一角度测量两次，其结果不等；测量同一三角形三个内角，其和不等180°。为了消除这些矛盾，就必须依据一定的数据处理准则，采用适当的计算方法对有矛盾的观测值加以必要而合理的调整，求得观测量的最佳估值。这一数据处理过程称为“测量平差”，平差结果即为平差值。

在相同观测条件下进行的观测是等精度观测。等精度观测得到的观测值称为等精度观测值。如果使用的仪器精度不同，或者观测方法不同，或外界条件差别大，观测条件就不同，所获得的观测值称为不等精度观测值。

对某一未知量进行多次观测，每次观测值互有差异。这些观测值称为直接观测值，对直接观测值进行平差称为直接观测平差。本节平差值的计算主要讨论直接观测平差。

3.3.1 等精度观测平差值计算

设对某量进行了 n 次等精度观测，观测值分别为 $l_1, l_2, \cdots, l_n$，则该量的平差值即为观测值的算术平均值。

$$\bar{l} = \frac{l_1 + l_2 + \cdots + l_n}{n} = \frac{[l]}{n} \tag{3.11}$$

平差值与观测值之差被称为改正数

$$\nu_i = \bar{l} - l_i \qquad (i = 1, 2, \cdots, n) \tag{3.12}$$

3.3.2 不等精度观测平差值计算

如果对某未知量的各次观测不是等精度观测，各观测值的中误差就不相同，其可靠性也不相同。再用式(3.11)那样计算平差值就不合理。精度高的观测值更可靠，在计算最后结果时占的份额应大一些，反之应小一些。比如同一角度用两种不同精度的仪器来测量，人们总是更信任精度高的仪器所测量的结果，计算平差值时也希望高精度观测值起到更大作用，有时甚至放弃低精度测量结果。为此我们引入权的概念，通过权来确定观测值在平差值中所占的份额，也就是通过权来确定观测值对平差值的影响程度，观测值精度愈高其权愈大。

1. 权

由于观测值精度愈高，其中误差愈小，权愈大。为此我们可以根据中误差来定义权。

设 n 个不等精度观测值的中误差分别为 $m_1, m_2, \cdots, m_n$，则权可以定义如下：

$$p_1 = \frac{m_0^2}{m_1^2}, p_2 = \frac{m_0^2}{m_2^2}, \cdots, p_n = \frac{m_0^2}{m_n^2} \tag{3.13}$$

式中，m_0 是单位权中误差，即权为 1 的观测值所对应的中误差。权对一组观测值而言是相对的，由(3.13)式可以看出如果某一观测值的权定下来，其他观测值的权也就跟着定了。如果假定 $m_0=1$，则

$$p_1 = \frac{1}{m_1^2}, p_2 = \frac{1}{m_2^2}, \cdots, p_n = \frac{1}{m_n^2} \tag{3.14}$$

2. 加权平均值

如果对某一未知量进行了 n 次不等精度观测，观测值为 $l_1, l_2, \cdots, l_n$，其相应的权为 $p_1, p_2, \cdots, p_n$，则加权平均值 $\bar{l}$ 为

$$\bar{l}=\frac{p_1l_1+p_2l_2+\cdots+p_nl_n}{p_1+p_2+\cdots+p_n}=\frac{[pl]}{[p]} \tag{3.15}$$

将加权平均值作为不等精度观测时的平差值。平差值与观测值之差被称为改正数。

$$\nu_i=\bar{l}-l_i \qquad (i=1,2,\cdots,n) \tag{3.16}$$

3.3.3 计算实例

【例 3.4】 对某角进行了 5 次等精度观测,观测结果分别为

l_1=35°18′28″,l_2=35°18′25″,l_3=35°18′26″,l_4=35°18′22″,l_5=35°18′24″

【解】 因为是等精度观测,根据式(3.11)得到

$$\bar{l}=\frac{l_1+l_2+l_3+l_4+l_5}{5}=35°18'25''$$

式中,$\bar{l}$ 是算术平均值,也是我们所求的平差值。利用算术平均值计算改正数分别为

$$\nu_1=-3'',\nu_2=0'',\nu_3=-1'',\nu_4=+3'',\nu_5=+1''$$

【例 3.5】 对某角进行了三次不等精度观测,各观测值分别为 l_1=35°18′26″,l_2=35°18′22″,l_3=35°18′24″,其中误差分别为 $m_1=\pm2''.0$,$m_2=\pm3''.0$,$m_3=\pm6''.0$。求观测值的平差值。

【解】 利用式(3.14)计算各观测值的权分别为

$$p_1=\frac{1}{m_1^2}=\frac{1}{4},p_2=\frac{1}{m_2^2}=\frac{1}{9},p_3=\frac{1}{m_3^2}=\frac{1}{36}$$

加权平均值

$$\bar{l}=\frac{p_1l_1+p_2l_2+p_3l_3}{p_1+p_2+p_3}=35°18'24''.7$$

式中,$\bar{l}$ 是我们所求的平差值。利用平差值计算改正数分别为

$$\nu_1=-1.3'',\nu_2=\pm2.7'',\nu_3=+0''.7$$

根据误差理论,当观测次数无限增加趋于无穷大时,平差值就趋于真值,改正数的数值也就趋于真误差(但符号相反)。而在观测次数有限时,认为平差值是最可靠的结果,被称为最或然值(最或是值)。

加权平均值的权由误差传播定理可推出

$$p_{\bar{l}}=p_1+p_2+\cdots+p_n$$

3.4 精度评定

观测值的精度通常以中误差来衡量,即根据式(3.2)利用测量误差计算中误差

并以此对观测值进行精度评定。但是由于实际工作中观测值的真值 X 并不知道，也就是说不能利用式(3.1)计算测量误差。因此也不能利用式(3.2)来计算中误差。从上一节知道:对某一量进行多次观测,可以计算其平差值。利用平差值和观测值计算改正数。在此给出利用观测值的改正数计算观测值的中误差的公式。

3.4.1 等精度观测的精度评定

1. 观测值中误差

$$m = \pm \sqrt{\frac{[\nu\nu]}{n-1}} \tag{3.17}$$

将上式与式(3.2)比较不难发现,式中$[\nu\nu]$取代了$[\Delta\Delta]$,n 换成了 $n-1$。

2. 平差值中误差

除了计算观测值中误差对观测值进行精度评定外,还需要对平差值进行精度评定。公式如下:

$$m_l = \pm \frac{m}{\sqrt{n}} = \pm \sqrt{\frac{[\nu\nu]}{n(n-1)}} \tag{3.18}$$

3. 例题

【例 3.6】 用钢尺对某段距离进行了 6 次丈量,结果见表 3.2。计算观测值的中误差和算术平均值的中误差。

3.4.2 不等精度观测的精度评定

不等精度观测值与平差值的精度评定必须考虑权的影响,计算公式如下:

1. 单位权中误差

$$m_0 = \pm \sqrt{\frac{[p\nu\nu]}{n-1}} \tag{3.19}$$

2. 平差值中误差

$$m_l = \pm \frac{m_0}{\sqrt{[p]}} \tag{3.20}$$

【例 3.7】 例 3.5 题中计算了不等精度观测值的加权平均值和改正数,其精度评定如下:

单位权

$$m_0 = \pm \sqrt{\frac{[p\nu\nu]}{n-1}} = \pm \sqrt{\frac{1.131}{3-1}} = \pm 0''.75$$

平差值的中误差

$$m_l = \pm \frac{m_0}{\sqrt{[p]}} = \pm \frac{0''.75}{0.62} = \pm 1''.2$$

表 3.2　中误差计算

丈量次序	观测值 l /m	改正数 ν /mm	$\nu\nu$ /mm^2	中误差计算
1	119.9864	−0.1	0.01	算术平均值：$x=\frac{[l]}{n}=119.9865\text{m}$
2	119.9867	+0.2	0.04	观测值中误差：
3	119.9850	−1.5	2.25	$m=\pm\sqrt{\frac{[\nu\nu]}{n-1}}=\pm 1.5\text{mm}$
4	119.9851	−1.4	1.96	算术平均值的中误差：
5	119.9867	−0.2	0.04	$m_x=\pm\frac{m}{\sqrt{n}}=\pm 0.6\text{mm}$
6	119.9890	+2.5	6.25	算术平均值的相对中误差：$\frac{m_x}{x}=\frac{1}{200\ 000}$
$\sum$		−0.1	10.55	

思　考　题

3.1　产生测量误差的原因有哪些？

3.2　偶然误差有哪些特性？如何消除减弱？

3.3　系统误差有哪些特性？如何消除减弱？

3.4　对某直线丈量了 6 次，测量结果为：123.535m、123.548m、123.520m、123.529m、123.550m、123.537m，试计算其算术平均值、算术平均值的中误差及相对误差。

3.5　设有一 n 边形，每个角的观测值中误差为±10″，求该 n 边形内角和的中误差。

3.6　对于某一矩形场地量得其长度 $a=(156.34\pm0.10)$m，宽度 $b=(85.27\pm0.05)$m，计算该场地面积及其中误差。

3.7　何谓不等精度观测？权有何意义？

第四章 水准测量

水准测量是一种高程测量的方法，借助于水准仪提供的水平视线测量两点之间的高差，并由此计算待定点的高程。水准线路一般布设成附合或闭合线路，支水准线路需要往返测。闭合差的计算、检核及分配是水准测量成果计算的关键内容。仪器误差、观测误差和外界条件的影响是水准测量的误差来源，测量过程中要注意消减各种误差的影响。

水准测量和三角高程测量是地面点高程测量的主要方法，前者一般用于平坦地区，后者用于起伏较大的地区。水准测量是一种精度较高的方法，因而被广泛用于施工测量。

4.1 水准测量原理

水准测量的原理是利用水准仪提供的一条水平视线，测量出两点之间的高差，然后根据已知点的高程推算出另一个点的高程。

如图 4.1 所示，已知 A 点的高程为 H_A，现欲求 B 点的高程 H_B，为此在 A、B 之间安置一台水准仪，在 A、B 两点上各竖立一根水准标尺，水准仪粗平精平之后视准轴水平，即视线水平，借助于视准轴在 A 尺上读数 a，在 B 尺上读数 b。a、b 分别是两段铅垂距离。

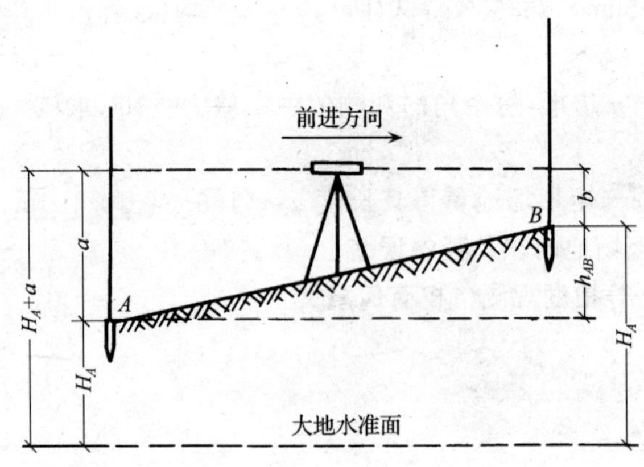

图 4.1 大地水准面

我们知道 H_A、H_B 是 A、B 两点的高程，也是一段铅垂距离，由图可以看出，H_A

$+a$，H_B+b 是水平视线到大地水准面的铅垂距离即水平视线的高程，则有

$$H_A + a = H_B + b \tag{4.1}$$

A、B 两点高差为

$$h_{AB} = H_B - H_A = a - b \tag{4.2}$$

B 点高程为

$$H_B = H_A + h_{AB} = H_A + a - b \tag{4.3}$$

如果水准测量是由 A 到 B 进行的，如图 4.1 中的箭头所示，则 A 尺上的读数 a 为后视读数，B 尺上的读数 b 为前视读数。$a-b$ 是 A、B 两点之间的高差。由式(4.3)可以得到如下结论：

1) B 点的高程等于 A 点高程加两点之间的高差；

2) B 点的高程等于视线高程减前视标尺读数，而视线高程等于后视点高程加后视标尺读数。

如果 $H_A=10.123\text{m}$，$a=1.571\text{m}$，$b=0.685\text{m}$，则高差和视线高程分别为

$$h_{AB} = a - b = 1.571 - 0.685 = 0.866(\text{m})$$

$$H_A + a = 11.694(\text{m})$$

$$H_B = 10.123 + 0.886 = 11.649 - 0.685 = 11.009(\text{m})$$

4.2 等外水准测量的实施

4.2.1 水准点

用水准测量的方法测定的高程控制点称为水准点(Bench Mark)，常用 BM 表示。水准测量通常是从水准点引测其他点的高程。水准点有永久性和临时性两种。国家等级水准点按规范要求埋设永久性标石标志，如图 4.2 所示，一般用石料或钢筋混凝土制成，深埋到地面冻结线以下 0.5m。在标石的顶面设有用不锈钢或其他不易锈蚀的材料制成的半球状标志。有些水准点也可以设置在稳定的墙脚上，称为墙上水准点，如图 4.3 所示。地形测量或建筑工地用的等外水准点可以采用临时性

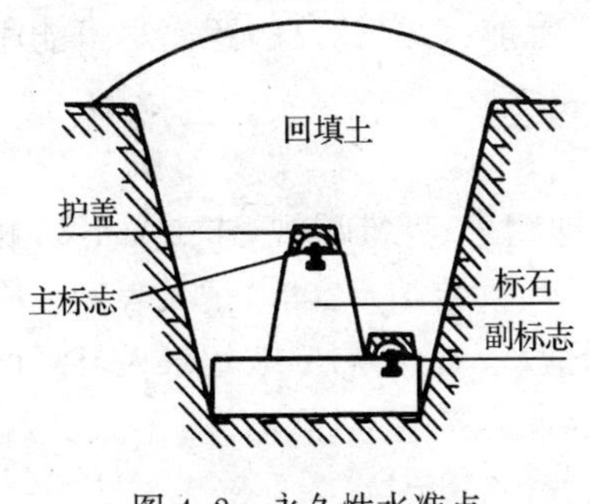

图 4.2　永久性水准点

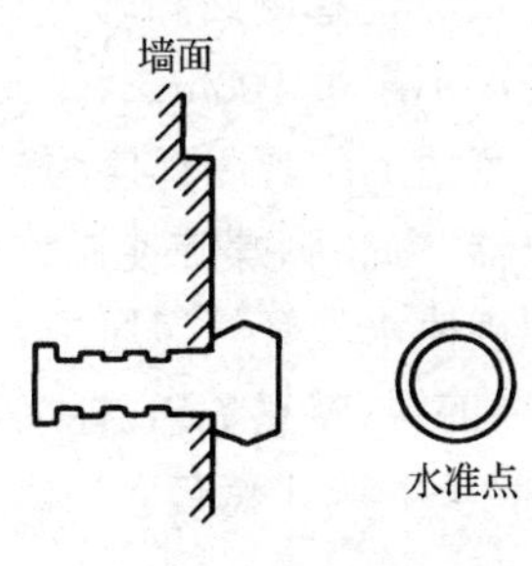

图 4.3　墙上水准点

标志，用木桩或道钉打入地面，也可以选用地面上突出的坚硬岩石等。为了便于他人寻找使用，埋设水准点后应做点记，注明点号、等级、高程值以及该点位置、与其他明显地物点的相对关系，并绘制附近地形草图。

4.2.2　等外水准测量的实施

当高程待定点离开已知点较远或高差较大时，仅安置一次仪器进行一个测站的测量就不能测出两点之间的高差。这时需要在两点之间加设若干个临时立尺点，分段连续多次安置仪器来求得两点间的高差。这些临时加设的立尺点是作为传递高程用的，称为转点(Turning Point)，一般用 TP 表示，转点处应放置尺垫用于立尺。

如图 4.4 所示，水准点 A 的高程为 17.580m，要测定 B 点高程。观测时临时加设了 3 个转点，共进行了四个测站的观测，每个测站观测的程序是相同的，其观测步骤、记录、计算说明如下。

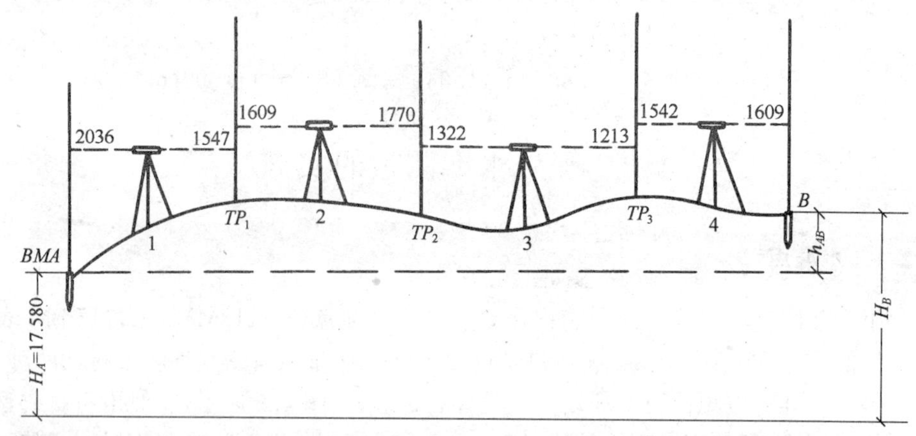

图 4.4　水准测量的实施

作业时，先在水准点 BMA 上立尺，作为后视标尺，再沿着水准路线的前进方向选择一处安置水准仪，同时选择适当位置放置尺垫，作为转点 TP_1，然后在尺垫上立前视标尺。选择测站和转点时要注意水准仪距前、后视标尺的距离尽可能相等。视线长度不超过 100m。

在第一测站上的观测程序为：

安置仪器，调整脚螺旋使圆水准器气泡居中即粗平；照准后视(A 点)标尺，并转动微倾螺旋使水准管气泡居中，用中丝读后视标尺读数 $a_1=2036$，记入表 4.1 所示手簿。照准前视(转点 TP_1)标尺，精平，读前视标尺读数 $b_1=1547$，记录人员复读后记入手簿，并计算 A 点与转点 TP_1 之间的高差，即

$$h_1 = a_1 - b_1 = 2036 - 1547 = 0.489(\text{m})$$

填入表 4.1 中高差栏。

表 4.1　水准测量手簿

测站	测点	水准标尺读数		高差/m	高程/m	备注
		后视 a	前视 b			
1	BMA TP_1	2036	1547	+0.489	17.580	已知水准点高程
2	TP_1 TP_2	1609	1770	−0.161		
3	TP_2 TP_3	1322	1213	+0.109		
4	TP_3 B	1542	1609	−0.067	17.950	
计算校核		$\sum 6509$ −6139 +0.370	$\sum 6139$	+0.370	17.950 −17.580 +0.370	

第一个测站完成后，转点 TP_1 处的尺垫和水准尺保持不动，将 A 点的水准标尺移至 TP_2 点尺垫上，继续进行第二站的观测、记录、计算，用同样的方法一直测到 B 点。

每一测站可得前、后视两点间的高差，即

$$h_1 = a_1 - b_1$$
$$h_2 = a_2 - b_2$$
$$\cdots$$
$$h_4 = a_4 - b_4$$

将各式相加，得

$$\sum h = \sum a - \sum b \tag{4.4}$$

B 点高程为

$$H_B = H_A + \sum h \tag{4.5}$$

4.3　水准测量的成果计算

4.3.1　水准路线

在水准点之间进行水准测量所经过的路线，称为水准路线。按照已知高程的水准点的分布情况和实际需要水准路线布设成以下 3 种形式：

1. 附合水准路线

如图 4.5 所示，从一已知高程的水准点 $BM1$ 出发，对各高程待定水准点1、2、3进行水准测量，最后附合到另一已知高程的水准点 $BM2$，这样的水准线路称为附合水准线路。附合水准线路观测的各相邻点之间的高差总和应等于两端已知点之间的高差即$\sum h_{理}=H_2-H_1$，以此作为观测正确性的检核条件。

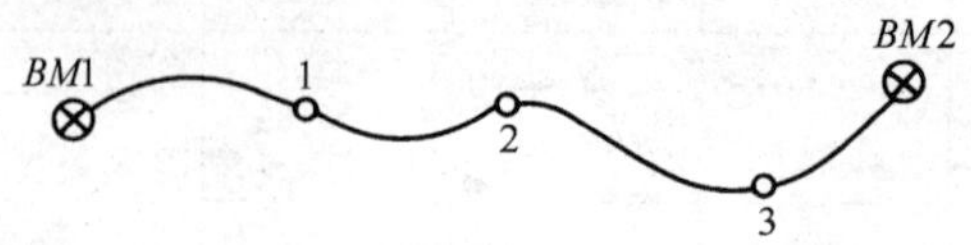

图 4.5　附合水准路线

2. 闭合水准路线

如图 4.6 所示，从某一已知高程的水准点 $BM3$ 出发，对各高程待定的水准点 1、2、3 进行水准测量，最后仍回到原水准点 $BM3$，称为闭合水准路线。从 $BM3$ 到 1、1 到 2 及以后相邻点间的高差测量可采用上节所述方法。对于闭合水准线路，各相邻点间的高差总和在理论上应等于零，即$\sum h_{理}=0$，可以用于观测正确性的检核。

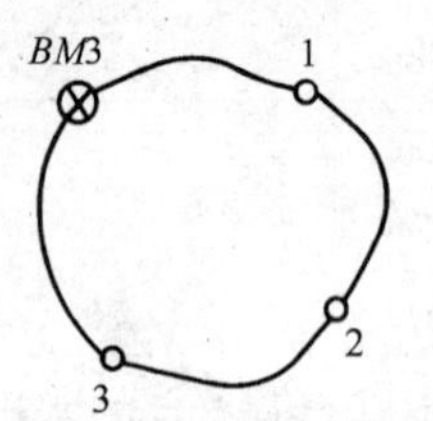

图 4.6　闭合水准线路

3. 支水准路线

如图 4.7 所示，从某一已知高程的水准点 $BM1$ 出发，对各高程待定的水准点 1、2 进行水准测量，这样的水准线路称为支水准路线。支水准路线一定要进行往返测。往测高差总和与返测高差总和在理论上应是大小相等符号相反，即$\sum h_{往}+\sum h_{返}=0$，可以作为观测正确性的检核。

4.3.2　水准测量的成果整理

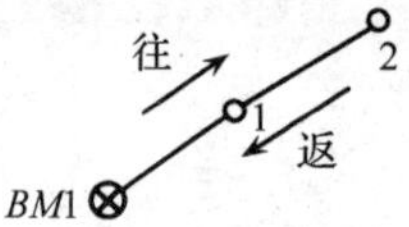

水准测量的成果整理首先是利用各种水准路线的检核条件对观测结果进行检核，在满足检核条件之后再对观测结果进行改正并计算高程。

图 4.7　支水准线路

1. 高差闭合差计算

高差闭合差是水准路线实测高差总和的误差显现，计算随水准路线的形式而不同，现分述如下：

附合水准路线

$$f_h=\sum h_{测}-\sum h_{理}=\sum h_{测}-(H_{终}-H_{始}) \tag{4.6}$$

闭合水准路线

$$f_h=\sum h_{测}-\sum h_{理}=\sum h_{测} \tag{4.7}$$

支水准路线

$$f_h=\sum h_{往}+\sum h_{返} \tag{4.8}$$

2. 闭合差允许值的计算

由于仪器的精密程度和观测者的分辨能力都有一定的限制，而且还受到外界环境的影响，观测中含有一定范围内的误差是不可避免的，当 f_h 在允许范围内时，认为精度合格，成果可用；否则返工重测直至符合要求为止。等外水准测量高差闭合差的允许范围公式如下：

$$f_{h允} = \pm 40\sqrt{L}(\text{mm}) \tag{4.9}$$

式中：L——水准路线长度，以公里为单位。

在山区或丘陵地区当每公里路线中安置水准仪的测站数超过 16 站时，高差闭合差允许值可采用下式计算：

$$f_{h允} = \pm 12\sqrt{n}(\text{mm}) \tag{4.10}$$

式中：n——水准路线中总的测站数。

3. 高差闭合差的分配和高程计算

当 f_h 的绝对值小于 $f_{h允}$时，说明观测成果合格，可以进行高差闭合差分配、高差改正和高程计算。

高差闭合差的分配即计算高差的改正数，采用反符号按水准路线长度成比例分配或反符号按测站数成比例分配，公式如下：

$$\nu_i = -\frac{f_h}{\sum L}L_i \tag{4.11}$$

或

$$\nu_i = -\frac{f_h}{\sum n}n_i \tag{4.12}$$

当给定数据是路线长度时采用(4.11)式，当给定数据是测站数时采用(4.12)。

将所测高差加上所对应的改正数即得到改正后的高差。利用已知高程和改正后的高差按高差的方向，计算各点高程。

4.3.3 计算实题

1. 附合水准路线成果计算

A、B 为两个已知水准点，A 点高程为 21.326m，B 点高程为 25.062m，其观测成果如图 4.8 所示，计算 1、2、3 各点高程。

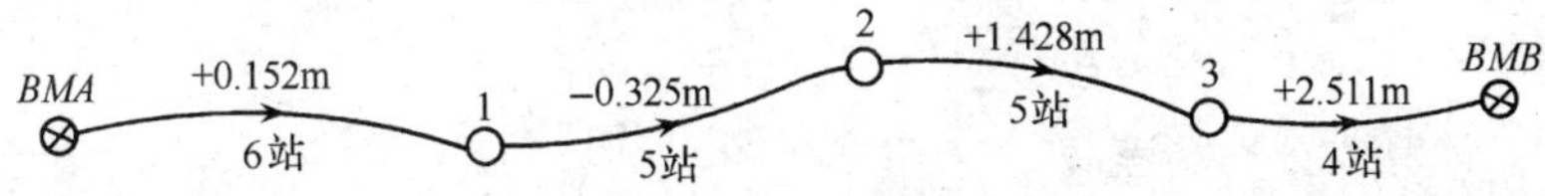

图 4.8 附合水准路线观测成果

将图中数据按高程顺序列入表 4.2 进行计算。计算步骤如下：

(1) 计算闭合差

$$f_h = \sum h_测 - (H_终 - H_始) = +30(\text{mm})$$

(2) 计算闭合差容许值

$$f_{h允} = \pm 12\sqrt{n}\,(\mathrm{mm}) = \pm 12\sqrt{20} = \pm 54(\mathrm{mm})$$

因为$|f_h| \leqslant |f_{h容}|$,所以高差测量精度满足要求,可做下一步运算。

表 4.2 附合水准路线成果整理

点号	测站数 n_i /站	实测高差 h_i /m	高差改正数 ν_i /m	改正后高差 $h_改$ /m	高程 H /m	备注
BMA					21.326	已知点
	6	+0.152	−0.009	+0.143		
1					21.469	
	5	−0.325	−0.007	−0.332		
2					21.137	
	5	1.428	−0.008	+1.420		
3					22.557	
	4	2.511	−0.006	+2.505		
BMB					25.062	已知点
$\sum$	20	3.766	−0.030	3.736		

(3) 计算高差改正数

$$\nu_i = -\frac{f_h}{\sum n} n_i$$

各测段改正数 ν_i 计算如下:

$$\nu_1 = -\frac{f_h}{\sum n} n_1 = -\frac{30}{20} \times 6 = -9(\mathrm{mm})$$

$$\nu_2 = -\frac{f_h}{\sum n} n_2 = -\frac{30}{20} \times 5 = -7(\mathrm{mm})$$

$$\nu_3 = -\frac{f_h}{\sum n} n_3 = -\frac{30}{20} \times 5 = -8(\mathrm{mm})$$

$$\nu_4 = -\frac{f_h}{\sum n} n_4 = -\frac{30}{20} \times 4 = -6(\mathrm{mm})$$

改正数凑整到毫米,且凑整后的改正数必须与闭合差绝对值相等,符号相反。这是计算中的一个检核条件,即

$$\sum \nu = -f_h = -0.030\mathrm{m}$$

(4) 计算改正后高差

各测段观测高差 h_i 分别加上相应的改正数 ν_i,即得改正后的高差。

$$h_{1改} = h_1 + \nu_1 = +0.152 - 0.009 = +0.143$$

$$h_{2改} = h_2 + \nu_2 = -0.325 - 0.007 = -0.332$$

$$\vdots$$

(5) 高程计算

利用测段起点高程加测段改正后高差逐点计算高程,最后推算的终点高程应

与已知高程相等。

$$H_1 = H_A + h_{1改} = 21.326 + 0.143 = 21.469(\text{m})$$

$$H_2 = H_1 + h_{2改} = 21.469 - 0.332 = 21.137(\text{m})$$

$$\vdots$$

2. 闭合水准路线成果计算

闭合水准线路与附合水准路线基本相同。计算时注意高差闭合差计算公式为：

$$f_h = \sum h_{测}$$

在图 4.9 中 A 点为已知水准点，A 点高程为 51.732m，其观测成果如图所示，计算 1、2、3 各点高程。将图中数据按高程顺序列入表 4.3 进行计算。

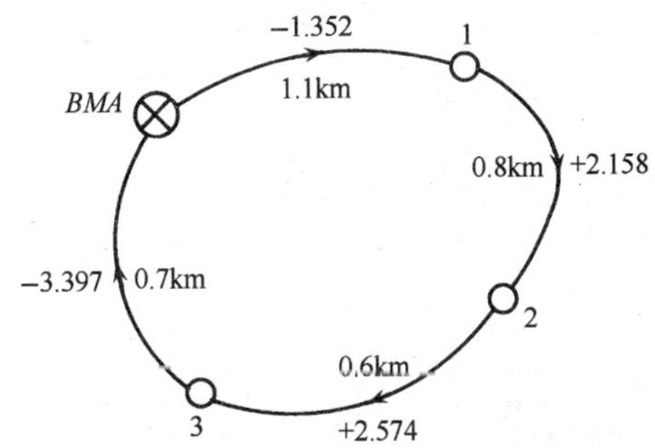

图 4.9 闭合水准路线观测成果

表 4.3 闭合水准路线成果整理

点号	距离 l_i /km	实测高差 h_i /m	高差改正数 ν_i /m	改正后高差 $h_{改}$ /m	高程 H /m	备注
BMA					51.732	已知点
	1.1	−1.352	+0.006	−1.346		
1					50.386	
	0.8	+2.158	+0.004	+2.162		
2					52.548	
	0.6	+2.574	+0.003	+2.577		
3					55.125	
	0.7	−3.397	+0.004	−3.393		
BMA					51.732	已知点
$\sum$	3.2	−0.017	+0.017	0		

计算步骤如下：

(1) 计算闭合差

$$f_h = \sum h_{测} = -17\text{mm}$$

(2) 计算闭合差容许值

$$f_{h允} = \pm 40\sqrt{L}(\text{mm}) = \pm 40\sqrt{3.2} = \pm 72\text{mm}$$

因为 $|f_h| \leqslant |f_{h容}|$，所以高差测量精度满足要求，可做下一步运算。

(3) 计算高差改正数

$$\nu_i = -\frac{f_h}{\sum L} L_i$$

各测段改正数 ν_i 计算如下:

$$\nu_1 = -\frac{f_h}{\sum L} L_1 = -\frac{-17}{3.2} \times 1.1 = +6(\text{mm})$$

$$\nu_2 = -\frac{f_h}{\sum L} L_2 = -\frac{-17}{3.2} \times 0.8 = +4(\text{mm})$$

$$\nu_3 = -\frac{f_h}{\sum L} L_3 = -\frac{-17}{3.2} \times 0.6 = +3(\text{mm})$$

$$\nu_4 = -\frac{f_h}{\sum L} L_4 = -\frac{-17}{3.2} \times 0.7 = +4(\text{mm})$$

改正数凑整到毫米,且凑整后的改正数必须与闭合差绝对值相等,符号相反。这是计算中的一个检核条件,即

$$\sum \nu = -f_h = +0.017\text{m}$$

(4) 计算改正后高差

各测段观测高差 h_i 分别加上相应的改正数 ν_i,即得改正后的高差。

$$h_{1改} = h_1 + \nu_1 = -1.352 + 0.006 = -1.346(\text{m})$$

$$h_{2改} = h_2 + \nu_2 = +2.158 + 0.004 = +2.162(\text{m})$$

$$\vdots$$

(5) 高程计算

利用已知点高程加测段改正后高差逐点计算高程,最后推算回已知点高程应与已知高程相等。

$$H_1 = H_A + h_{1改} = 51.732 - 1.346 = 50.386(\text{m})$$

$$H_2 = H_1 + h_{2改} = 50.386 + 2.162 = 52.548(\text{m})$$

$$H_3 = H_2 + h_{3改} = 52.548 + 2.577 = 55.125(\text{m})$$

$$H_{A算} = H_3 + h_{4改} = 55.125 - 3.393 = 51.732(\text{m}) = H_{A已知}$$

4.4 水准测量的误差来源与注意事项

4.4.1 水准测量的误差来源

1. 仪器误差

水准仪在结构上应满足的条件之一是视准轴平行于水准管轴,这样水准仪经粗平、精平之后才保证视准轴水平。水准仪在使用前一般都对上述条件进行检验校

正，但也很难保证严格消除视准轴与水准管轴之间的微小夹角(i 角)。当水准管气泡居中时，视线并未严格水平，因此产生误差。该误差的消除减弱方法是在一测站上使水准仪距前、后标尺距离相等，同时也可消除水准面曲率对高差的影响。

水准标尺的底端是标尺刻划的起点即零点。由于磨损或尺底粘上杂物会使标尺产生零点差，其消除措施是在一水准测段中设置偶数站。

2. 观测误差

置平误差是由于水准管气泡没有严格居中而引起的视准轴倾斜造成的误差，该误差在前视和后视读数中一般不相同，因此在高差计算中不可能抵消。限制这种误差的方法是每次读数前严格精平，即使水准管气泡严格居中。

读数误差与人眼的分辨能力，望远镜放大倍率以及视线长度有关，限制该误差的方法是控制视线长度。

读数时水准尺必须竖直，如果水准标尺前后倾斜在望远镜视场中不会被发现，就会使得水准标尺读数总是偏大。在水准尺上安装圆水准器是保持标尺竖直的主要措施。如果标尺上没有安装水准器，可以采用“摇尺法”：在读尺时，将标尺缓缓向前后俯仰摇动，尺子上读数也会缓缓改变，观测者读取最小读数，即尺子竖直时的读数。

3. 外界条件的影响

由于仪器和尺垫的下沉使视线降低，从而引起高差误差。在等外水准中要求将仪器脚架踩紧，尺垫也应踩实在地面后再进行观察，同时，如熟练的观测可减少观测时间也可以减弱其影响。

尺垫下沉将下一站后视读数增大，这将引起高差误差。采用往返测量的方法，取成果中数，可以减弱其影响。

大气折光的影响与视线距离地面的高度有关，离地面越近光线折射越大。因此为了减弱大气折射的影响，一般规定视线必须高出地面一定高度。

温度影响也会引起水准测量误差。由于仪器各部位受热不均匀，引起不规则膨胀，影响仪器各轴线间的正常关系，造成测量误差。因此水准测量要求较高时，水准仪应撑伞防晒。

4.4.2 水准测量的注意事项

由于测量受各种因素的影响，所以我们在测量过程中尽量采用各种各样的措施以达到消除或减弱误差的目的。同时应绝对避免在测量中存在错误，因此在水准测量时应注意以下各点：

1) 观测前对所用仪器和工具进行认真检验和校正。

2) 仪器、标尺应尽量安置在土质坚实处，并将脚架和尺垫踩紧，以防下沉带来误差。

3) 水准仪前、后视距应尽量相等，视线应保持一定的高度。

4）视距应不超过 100m。

5）读数前注意调焦、消除视差，读数前后水准管气泡应精确吻合。

6）水准标尺要扶直，测量过程中要注意检查清除标尺底部泥土，水准路线中测站数应为偶数站等。

7）日下作业要撑伞防晒。

8）记录员要复读读数并注意数据的核对，记录应整洁、没有涂改。

思 考 题

4.1　设 A 为后视点，B 点为前视点。A 点高程为 20.002m。当后视读数为 1120，前视读数为 1418，问 A、B 两点高差是多少？B 点高程是多少？

4.2　水准点和转点各起什么作用？

4.3　将图 4.10 的数据填入表 4.4，并计算各点高差及 B 点高程。

表 4.4

测站	测点	水准标尺读数		高差/m	高程/m	备注
		后视 a	前视 b			

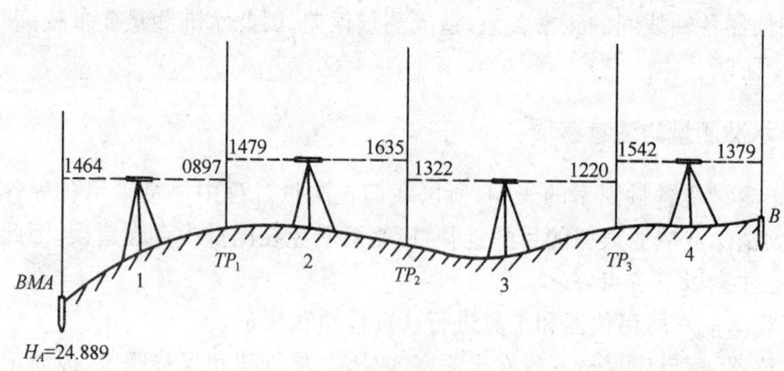

图 4.10

4.4　调整表 4.5 中符合水准路线的观测成果，并计算各点高程。

表 4.5

点号	距离 l_i /km	实测高差 h_i /m	高差改正数 ν_i /m	改正后高差 $h_{改}$ /m	高程 H /m	备注
BMA					57.967	
	0.7	+4.363				
1						
	1.3	+2.413				
2						
	0.9	−3.121				
3						
	0.5	+1.263				
4						
	0.6	+2.716				
5						
	0.8	−3.715				
BMB					61.819	

4.5 调整图 4.11 所示闭合水准路线的观测成果，并计算各点高程。

4.6 水准测量受哪些误差影响？应如何予以减弱或消除？

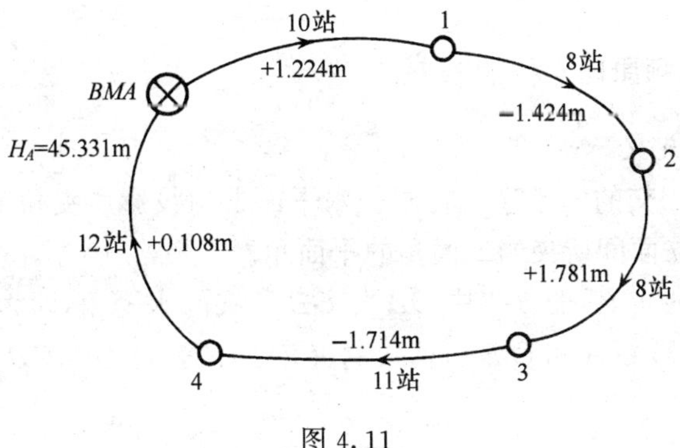

图 4.11

第五章 角 度 测 量

本章主要介绍水平角和竖直角的概念和测量的基本原理，详细阐述水平角和竖直角的测量与计算，简要介绍角度测量的误差与注意事项。

角度测量是测量的三项基本工作之一。它分为水平角和竖直角测量。测量水平角是为了确定地面点的平面相对位置，测量竖直角是为了确定地面点竖直方向的相对位置关系，求得地面点的间接高程或将倾斜距离转化为水平距离。

5.1 水平角和竖直角测量原理

5.1.1 水平角观测原理

1. 水平角的定义

水平角是指相交的两条直线在同一水平面上的投影所夹角度，或指分别过两条直线所作的竖立面间所夹的二面角的平面角。

根据水平角的定义，图 5.1 中 OA 与 OB 所夹的水平角，即为 OA、OB 在同一水平面 H 上的投影 $O'A'$ 和 $O'B'$ 所构成的夹角 β，或为过 OA、OB 的竖直角间的二面角的平面角。

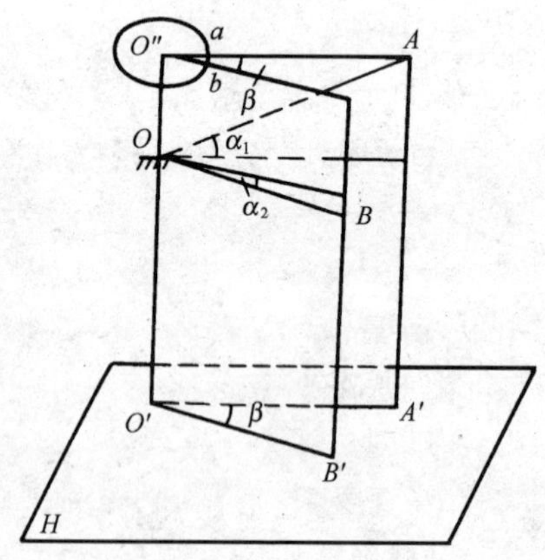

图 5.1 水平角和竖直角的原理

2. 水平角测量原理

在图 5.1 中，为了获得水平角 β 的大小，假想有一个能安置成水平的刻度圆盘，且圆盘中心可以处在过 O 点的铅垂线上的任意位置 O''，如能在刻度圆盘上获

得 OA 和 OB 所在铅垂面在刻度盘上相应的读数 a 和 b，则水平角为

$$\beta = b - a \tag{5.1}$$

这样就可以获得地面上任意三点间所构成的水平角的大小，其角值范围为0°～360°。

5.1.2 竖直角观测原理

1. 竖直角的定义

竖直角是指在同一竖直面内，一直线与水平线之间的夹角，测量上又称为倾斜角，简称为竖角或高度角。

竖直角有仰角和俯角之分。夹角在水平线以上，称为仰角，取正号，角值为0°～+90°，如图 5.1 中的 α_1；夹角在水平线以下，称为俯角，取负号，角值为－90°～0°，如图 5.1 中的 α_2。

2. 竖直角的测量原理

如图 5.1 中，欲确定 α_1 和 α_2 的大小，假想有一竖直刻度圆盘，并能处在过目标点的竖直面内，通过瞄准设备和读数装置可分别获得目标视线的读数和水平视线的读数，则竖直角可以写成：

$$\alpha = \text{目标视线的读数} - \text{水平视线的读数} \tag{5.2}$$

值得注意的是，在过 O 点的铅垂线上不同的位置设置竖直圆盘瞄准同一目标时，每个位置观测所得的竖直角是不同的。

根据上述水平角和竖直角测量原理而设计的经纬仪，就是可以完成观测水平角和竖直角的测角仪器。

5.2 水平角的测量与计算

水平角测量的方法常用测回法和方向观测法两种。

5.2.1 测回法

测回法是观测水平角的一种最常用的基本方法，适用于观测两个方向之间的单角，如图 5.2 所示，设采用测回法观测水平角∠AOB，按下述步骤进行：

1）在测站点 O 安置经纬仪，对中和整平。

2）将仪器置于盘左位置（竖直度盘在望远镜的左侧）转动照准部，利用望远镜粗略瞄准 A 点后，制动照准部，精确瞄准 A 点目标，并读取水平度盘读数 a_1，设为88°28′38″。

3）顺时针方向旋转照准部，同样精确瞄准 B 点目标，又读取读数 b_1，设135°46′12″。

则水平角等于 B 目标点读数减 A 目标点读数，即

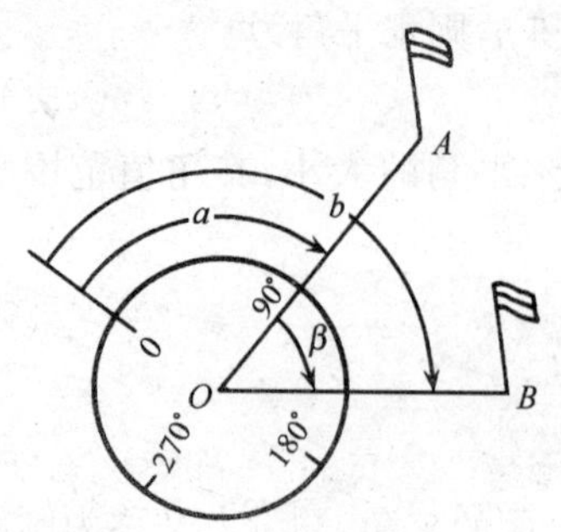

图 5.2　测回法观测水平角

$$\beta_1 = b_1 - a_1 = 135°46'12'' - 88°28'38'' = 47°17'34''$$

到此完成了上半测回的观测工作。

4）松开照准部制动螺旋，倒转望远镜，由盘左位置变成盘右位置（竖直度盘在望远镜右侧），瞄准 B 点目标，读取读数 b_2，设为 315°45′36″。

5）逆时针方向旋转照准部再次瞄准 A 点目标，读取读数 a_2，设为 268°27′58″。

同法计算水平角，即

$$\beta_2 = b_2 - a_2 = 315°45'36'' - 268°27'58'' = 47°17'38''$$

到此，完成了下半测回的观测工作。上下两半测回合称为一个测回。取两个半测回角值的平均数为一测回角值，即

$$\beta = \frac{1}{2}(\beta_1 + \beta_2) = \frac{1}{2}(47°17'34'' + 47°17'38'') = 47°17'36''$$

观测记录见表 5.1。

当测角精度要求较高时，往往需要观测几个测回。为了减少度盘分划误差的影响，各测回之间要根据测回数 n，以 $180°/n$ 的差值，变换度盘的起始位置。如当测回数 $n=4$ 时，各测回的起始方向读数应配置成略大于 0°、45°、90°、135°的读数。

表 5.1　水平角观测手簿（测回法）

观测日期________　天气状况________　工程名称________
仪器型号________　观测者________　记录者________

测站	度盘位置	目标	水平度盘读数 ° ′ ″	半测回角值 ° ′ ″	一测回角值 ° ′ ″	各测回平均角值 ° ′ ″	备注
O	盘左	A	88 28 38	47 17 34	47 17 36		
		B	135 46 12				
	盘右	A	268 27 58	47 17 38			
		B	315 45 36				

5.2.2　方向观测法

此法适用于在一个测站上，当观测多个角度，即观测方向多于三个以上时采用。如图 5.3 所示，O 为测站点，A、B、C、D 为四个目标点，欲测定 O 点到各目标、方向之间的水平角，其观测步骤如下：

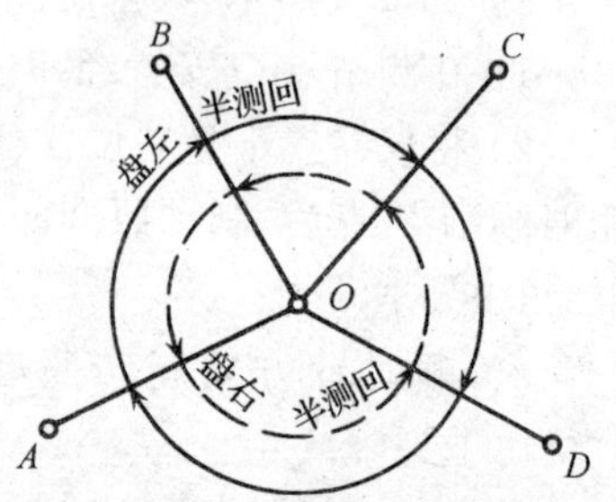

图 5.3　方向观测法测水平角

1）将经纬仪安置于测站点 O，对中、整平。

2）用盘左位置选定一距离适中，目标明显成像清晰的 C 作为起始方向（零方向），将水平度盘读数配置为略大于 0°，在精确瞄准后读取读数。松开水平制动螺旋，顺时针方向依次照准 D、A、B 三个目标点，并读数，最后再次瞄准起始点 C，称为归零，并读数。以上为上半测回。两次瞄准 C 点的读数之差称为“归零差”。对于不同精度等级的仪器，限差要求不同，如表 5.2 所示。

表 5.2　方向观测法的各项限差

经纬仪型号	半测回归零差/s	一测回内 $2c$ 互差/s	同方向值各测回互差/s
DJ_2	8	13	9
DJ_6	18	60	24

3）用盘右位置瞄准起始目标 C，并读数。然后按逆时针方向依次照准 B、A、D、C 各目标，并读数。以上称为下半测回，其归零差仍应满足规定要求。

上、下半测回合成一个测回，在同一测回内不能第二次改变水平度盘的位置。当精度要求较高，需测多个测回时，各测回间应按 $180°/n$ 变换度盘起始目标的读数。

4）观测记录计算，见表 5.3 为方向观测法观测手簿，盘左各目标的读数从上往下记录，盘右各目标读数按从下往上的顺序记录。

① 归零差的计算。

对起始目标，每一测回都应计算“归零差”Δ，并计入表格。一旦“归零差”超限，应及时进行重测。

② 两倍视准误差 $2c$ 的计算

$$2c = \text{盘左读数} - (\text{盘右读数} \pm 180°) \tag{5.3}$$

上式中，盘右读数大于 180°时用减 180°，如盘右读数小于 180°时用加 180°。各目标的 $2c$ 值分别列入表 5.3 第 6 栏。对于同一台仪器，在同一测回内，各方向的 $2c$ 值应为一个稳定数，若有变化，其变化值不应超过表 5.2 规定的范围。

③ 各方向平均读数的计算为

$$\text{平均读数} = \frac{\text{盘左读数} + (\text{盘右读数} \pm 180°)}{2} \tag{5.4}$$

计算时，以盘左读数为准，将盘右读数加或减 180°后和盘左读数取平均，其结果列入表 5.4 中第 7 栏。

④ 归零后方向值的计算。

将各方向的平均读数分别减去起始目标的平均读数，即得归零后的方向值。表 5.3 中 c 目标的平均读数为

$$\frac{0°00'39'' + 0°00'30''}{2} = 0°00'34''$$

各方向归零方向值列入第8栏。

⑤ 各测回值归零后平均方向值的计算。

当一个测站观测两个或两个以上测回时，应检查同一方向各测回的方向值互差。互差要求见表5.2。当检查结果符合要求，取各测回同一方向归零后的方向值的平均值作为最后结果，列入表5.3第9栏中。

表5.3 方向观测法观测手簿

观测日期＿＿＿＿＿ 天气状况＿＿＿＿＿ 工程名称＿＿＿＿＿

仪器型号＿＿＿＿＿ 观测者＿＿＿＿＿ 记录者＿＿＿＿＿

测回	测站	目标	水平度盘读数		2c	平均读数	一测回归零方向值	各测回平均方向值	角值
			盘左	盘右					
			° ′ ″	° ′ ″	″	° ′ ″	° ′ ″	° ′ ″	° ′ ″
1	2	3	4	5	6	7	8	9	10
						(0 00 34)			
第一测回	O	C	0 00 54	180 00 24	+30	0 00 39	0 00 00	0 00 00	
		D	79 27 48	259 27 30	+18	79 27 39	79 27 05	79 26 59	79 26 59
		A	142 31 18	322 31 00	+18	142 31 09	142 30 35	142 30 29	63 03 30
		B	288 46 30	108 46 06	+24	288 46 18	288 45 44	288 45 47	146 15 18
		C	0 00 42	180 00 18	+24	0 00 30			71 14 13
		Δ	−12	−6					
						(90 00 52)			
第二测回	O	C	90 01 06	270 00 48	+18	90 00 57	0 00 00		
		D	169 27 54	349 27 36	+18	169 27 45	79 26 53		
		A	232 31 30	42 31 00	+30	232 31 15	142 30 23		
		B	18 46 48	198 46 36	+12	18 46 42	288 45 50		
		C	90 01 00	270 00 36	+24	90 00 48			
		Δ	−6	−12					

⑥ 水平角的计算。

两方向的方向值之差，即为其所夹的水平角，计算结果列入表5.3第10栏。

当需要观测的方向为三个时，也可以不做归零观测，其他均与三个以上方向的观测方法相同。

方向观测法有三项限差要求，见表5.2。若任何一项限差超限，则应重测。

5.3 竖直角的测量与计算

在了解竖直角的测量原理和竖直度盘的构造特点后，再来了解竖直角的测量与计算。

5.3.1 竖直角计算公式

各种类型光学经纬仪的竖盘刻划注记分为顺时针注记和逆时针注记两种，在测量竖直角之前，应判断出仪器竖盘的注记形式，并用相应的竖直角的计算公式，判断的具体方法如下：

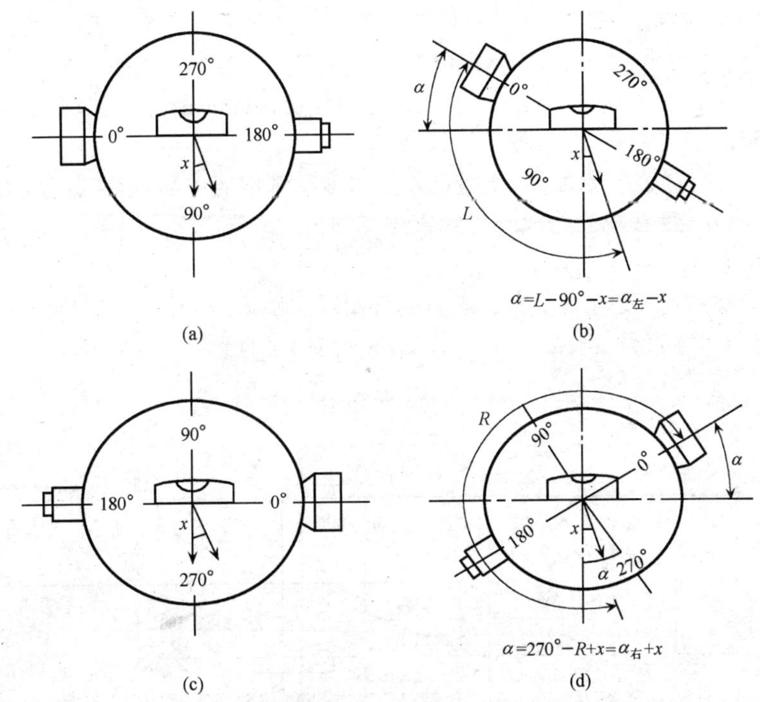

图 5.4 竖直角刻划示意图

经纬仪安置后，在盘左位置大致放平望远镜，根据读数情况判定视线水平时的读数应是 90°，如图 5.4(a)所示，然后上仰望远镜，观察读数是增加或减少。若读数增加，如图 5.4(b)所示，则为逆时针注记，反之则为顺时针注记。在逆时针注记时，设在望远镜瞄准一方向，其值为 L，则盘左时竖直角的计算公式为(逆时针注记的竖直角计算公式)

$$\alpha_L = \text{视线倾斜读数 } L - \text{视线水平读数 } 90° \tag{5.5}$$

同法，如图 5.4(c)、(d)所示，可写出盘右时竖直角的计算公式为

$$\alpha_R = \text{视线水平读数 } 270° - \text{视线倾斜读数 } R \tag{5.6}$$

若为顺时针注记，则竖直角计算公式为

$$\alpha_L = \text{视线水平读数 } 90° - \text{视线倾斜读数 } L \tag{5.7}$$

$$\alpha_R = \text{视线倾斜读数 } R - \text{视线水平读数 } 270° \tag{5.8}$$

对于同一目标，由于观测中存在误差，以及仪器本身和外界条件的影响，盘左，盘右所获得的竖直角 α_L 和 α_R 不完全相等，应取盘左、盘右的平均值作为竖直角的结果，即

$$\alpha = \frac{1}{2}(\alpha_L + \alpha_R) \tag{5.9}$$

5.3.2 竖直角的观测，记录与计算

1. 竖直角观测

1）在测站点上安置仪器，正确判定竖盘的注记方式以确定竖直角的计算公式。

2）盘左位置瞄准目标，使十字丝中的中丝切目标的顶端，调节竖盘指标水准管微动螺旋，使气泡居中，读取竖盘读数 L。

3）盘右位置瞄准原目标，使竖盘指标水准管气泡居中后，读取竖盘读数 R。

以上盘左，盘右观测构成一个竖直角测回。

2. 记录与计算

将各观测数据及时填入表 5.4 的竖直角观测手簿中并按式(5.7)和式(5.8)分别计算半测回竖直角，再按式(5.9)计算出一测回竖直角。

表 5.4 竖直角观测手簿

观测日期______ 天气状况______ 工程名称______

仪器型号______ 观测者______ 记录者______

测站	目标	测回	竖盘位置	竖盘读数 ° ′ ″	半测回竖直角 ° ′ ″	指标差 ′ ″	一测回竖直角 ° ′ ″	各测回竖直角 ° ′ ″	备注
B	A	1	左	81 38 12	+8 21 48	−0 12	+8 21 36	+8 21 45	竖盘为顺时针注记
			右	278 21 24	+8 21 24				
	A	2	左	81 38 00	+8 22 00	−0 06	+8 21 54		
			右	278 21 48	+8 21 48				
	C	1	左	96 12 36	−6 12 36	−0 09	−6 12 45	−6 12 44	
			右	263 47 06	−6 12 54				
	C	2	左	96 12 42	−6 12 42	0 00	−6 12 42		
			右	263 47 18	−6 12 42				

5.3.3 竖盘读数指标差

由式(5.7)和式(5.8)的推导条件认为当视线水平，竖盘指标水准管气泡居中时，读数指标处于正确位置，即正好指向 90°或 270°。事实上，读数指标往往偏离正

确位置，与正确位置相差一小角度 x，该角值称为竖盘指标差。如图 5.5 所示在顺时针刻划的度盘上，当指标偏离位置在正确位置左侧时，x 为正；反之，x 为负。图 5.5 中，x 为正。若仪器存在竖盘指标差，则竖直角的计算公式与式(5.7)和式(5.8)有所不同。

在图 5.5(a)中，盘左位置，望远镜往上仰，读数减小。若视线倾斜时竖盘读数为 L，则正确的竖直角为：

$$\alpha = 90° - L + x = \alpha_L + x \tag{5.10}$$

在图 5.5(b)中，盘右位置，望远镜上仰，读数增大，若视线倾斜时的竖盘读数为 R，则正确的竖直角为

$$\alpha = R - 270° - x = \alpha_R - x \tag{5.11}$$

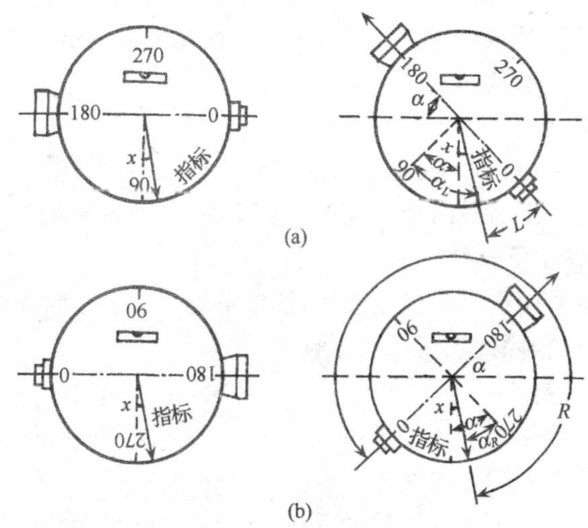

图 5.5　竖直角指标差示意图

将式(5.10)和式(5.11)联立求解可得

$$\alpha = \frac{1}{2}(\alpha_L + \alpha_R) = \frac{1}{2}(R - L - 180°) \tag{5.12}$$

$$x = -\frac{1}{2}(\alpha_L - \alpha_R) = \frac{1}{2}(L - R - 360°) \tag{5.13}$$

由式(5.12)与无指标差时竖直角的计算公式(5.9)完全相同，即通过盘左，盘右竖直角取平均值，可以消除竖盘指标差的影响，获得正确的竖直角。

盘左和盘右测出的竖直角互差除反映指标差外，也反映出瞄准误差和竖盘气泡居中误差，即可以反映观测成果的质量。对于 DJ6 光学经纬仪，规范规定，同一测站上不同目标的指标差互差或同方向各测回指标差互差不应超过 25″。有时允许半测回测定竖直角时，可先测定指标差，然后按公式(5.11)计算竖直角。

观测竖直角时，为使指标处于正确位置，每次读数都需将竖盘指标水准管气泡调至居中，这很不方便，所以有些光学经纬仪采用竖盘指标自动归零装置，当经纬

仪整平后，竖盘指针自动居于正确位置，这样就简化了操作程序。但使用这样的仪器必须注意在观测时打开竖盘指标自动归零装置，否则该装置未工作将使观测结果不正确。使用后注意关闭该装置，否则该装置易在仪器搬动中损坏。

5.4 角度测量的误差与注意事项

在水平角测量中影响测角精度的因素很多，主要有仪器误差、观测误差，以及外界条件的影响。

5.4.1 仪器误差

仪器误差的来源有两方面，即一方面是仪器检校不完善所引起的，如视准轴不垂直于横轴，以及横轴不垂直于竖轴等；另一方面是由于仪器制造加工不完善所引起的，如度盘偏心差、度盘刻划误差等。

1. 视准轴不垂直于横轴的误差

尽管仪器进行了检校，但校正不可能绝对完善，总是存在一定的残余误差。在观测过程中，通过盘左、盘右两个位置观测取平均值，可以消除此项误差的影响。

2. 横轴不垂直于竖轴的误差

与视准轴不垂直于横轴的误差一样，横轴不垂直于竖轴的误差通过盘左、盘右观测取平均值，可以消除此项误差的影响。

3. 竖轴倾斜误差

由于水准管轴应垂直于仪器竖轴的校正不完善而引起竖轴倾斜误差。此项误差不能用盘左盘右取平均值的方法来消除。这种残余误差的影响与视线竖直角的正切成正比。因此，在山区进行测量时，应特别注意水准管轴垂直于竖轴的检校。在观测过程中，应特别注意仪器的整平。

4. 度盘偏心差

照准部旋转中心与水平度盘分划中心不重合，使读数指标所指的读数含有误差，称为度盘偏心差，如图 5.6 所示。

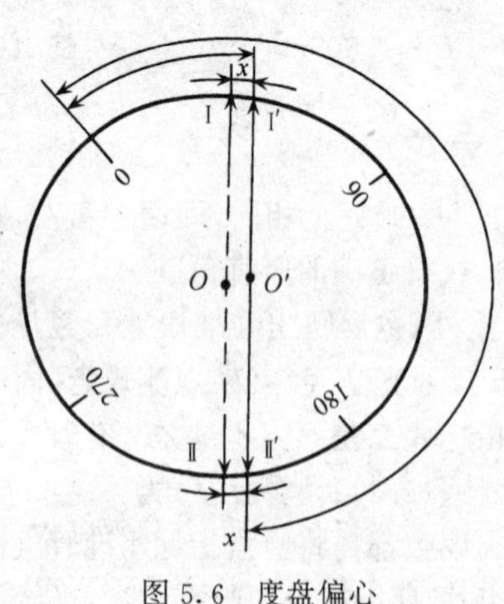

图 5.6 度盘偏心

采用对径分划符合读数可以消除度盘偏心差的影响。对于单指标读数的仪器，可通过盘左、盘右取平均值的方法来消除此项误差的影响。在图 5.6 中，由于 O 与 O' 不重合，当盘左瞄准某目标时，经纬仪一侧的水平度盘读数 Ⅰ′（实线箭头读数）有一个小角度 x 的误差。在盘右位置，仍瞄准该目标时，实线箭头读数 Ⅱ′ 比无偏心时的虚线箭头读数 Ⅱ 小

一个同样大小的 x 小角度。因此，若盘左盘右观测同一目标时，读数不相差 180°，就可能存在有照准部偏心误差，取盘左盘右读数的平均值，可消除其影响。

5. 度盘刻划误差

度盘的刻划总是或多或少存在误差。在观测水平角时，多个测回之间按一定方式变换度盘起始位置的读数，可以有效地削弱度盘刻划误差的影响。

5.4.2 观测误差

1. 仪器对中误差

如图 5.7 所示，设 C 为测站点，A、B 为两目标点。由于仪器存在对中误差，仪器中心偏至 C'，设偏离量 CC' 为 e，β 为无对中误差时的正确角度，β' 为有对中误差时的实测角度。设 $\angle AC'C$ 为 θ，测站 C 至 A、B 的距离分别为 S_1、S_2。由于对中误差所引起的角度偏差为

$$\Delta\beta = \beta - \beta' = \varepsilon_1 + \varepsilon_2$$

而

$$\varepsilon_1 \approx \frac{e \cdot \sin\theta}{S_1}\rho''$$

$$\varepsilon_2 \approx \frac{e \cdot \sin(\beta' - \theta)}{S_2}\rho''$$

则

$$\Delta\beta = e\rho''\left[\frac{\sin\theta}{S_1} + \frac{\sin(\beta' - \theta)}{S_2}\right] \tag{5.14}$$

由上式可知，仪器对中误差对水平角观测的影响与下列因素有关：

1）与偏心距 e 成正比，e 愈大，$\Delta\beta$ 愈大。

2）与边长成反比，边愈短，误差愈大。

3）与水平角的大小有关，θ、$(\beta' - \theta)$ 愈接近 90°，误差愈大。

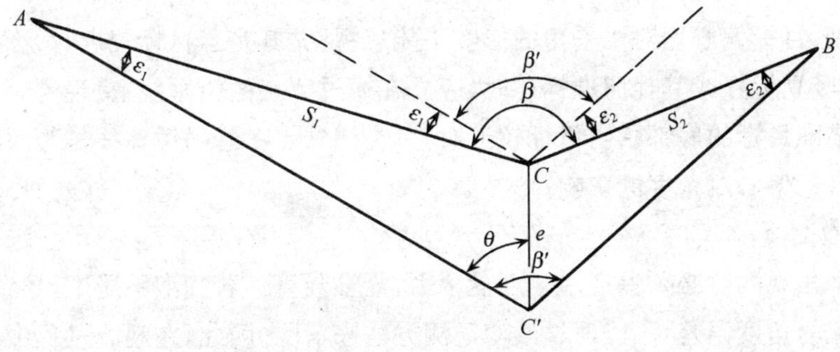

图 5.7 仪器对中误差

【例 5.1】 当 $e=3\text{mm}, \theta=90°, \beta'=180°, S_1=S_2=100\text{m}$ 时，由对中误差引起的角度偏差是多少？

【解】

$$\Delta\beta = \frac{3 \times 206265''}{100\ 000} \times 2 = 12.4''$$

因此，在观测目标较近或水平角接近 180°时，应特别注意仪器对中。

2. 目标偏心误差

如图 5.8，O 为测站点，A、B 为目标点。若立在 A 点的标杆是倾斜的，在水平角观测中，因瞄准标杆的顶部，则投影位置由 A 偏离至 A'，产生偏心距 e，引起的角度误差为

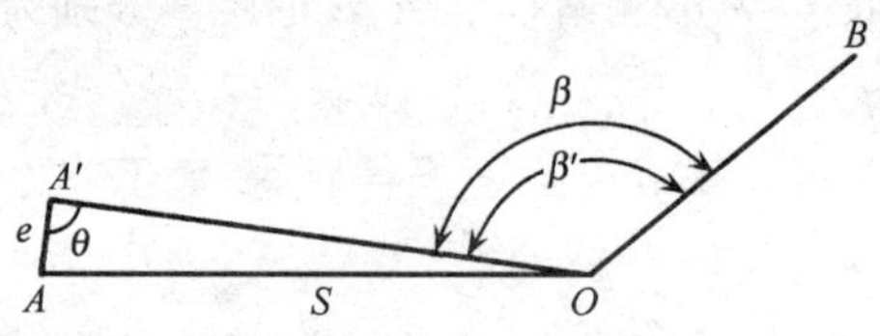

图 5.8　目标偏心误差

$$\Delta\beta = \beta - \beta' = \frac{e\rho''}{S}\sin\theta \tag{5.15}$$

由式(5.15)可知，$\Delta\beta$ 与偏心距 e 成正比，与距离 S 成反比。偏心距的方向直接影响 $\Delta\beta$ 的大小，当 $\theta=90°$时，$\Delta\beta$ 最大。

【例 5.2】 当 $e=10\text{mm}, S=50\text{m}, \theta=90°$时，目标偏心引起的角度误差是多少？

【解】

$$\Delta\beta = \frac{10 \times 206265''}{50\ 000} \times 2 = 41.3''$$

可见，目标偏心差对水平角的影响不能忽视。尤其是当目标较近时，影响更大。因此，在竖立标杆或其他照准标志时，应立在通过测点的铅垂线上。观测时，望远镜应尽量瞄准目标的底部。当目标较近时，可在测站点上悬吊锤球线作为照准目标，以减少目标偏心对角度的影响。

3. 仪器整平误差

水平角观测时必须保持水平度盘水平、竖轴竖直。若气泡不居中，导致竖轴倾斜而引起的角度误差，不能通过改变观测方法来消除。因此，在观测过程中，应特别注意仪器的整平。在同一测回内，若气泡偏离超过 2 格，应重新整平仪器，并重新观测该测回。

4. 照准误差

望远镜照准误差一般用下式计算：

$$m_{v}=\pm\frac{60''}{V} \tag{5.16}$$

式中：V——望远镜的放大率。

照准误差除取决于望远镜的放大率以外，还与人眼的分辨能力，目标的形状、大小、颜色、亮度和清晰度等有关。因此，在水平角观测时，除适当选择经纬仪外，还应尽量选择适宜的标志、有利的气候条件和观测时间，以削弱照准误差的影响。

5. 读数误差

读数误差与读数设备、照明情况和观测者的经验有关，其中主要取决于读数设备。一般认为，对 DJ6 经纬仪最大估读误差不超过±6″，对 DJ_2 经纬仪一般不超过±1″。但如果照明情况不佳，显微镜的目镜未调好焦距或观测者技术不够熟练，估读误差可能大大超过上述数值。

5.4.3 外界条件影响带来的误差

外界环境的影响比较复杂，一般难以由人力来控制。大风可使仪器和标杆不稳定；雾气会使目标成像模糊；松软的土质会影响仪器的稳定；烈日曝晒可使三脚架发生扭转，影响仪器的整平；温度变化会引起视准轴位置变化；大气折光变化致使视线产生偏折等。这些都会给角度测量带来误差。因此，应选择有利的观测条件，尽量避免不利因素对角度测量的影响。

思考题

表 5.5 竖直角观测手簿

观测日期________ 天气状况________ 工程名称________

仪器型号________ 观测者________ 记录者________

测站	目标	竖盘位置	竖盘读数 ° ′ ″	半测回竖直角 ° ′ ″	指标差 ′ ″	一测回竖直角 ° ′ ″	各测回竖直角 ° ′ ″	备注
O	1	盘左	81 20 45					竖盘为顺时针注记
		盘右	278 38 15					
	2	盘左	96 43 24					
		盘右	263 15 30					

5.1 什么是水平角和竖直角观测原理？

5.2 试述测回法与方向观测法测量水平角的操作步骤？

5.3 观测水平角和竖直角有哪些不同之处？

5.4　如何判断竖直角计算公式？

5.5　采用盘左，盘右观测水平角，能消除哪些仪器误差？

5.6　竖直角观测记录手簿整理表5.5，并分析有无指标差存在。

5.7　方向观测法记录手簿计算，见表5.6。

表5.6　水平角观测手簿（方向观测法）

观测日期＿＿＿＿＿　天气状况＿＿＿＿＿　工程名称＿＿＿＿＿

仪器型号＿＿＿＿＿　观测者＿＿＿＿＿　记录者＿＿＿＿＿

测回	测站	目标	水平度盘读数		$2c$	平均读数	一测回归零方向值	各测回平均方向值	角值
			盘左	盘右					
			° ′ ″	° ′ ″	′ ″	° ′ ″	° ′ ″	° ′ ″	° ′ ″
1	2	3	4	5	6	7	8	9	10
第一测回	O	A	0 01 12	180 01 18					
		B	96 53 06	276 53 00					
		C	143 32 48	323 32 48					
		D	214 06 12	34 06 06					
		A	0 01 24	180 01 18					
		Δ							
第二测回	O	A	90 01 24	270 01 24					
		B	186 53 00	6 53 18					
		C	233 32 54	53 33 06					
		D	304 06 36	124 06 48					
		A	90 01 36	270 01 36					
		Δ							

5.8　测回法观测水平角记录手簿计算，见表5.7。

表 5.7　水平角观测手簿(测回法)

观测日期__________　天气状况__________　工程名称 __________

仪器型号__________　观测者__________　记录者 __________

测点	度盘位置	目标	水平度盘读数	半测回角值	一测回角值	各测回平均角值	备注
			° ′ ″	° ′ ″	° ′ ″	° ′ ″	
O	盘左	A	0 01 18				
		B	49 50 12				
	盘右	B	229 50 18				
		A	180 01 48				

第六章　距 离 测 量

本章主要介绍普通视距测量、直线定向与钢尺量距的方法，简要介绍光电测距方面的内容。距离测量和水准测量及角度测量一样，也是最基本的测量工作。为了确定地面点的平面位置，除需要测量角度、高程外，还要测定地面两点间的水平距离和某直线的方向。两点间的水平距离可用钢尺直接量取。也可用视距法、光电测距法的方法间接求得。

6.1　普通视距测量

视距测量是根据几何光学原理测距的一种方法。视距测量可分为精密视距测量和普通视距测量。目前精密视距测量已被光电测距仪所取代。普通视距测量的测距精度虽仅有 1/200～1/300，但由于操作简便迅速，不受地形起伏限制，可同时测定距离和高差，被广泛用于测距精度要求不高的地形测量中。

6.1.1　普通视距测量原理

经纬仪、水准仪等测量仪器的十字丝分划板上，都有与横丝平行等距对称的两根短丝，称为视距丝。利用视距丝配合标尺就可以进行视距测量。

1. 视准轴水平时的距离与高差公式

如图 6.1 所示，在 A 点安置仪器，并使视准轴水平，在 1 点或 2 点立标尺，视准轴与标尺垂直。对于倒像望远镜，下丝在标尺上读数为 a，上丝在标尺上读数为 b，下、上丝读数之差称为视距间隔或尺间隔 $l(l=a-b)$。由于上、下丝间距固定，两根丝引出的视线在竖直面内的夹角 φ 是一个固定角度(约为 $34'23''$)。因此，尺间隔 l 和立尺点到测站的水平距离 D 成正比，即

$$\frac{D_1}{l_1} = \frac{D_2}{l_2} = K \tag{6.1}$$

比例系数 K 称为视距乘常数，由上、下丝的间距来决定。制造仪器时，通常使 $K=100$。因而视准轴水平时的视距公式为

$$D = Kl = 100l \tag{6.2}$$

同时由图 6.1 可知，测站点到立尺点的高差为

$$h = i - \nu \tag{6.3}$$

式中：i——仪器高，是桩顶到仪器水平轴的高度；

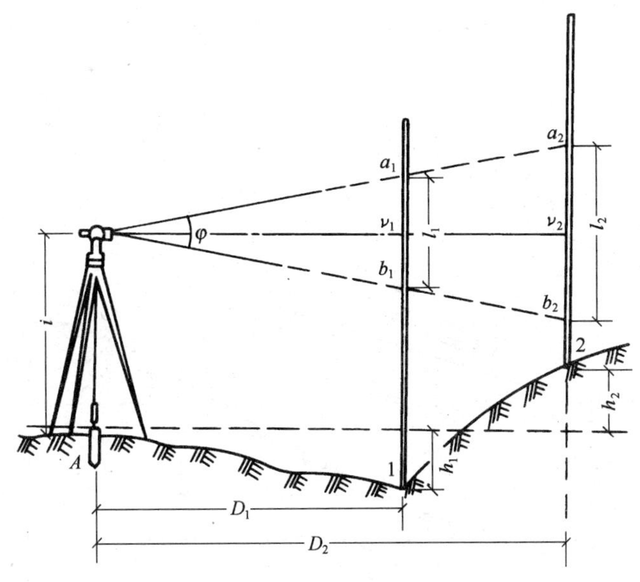

图 6.1　视准轴水平时的测量原理

ν——中丝在标尺上的读数。

2. 视准轴倾斜时的距离与高差公式

在地面起伏较大的地区测量时，必须使视准轴倾斜才能读取尺间隔，如图 6.2 所示。由于视准轴不垂直于标尺，不能用式(6.1)和式(6.2)。如果能将尺间隔 ab 转换成与视准轴垂直的尺间隔 $a'b'$，就可按式(6.1)计算倾斜距离 L，根据 L 和竖直角 α 算出水平距离 D 和高差 h。

图 6.2 中的$\angle aoa'=\angle bob'=\alpha$，由于 φ 很小，可近似认为$\angle aa'o$ 和$\angle bb'o$ 是直角，$l'=a'b'$，$l=ab$，则

$$l' = a'o + ob' = ao\cos\alpha + ob\cos\alpha = l\cos\alpha$$

根据式(6.1)得倾斜距离为

$$L = Kl' = Kl\cos\alpha$$

视准轴倾斜时的视距公式为

$$D = L\cos\alpha = Kl\cos^2\alpha \tag{6.4}$$

由图 6.2 可知，测站到立尺点的高差为

$$h = D\tan\alpha + i - \nu \tag{6.5}$$

上式中 D 可用式(6.4)代入，得

$$h = \frac{1}{2}Kl\sin 2\alpha + i - \nu \tag{6.6}$$

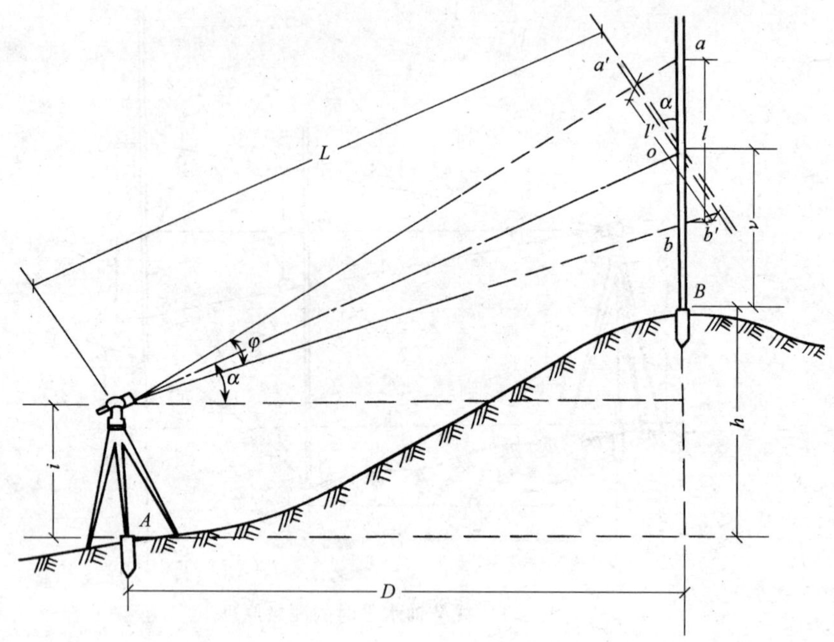

图 6.2　视准轴倾斜时的测量原理

6.1.2　视距测量的观测与计算

举例说明视距测量的观测与计算。

1. 观测

在 A 点安置经纬仪，量取仪器高度($i=1.400$m)。转动照准部和望远镜瞄准 B 点标尺，分别读取中丝、上丝、下丝读数($\nu=1.400$m、$b=1.242$m、$a=1.558$m)。调整竖盘读数指标水准管气泡居中，读取竖盘读数(设在盘左位置，$L=93°28'$，指式 5.10 中的竖盘读数)。

2. 计算

假定所用经纬仪竖直角计算公式为 $\alpha=90°-L+x$，竖盘指标差 $x=+1'$。

尺间隔 $l=a-b=1.558-1.242=0.316$(m)

竖直角 $\alpha=90°-L+x=90°-93°28'+1'=-3°27'$

水平距离 $D=Kl\cos^2\alpha=100\times0.316\times\cos^2(-3°27')=31.49$(m)

高差 $h=D\tan\alpha+i-\nu=31.49\times\tan(-3°27')+1.40-1.40=-1.90$(m)

6.1.3　视距测量误差及注意事项

1. 读数误差

读数误差直接影响尺间隔 l，当视距乘常数 $K=100$ 时，读数误差将扩大 100

倍地影响距离测定。如读数误差为 1mm，则对距离的影响为 0.1m。因此，读数时应注意消除视差。

2. 标尺不竖直误差

标尺立得不竖直对距离的影响与标尺倾斜度和竖直角有关。当标尺倾斜 1°，竖直角为 30°时，产生的视距相对误差可达 1/100。为减小标尺不竖直误差的影响，应选用安装圆水准器的标尺。

3. 外界条件的影响

外界条件影响主要有大气的竖直折光、空气对流使标尺成像不稳定、风力使尺子抖动等。因此，应尽可能使仪器视线高出地面 1m，并选择合适的天气作业。

上述三种误差对视距测量影响较大。此外，还有标尺分划误差、竖直角观测误差、视距常数误差。

6.2 直线定向与钢尺量距

为了确定地面上两点之间的相对位置，除了量测两点之间的水平距离外，还必须确定该直线与标准方向之间的水平夹角，这项工作称为直线定向。

6.2.1 直线定向

1. 标准方向

(1) 真子午线方向

包含地球南北极的平面与地球表面的交线称为真子午线。过地面某点的真子午线的切线方向，称为该点的真子午线方向。指向北方的一端简称真北方向，指向南方的一端简称真南方向。真子午线方向可用天文测量方法测定。

(2) 磁子午线方向

磁子午线方向是磁针在地球磁场作用下，磁针自由静止时其轴线所指的方向。指向北方的一端简称磁北方向，指向南方的一端简称磁南方向。磁子午线方向可用罗盘仪测定。

(3) 坐标纵轴方向

高斯平面直角坐标系中，坐标纵轴方向就是地面点所在投影带的中央子午线方向。在同一投影带内，各点的坐标纵轴方向是彼此平行的。坐标纵轴方向也有北、南方向之分。

2. 方位角

测量工作中常采用方位角来表示直线的方向。从直线起点的标准方向北端起，顺时针方向量至直线的水平夹角，称为该直线的方位角。某方向的方位角加(减)上 360°n，等同于顺(逆)时针旋转 n 个周角，并不使其所指的方位发生变化，因此为避免多个方位角角值对应同一方位，统一将方位角的取值范围规定在 0°～360°，如不在该范围的角值，通过加或减 360°的正负整数倍数来将角值调整到 0°～360°的范围。

因北方向有真北、磁北和坐标北之分，对应的方位角分别称为真方位角（用 A 表示）、磁方位角（用 A_m 表示）和坐标方位角（用 α 表示）。

3. 正、反坐标方位角

如图 6.3，直线 12 的两个端点，1 是起点，2 是终点，α_{12}称为直线 12 的正坐标方位角，α_{21}称为直线 12 的反坐标方位角。对于直线 21，2 是起点，1 是终点，α_{21}称为直线 21 的正坐标方位角，α_{12}称为直线 21 的反坐标方位角。一条直线的正、反坐标方位角相差 180°，即

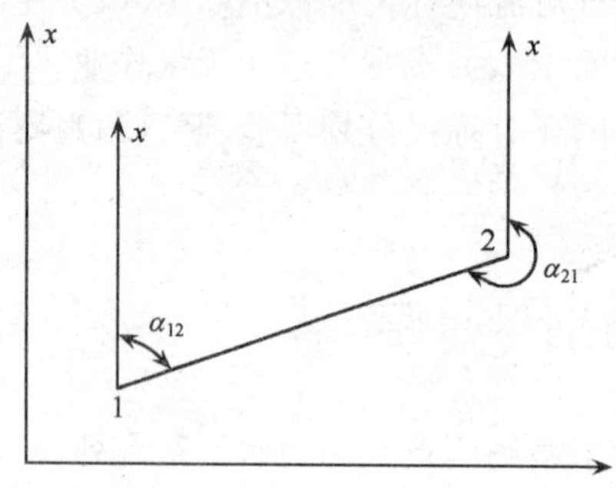

图 6.3 正、反方位角

$$\alpha_{21} = \alpha_{12} \pm 180°$$

4. 坐标方位角的推算

在实际工作中并不需要测定每条直线的坐标方位角，而是通过与已知坐标方位角的直线联测后，推算出各条直线的坐标方位角。如图 6.4，已知直线 12 的坐标方位角 α_{12}，观测了水平角 β_2 和 β_3，要求推算直线 23 和直线 34 的坐标方位角。

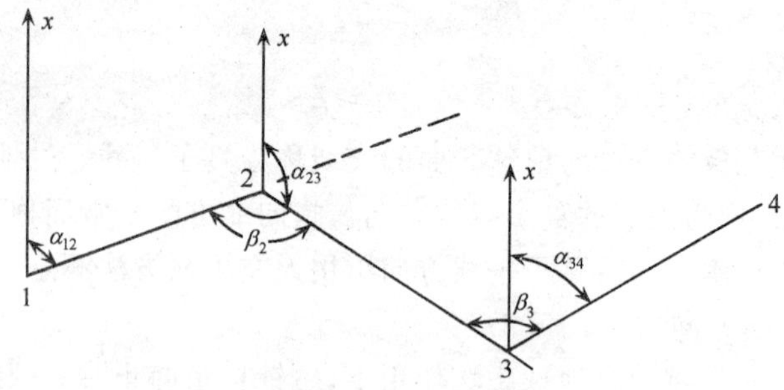

图 6.4 坐标方位角推算

由图 6.4 可看出

$$\alpha_{23} = \alpha_{21} - \beta_2 = \alpha_{12} \pm 180° - \beta_2$$

$$\alpha_{34} = \alpha_{32} + \beta_3 = \alpha_{23} \pm 180° + \beta_3$$

因 β_2 在推算路线前进方向的右侧，称为右折角；β_3 在左侧，称为左折角。从而可归纳出坐标方位角推算的一般公式为

$$\alpha_{前} = \alpha_{后} \pm 180° + \beta_{左} \tag{6.7}$$

$$\alpha_{前} = \alpha_{后} \pm 180° - \beta_{右} \tag{6.8}$$

计算后，如果 $\alpha_{前} > 360°$，应减去 360°；如果 $\alpha_{前} < 0°$，应加 360°，直到将计算结果划算到 0°～360°。

5. 三种方位角之间的关系

因标准方向选择的不同，使得一条直线有不同的方位角，一般来讲，它们之间互不相等。如图 6.5 所示，过 1 点的真北方向与磁北方向之间的夹角称为磁偏角，用 δ 表示。过 1 点的真北方向与坐标北方向之间的夹角称为子午线收敛角，用 γ 表示。δ 和 γ 的符号规定相同。当磁北方向或坐标北方向偏于真北方向东侧时，δ 和 γ 为正；偏于西侧时为负。不同点的 δ 和 γ 值一般是不相同的。

直线的三种方位角之间可有如下关系：

$$A = A_m + \delta \tag{6.9}$$

$$A = \alpha + \gamma \tag{6.10}$$

$$\alpha = A_m + \delta - \gamma \tag{6.11}$$

由于地面各点的真北（或磁北）方向之间互不平行，直线正、反真（磁）方位角并不刚好相差 180°，用真（磁）方位角表示直线方向会给方位角的推算带来不便，所以在一般测量工作中，常采用坐标方位角来表示直线的方向。

6. 象限角

象限角是南北方向线与直线所夹锐角，用 R 表示，如图 6.6 所示。象限角和方位角之间的关系列于表 6.1。

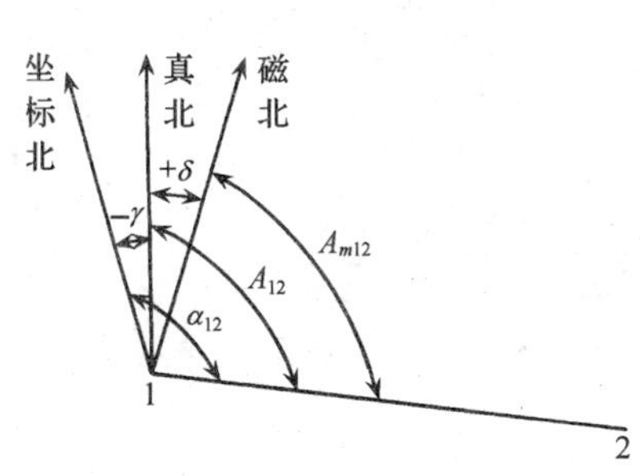

图 6.5 三种方位角关系图

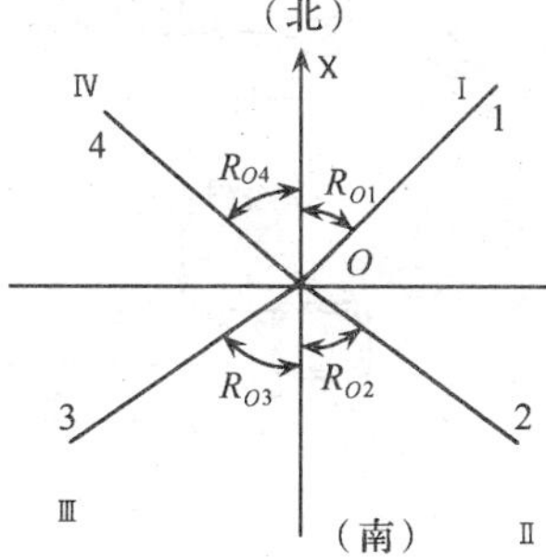

图 6.6 象限角和方位角关系图

使用计算器计算反三角函数时，只能得出象限角值，欲求方位角还必须进行换算。

表 6.1 象限角和方位角的关系

直线方向	象 限	象限角与方位角的关系
北东	Ⅰ	$\alpha=R$
南东	Ⅱ	$\alpha=180°-R$
南西	Ⅲ	$\alpha=180°+R$
北西	Ⅳ	$\alpha=360°-R$

6.2.2 钢尺量距

1. 量距工具

钢尺又叫钢卷尺(图 6.7),长度有 20m、30m、50m 等,其基本分划有厘米和毫米两种。厘米分划的钢尺在起始的 10cm 内刻有毫米分划。由于尺上零点位置的不同,有端点尺和刻线尺之分(图 6.8)。

钢尺量距的辅助工具有测钎、标杆、锤球等(图 6.9)。

图 6.7 钢卷尺

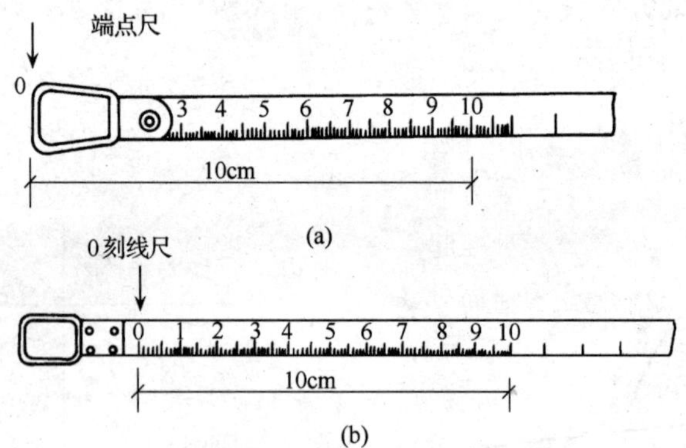

图 6.8 端点尺和刻线尺

(a)端点尺;(b)刻线尺

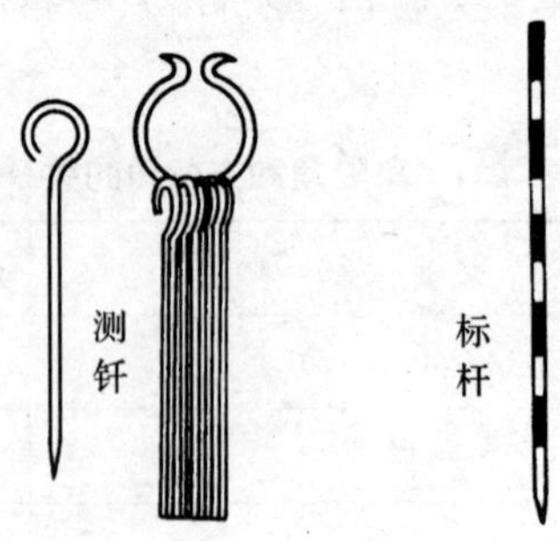

图 6.9 测钎和标杆

2. 直线定线

地面两点间的距离大于整根尺子长度时，用钢尺一次（一尺段）不能量完，这就需要在直线方向上标定若干个点，这项工作称为直线定线。

如图 6.10 所示，A、B 为地面上待测距离的两个端点，要在 A、B 直线上定出 1、2 等点。先在 A、B 点上竖标杆，甲在 A 点标杆后 1～2m 处，指挥乙左右移动标杆，直到 A、2、B 三根标杆在同一直线上。同法可以定出直线上的其他点。一般定线时，点与点的间距宜稍短于一整尺长。

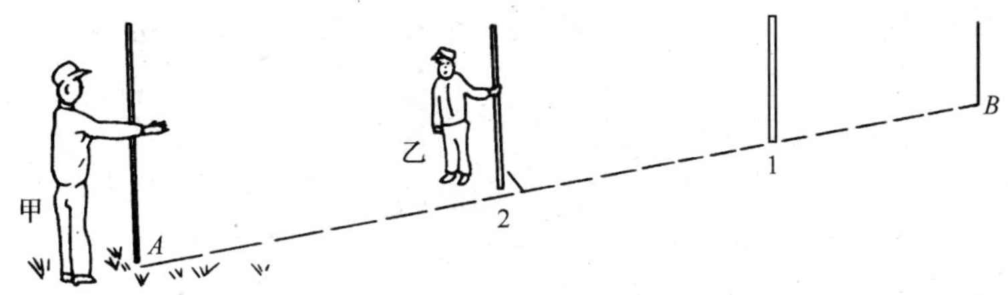

图 6.10　直线定向

3. 距离丈量

(1) 平坦地面的丈量方法

如图 6.11 所示，丈量工作一般由两人进行。后尺手甲持钢尺零端站在起点 A 处，前尺手乙持钢尺末端沿直线方向前进，至一尺段长处停下。甲指挥乙将钢尺拉在 AB 直线上，甲把尺的零端对准起点，甲、乙同时拉紧钢尺，乙将测钎对准钢尺末端刻划垂直插入地面（在坚硬地面处，可用铅笔在地面划线作标记）。量完第一尺段后，甲乙举尺前进，同法丈量第二尺段。依此丈量，直到最后量出不足一整尺的余长，乙在钢尺上读取余长值 q。A、B 两点间的水平距离为

$$D = nl + q \tag{6.12}$$

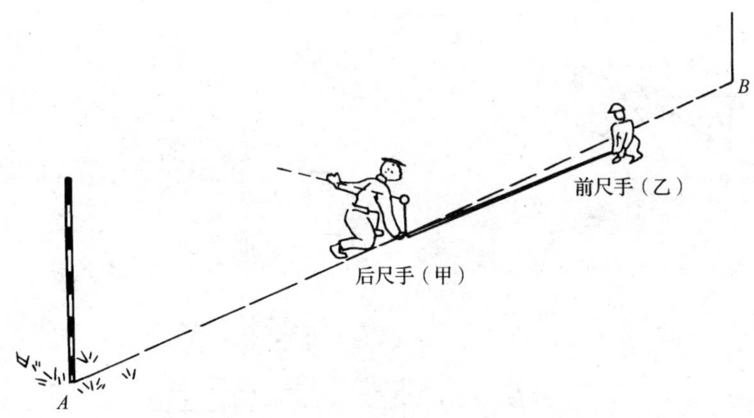

图 6.11　距离丈量

式中：n——整尺段数；

l——钢尺整尺段长度；

q——不足一整尺的余长。

为了防止错误和提高丈量精度，需要往、返丈量，取平均值为最后结果。量距精度以相对较差 K 表示，通常化成分子为 1 的分数形式。相对较差用下式表示：

$$K = \frac{|D_{往} - D_{返}|}{D_{平均}} = \frac{1}{\dfrac{D_{平均}}{|D_{往} - D_{返}|}} \tag{6.13}$$

【例 6.1】 AB 的往测距离为 213.41m，返测为 213.35m，距离平均值为 213.38m，计算相对较差。

【解】

$$K = \frac{|213.41 - 213.35|}{213.38} \approx \frac{1}{3556}$$

在平坦地区，钢尺量距的相对误差一般不应大于 1/3000。在量距较困难的地区，也不应大于 1/1000。

(2) 倾斜地面的丈量方法

1) 平量法。

当倾斜地面地势起伏不大时，可将钢尺水平拉直丈量，如图 6.12 所示。尺子的水平情况可由第三人在尺子侧旁适当位置用目估判定。一般使尺子一端靠地，另一端用锤球线紧靠尺子的某分划，使锤球自由下坠，其尖端在地面上击出的印子作为该分划的水平投影位置。各测段丈量结果总和即为 AB 水平距离。

2) 斜量法。

如图 6.13 所示，当地面坡度较大时，可以直接量出 AB 的斜距 L，测定出 AB 的高差 h，按式(6.14)或式(6.15)中任一公式计算水平距离，公式为

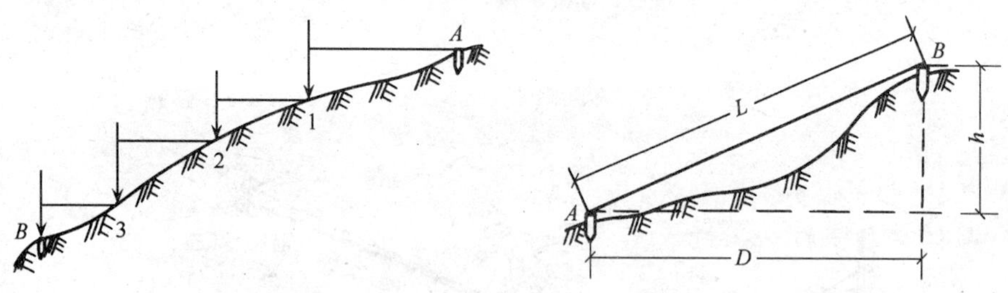

图 6.12　平量法　　　　图 6.13　斜量法

$$D = \sqrt{L^2 - h^2} \tag{6.14}$$

$$D = L + \Delta L_h = L - \frac{h^2}{2L} \tag{6.15}$$

式中，ΔL_h 称为倾斜改正，用下式表示：

$$\Delta L_h = -\frac{h^2}{2L} \tag{6.16}$$

式(6.15)的证明如下：

$$L^2 - D^2 = h^2$$

$$(L - D)(L + D) = h^2$$

$$L - D = \frac{h^2}{L + D}$$

由于 h 与 L 相比总是小得多，因此 $L+D\approx 2L$，则

$$L - D = \frac{h^2}{2L}$$

$$D = L - \frac{h^2}{2L}$$

4. 钢尺的检定

由于制造误差、拉力不同及温度的影响，使钢尺尺面注记的名义长度与实际长度往往不相等。用这样的尺子量距，会使丈量结果包含一定的差值，因此，要测得准确的距离，除了要掌握好量距方法外，还必须进行钢尺检定。

(1) 尺长方程式

经过检定的钢尺，其长度可用尺长方程式表示。它的一般形式为

$$l_t = l_0 + \Delta l + \alpha l_0 (t - t_0) \tag{6.17}$$

式中：l_t——钢尺在温度 t 时的实际长度；

l_0——钢尺的名义长度；

Δl——尺长改正数，即钢尺在温度 t_0 时的全长改正数；

α——钢尺的膨胀系数，一般取 $\alpha=1.25\times10^{-5}$；

t——用钢尺量距时的温度；

t_0——检定钢尺时的温度。

此式未考虑拉力对尺长的影响。因此，量距时作用于钢尺上的拉力应与检定时的拉力相同。对于 30m 和 50m 的钢尺，通常拉力为 100N 和 150N。

(2) 钢尺的检定方法

可将被检定的钢尺与已有尺长方程式的标准钢尺相比较。两根钢尺并排放在平坦地面上，都加上规定的拉力，把两根钢尺的末端对齐，在零分划处读出两尺的差数，这样就可以根据标准尺的尺长方程式来确定被检定钢尺的尺长方程式。检定时最好在阴暗处，使气温与钢尺温度基本一致。

【例 6.2】 已知 1 号钢尺的尺长方程式为

$$l_{t_1} = 30\text{m} + 0.003\text{m} + 1.25 \times 10^{-5} \times 30 \times (t - 20)\text{m}$$

被检定的 2 号钢尺名义长度是 30m，两尺末端对齐时，1 号钢尺零分划对准 2 号钢尺的 0.006m 处，试确定 2 号钢尺的尺长方程式。

【解】 根据比较结果可得出

$$l_{t_2} = l_{t_1} + 0.006\text{m}$$

将 1 号钢尺尺长方程式代入上式得：

$$l_{t_2} = 30\text{m} + 0.003\text{m} + 1.25 \times 10^{-5} \times 30 \times (t - 20)\text{m} + 0.006\text{m}$$

则 2 号钢尺的尺长方程式为

$$l_{t_2} = 30\text{m} + 0.009\text{m} + 1.25 \times 10^{-5} \times 30 \times (t - 20)\text{m}$$

5. 成果整理

(1) 水平距离的成果整理

丈量结果若为水平距离 D'，可根据钢尺的尺长方程式算出尺子的实际长度(l_t)，求出每米尺长的实际长度(l_t/l_0)。则所量距离的实际长度应为

$$D = D' \frac{l_t}{l_0} \tag{6.18}$$

【例 6.3】 某钢尺的尺长方程式为

$$l_t = 30\text{m} + 0.006\text{m} + 30 \times 1.25 \times 10^{-5} \times (t - 20)\text{m}$$

用这根钢尺在 14℃时丈量一段水平距离为 186.45m，试求改正后的实际距离。

【解】 14℃时钢尺的实际长度为

$$l_t = 30\text{m} + 0.006\text{m} + 30 \times 1.25 \times 10^{-5} \times (14 - 20)\text{m} = 30.004\text{m}$$

所量距离的实际长度为

$$D = D' \frac{l_t}{l_0} = 186.45 \times \frac{30.004}{30} = 186.47(\text{m})$$

(2) 倾斜距离的成果整理

丈量结果若为倾斜距离 L 时，需要对 L 进行尺长、温度和倾斜三项改正。地面倾斜坡度不同时，可分段进行改正；地面倾斜坡度基本一致时，可按整条边的长度进行改正。

1) 尺长改正 Δl_d

$$\Delta l_d = L \frac{\Delta l}{l_0} \tag{6.19}$$

2) 温度改正 Δl_t

$$\Delta l_t = L\alpha(t - t_0) \tag{6.20}$$

3) 倾斜改正 Δl_h

按式(6.16)计算倾斜改正。

经过各项改正后的水平距离为

$$D = L + \Delta L_d + \Delta L_t + \Delta L_h \tag{6.21}$$

【例 6.4】 使用尺长方程为 $l_t = 30\text{m} - 0.002\text{m} + 30 \times 1.25 \times 10^{-5} \times (t - 20)\text{m}$ 的钢尺，沿倾斜地面往返丈量 AB 两点的距离，用水准仪测得两点的高差 $h = 1.68\text{m}$，往测时量得长度为 214.542m，平均温度 24.5℃，返测时量得长度为

214.532m，平均温度 24.8℃，试求经过各项改正后 AB 的水平距离。

【解】 计算过程见表 6.2。

表 6.2　距离丈量三项改正计算

线段	距离 /m	温度 /℃	高差 /m	尺长改正 /m	温度改正 /m	倾斜改正 /m	水平距离 /m	备注
$A \sim B$	214.542	24.5	1.68	−0.0143	+0.0121	−0.0066	214.533	相对误差 $K=1/23\ 800$
$B \sim A$	214.532	24.8	−1.68	−0.0143	+0.0129	−0.0066	214.524	平均值 $D=214.528$m

6. 钢尺量距误差及注意事项

产生钢尺量距误差的主要来源有以下几种。

(1) 尺长误差

钢尺的名义长度与实际长度不符，产生尺长误差。尺长误差是累积的，所量距离越长，误差越大。因此，新购的钢尺应经过检验，以便进行尺长改正。

(2) 温度误差

钢尺的长度随温度变化，丈量时温度和标准温度不一致，或测定的空气温度与钢尺温度相差较大，都会产生温度误差。精度要求较高的丈量，应尽可能用点温计测定尺温，并进行尺长改正。

(3) 拉力误差

拉力的大小会影响钢尺的长度。一般丈量时保持拉力均匀即可。对精度要求较高的量距，则需要使用弹簧秤，以控制丈量时的拉力与检定时的拉力相同。

(4) 钢尺垂曲与不水平误差

钢尺悬空丈量时中间下垂，或用平量法丈量时尺子不水平，都会导致量得的长度大于实际长度。因此，悬空丈量时中间应有人托一下尺子，用平量法丈量时应注意尺子水平。

(5) 定线误差

丈量时钢尺偏离定线方向，将使测线成为一折线，导致丈量结果偏大。当待测线段较长或精度要求较高时，可利用仪器定线。

(6) 丈量误差

钢尺端点对不准、测钎插不准、尺子读数等引起的误差都属于丈量误差，这种误差对丈量结果的影响有正有负，大小不定。在丈量时应尽量认真操作，以减小丈量误差。

6.3 光电测距

光电测距是以光波(可见光或红外光)作为载波,通过测定光波在测线两端点间往返传播的时间来测量距离。与钢尺量距和视距法测距相比,光电测距具有测程远、精度高、作业快、受地形限制少等优点,被广泛应用于工程测量中。

光电测距仪的精度常用下式表示:

$$m_D = \pm (a + b \times 10^{-6} \times D) \tag{6.22}$$

式中:m_D——测距中误差;

a——固定误差;

b——比例误差;

D——两点间的距离。

6.3.1 测距原理

如图 6.14 所示,欲测量 A、B 两点间的距离 D,在 A 点安置光电测距仪主机,在 B 点设置反射镜,主机发出的光束经反射镜反射后,又返回到主机。如果测定出光波在 AB 之间传播的时间 t,则距离 D 可按下式计算:

$$D = \frac{1}{2}Ct \tag{6.23}$$

式中:C——光波在大气中的传播速度,可根据观测时的气象条件确定。

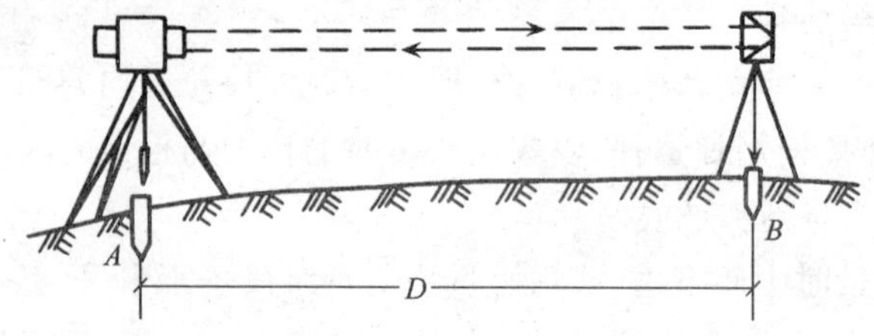

图 6.14 光电测距原理

光电测距仪按照 t 的不同测定方法,可分直接测定时间的脉冲式和间接测定时间的相位式两类。由于脉冲宽度和电子计数器时间分辨率的限制,脉冲式测距仪测距精度较低。工程测量中使用的精密测距仪几乎都采用相位式。

相位式测距仪的基本工作原理可用图 6.15 来说明。由光源发出的光通过调制器后,成为光强随高频信号变化的调制光射向测线另一端的反射镜,经反射后被接收器所接收。然后由相位计对发射信号相位和接收信号相位进行相位比较,测定出相位移(相位差) ω,根据 ω 可间接计算出时间,从而计算距离。

如果将调制光的往程和返程展开,则如图 6.16 所示的波形。调制光的波长为 λ,光强变化一周期的相位移为 2π,每秒钟光强变化的周期数为频率 f,角频率为

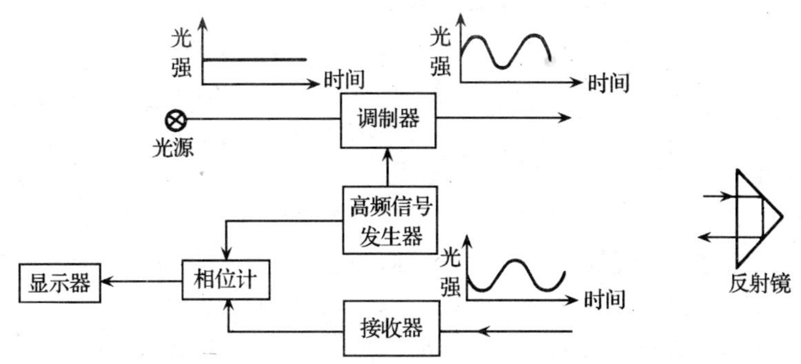

图 6.15 相位式测距仪工作原理

ω。由物理学可知

$$\varphi = \omega t = 2\pi f t$$

所以

$$t = \frac{\varphi}{2\pi f} \tag{6.24}$$

由图 6.16 可看出，φ 可表示为 N 个整周期的相位移和不足一个整周期的相位移尾数 $\Delta\omega$ 之和，即 $\varphi=2\pi N+\Delta\varphi$。将其代入式(6.24)，得

$$t = \frac{2\pi N + \Delta\varphi}{2\pi f}$$

则

$$D = \frac{1}{2}Ct = \frac{c}{2}\left(\frac{2\pi N + \Delta\varphi}{2\pi f}\right) = \frac{C}{2f}\left(N + \frac{\Delta\varphi}{2\pi}\right) \tag{6.25}$$

设 $\Delta N=\Delta\varphi/2\pi$，由于 $\Delta\varphi$ 小于 2π，因此 ΔN 是一个小于 1 的数。又因 $\lambda=C/f$，则式(6.26)可写为

$$D = \frac{\lambda}{2}(N + \Delta N) \tag{6.26}$$

式(6.26)是相位式测距仪的基本测距公式。式中的 $\lambda/2$ 可以看作是一根"光尺"的长度，则距离 D 就是 N 个整光尺长度与不足一个整光尺长度的余长之和。

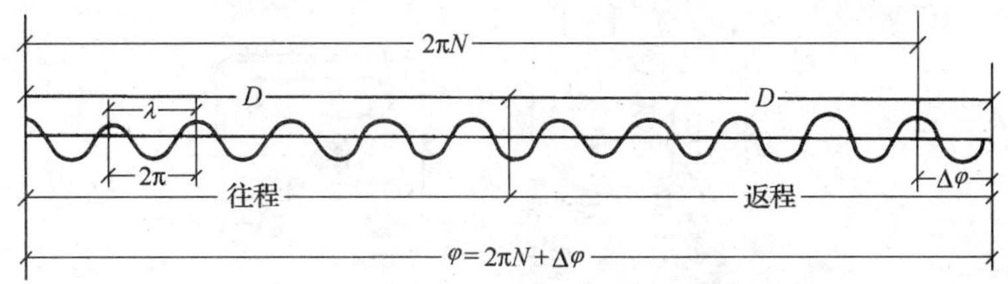

图 6.16 调制光的往返程波形

实际上，相位式光电测距仪中的相位计只能测出不足 2π 的相位移尾数 $\Delta\varphi$，无法测定整周期数 N，因此式(6.26)有多值解，只有当待测距离小于光尺长度时，才

能有确定的距离值。此外，仪器测相系统精度一般可达到 $10^{-3}\sim10^{-4}$，光尺长度越长，测距误差越大。例如 10m 的光尺，误差为 1cm；1000m 的光尺，误差达 1m。为了兼顾测程与精度，相位式测距仪上选用了几把光尺配合测距，用短光尺(精测尺)测出精确的小数，用长光尺(粗测尺)测出距离的大数。

例如，用 2km 短程相位式测距仪测距，仪器一般有两种调制频率，以 $\lambda_1/2=10m$ 作短光尺，以 $\lambda_2/2=1000m$ 作长光尺，精测时 $\Delta N_1=0.487$，粗测时 $\Delta N_2=0.485$，另由目估得知所测距离 D 在 1～2km 之间，则所测距离为

精测距离(0.487×10m)	4.87 m
粗测距离(0.485×1000m)	485 m
目估距离概值	1000 m
所测距离	$D=1484.87$m

在实际仪器结构中，由精、粗测尺读数计算距离工作，可由仪器内部的逻辑电路自动完成。

6.3.2 RED mini 型红外测距仪

1. 仪器外部部件

测程在 5km 以下的测距仪称为短程测距仪，一般都用红外光源。图 6.17 是日本测机舍生产的 REDmini 型短程测距仪的外貌，仪器测程为 0.8km，测距中误差为 $m_D=\pm(5mm+5\times10^{-6}\times D)$。测距仪的支座下有插孔及制紧螺旋，可使测距仪

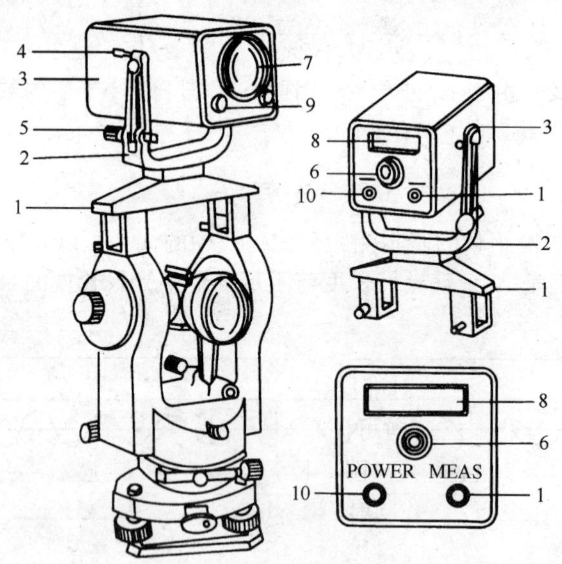

图 6.17 REDmini 测距仪

1. 支架座；2. 支架；3. 主机；4. 竖直制动螺旋；5. 竖直微动螺旋；6. 发射机接受镜的目镜；7. 发射接受镜的物镜；8. 显示窗；9. 电源电缆插座；10. 电源开关镜；11. 测量键(MEAS)

牢固地安装在经纬仪的支架上方。旋紧测距仪支架上的竖直制动螺旋后，可调节微动螺旋使测距仪在竖直面内俯仰转动。测距仪发射接收镜的目镜内有十字丝分划板，用以瞄准反射镜。图 6.18 是 REDmini 测距仪的反射棱镜，图中为单块棱镜，当测程较远时可换装上三块棱镜。

此外，测距仪横轴到经纬仪横轴的高度与觇牌中心到反射镜中心的高度一致，从而使经纬仪瞄准觇牌中心的视线与测距仪瞄准反射镜中心的视线保持平行(图 6.19)。

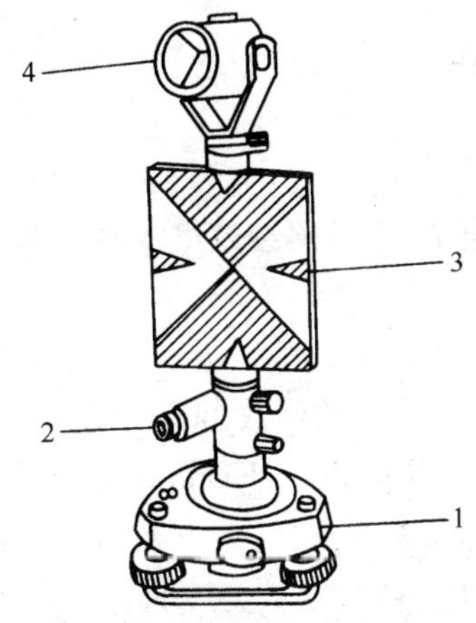

图 6.18 测距仪反射单棱镜

1. 基座；2. 光学对中器目镜；
3. 照准觇牌；4. 反射棱镜

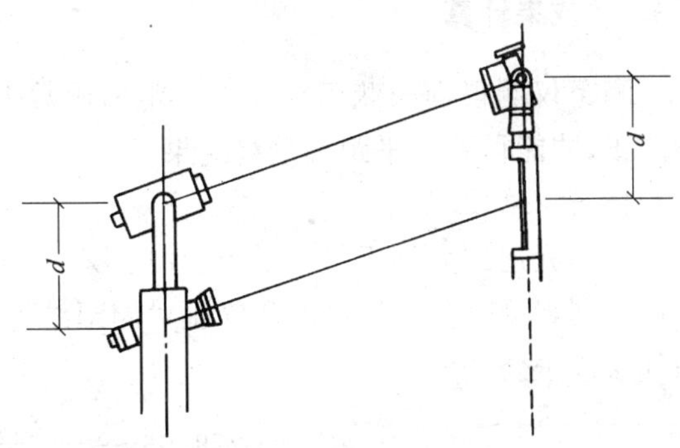

图 6.19 测距仪瞄准反射镜

2. 仪器安置

1) 在测站上安置经纬仪，对中、整平后，将测距仪主机安装在经纬仪上，固紧制紧螺旋，插上电池盒。

2) 在镜站处安置反射镜，对中、整平后，概略瞄准测距仪。

3) 按下电源开关“POWER”键，显示窗内显示“8888888”约 5s，表示仪器自检正常。

3. 距离测量

1) 用经纬仪目镜十字丝对准反射镜的觇牌中心(图 6.20)，测出竖直角 α。

2) 调整测距仪，左、右方向可调整测距仪支架位置，上、下方向可调整竖直微动螺旋，使十字丝对准棱镜中心(图 6.21)。

3) 测距仪瞄准棱镜后，若反射回来红外光强度足够，则显示窗下方显示“ * ”，并发出持续鸣声；如果不显示“ * ”，或显示暗淡，或忽隐忽现，表示未受到回光或回光不足，应重新瞄准，使“ * ”的颜色最浓。上述工作称为电瞄准。

4) 按“MEAS”键，显示窗显示斜距，一般重复进行 3～5 次，若较差不超过 5mm，则取平均值作为一测回观测值。测定测站气压及温度。

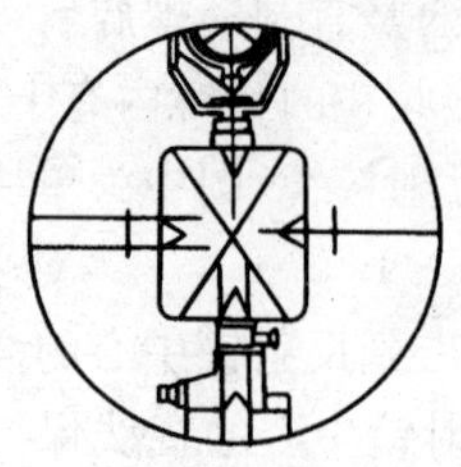

图 6.20　反射镜觇牌中心位置

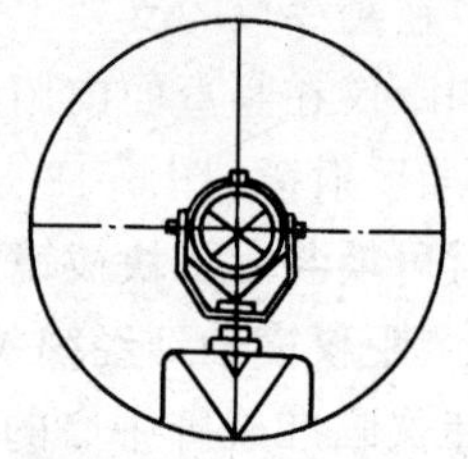

图 6.21　棱镜中心对准

5）若要多个测回观测，可重复 1）、2）、3）、4）操作。

6.3.3　成果计算

测距仪测得的一测回或几测回距离读数平均值 L，还必须经过气象改正和倾斜改正，才能得到水平距离最终结果。

1. 气象改正

影响光速的大气折射率是光的波长 λ、气温 t 和气压 P 的函数。λ 为一定值，因此可根据观测时测定的气温和气压对测距结果进行气象改正。REDmini 型测距仪的气象改正公式为

$$\Delta L = \left(278.96 - \frac{0.3872P}{1 + 0.003661t}\right) L \tag{6.27}$$

式中：ΔL——气象改正值(mm)；

P——测站气压(mmHg，1mmHg＝133.322Pa)；

t——测站温度(℃)；

L——距离(km)。

2. 倾斜改正

若已知测线两端点间的高差为 h 时，可用 $\Delta L_h = -h^2/2L$ 式计算倾斜改正值。若测定了测线竖直角 α，可用 $D = L\cos\alpha$ 式计算水平距离。

【例 6.5】　测得 A、B 两点间斜距为 516.350m，高差为 7.432m，测距时温度为 20℃，气压为 740mmHg，计算 A、B 两点间的水平距离。

【解】　气象改正值为

$$\Delta L = \left(278.96 - \frac{0.3872 \times 740}{1 + 0.003661 \times 20}\right) \times 0.51635 = 6.2(\text{mm})$$

倾斜改正值为

$$\Delta L_h = -\frac{7.432^2}{2 \times 516.350} = -0.053(\text{m})$$

水平距离为

$$D = L + \Delta L + \Delta L_h = 516.35 + 0.0062 - 0.053 = 516.303(\text{m})$$

6.3.4 光电测距的注意事项

1）气象条件对光电测距影响较大，微风的阴天是观测的良好时机。

2）测线应离开地面障碍物 1.3m 以上，避免通过发热体和较宽水面的上空。

3）测线应避开强电磁场干扰的地方，例如测线不宜距变压器、高压线太近。

4）镜站的后面不应有反光镜和强光源等背景的干扰。

5）要严防阳光及其他强光直射接收物镜，避免损坏光电器件，阳光下作业应撑伞保护仪器。

思 考 题

6.1 经纬仪安置在测站点 A 上，试述用视距测量方法，测量 A、B 两点间水平距离和 B 点高程的操作步骤？

6.2 什么叫真子午线？什么叫磁子午线和坐标纵轴？

6.3 距离丈量的方法主要有哪几种？

6.4 用钢尺丈量 AB、CD 两段距离，AB 的往测值为 307.82m，返测值为 307.72m，CD 的往测值为 102.34m，返测值为 102.44m，问这两段丈量的精度是否相同？为什么？

6.5 试述钢尺精确丈量的操作步骤。

6.6 已知作业钢尺的尺长方程式为 $l_t=50-0.005+1.2\times10^{-5}\times50(t-20)$，丈量得 AB 的距离为 48.866m，AB 两点间高差是 +1.480m，丈量时所施加的拉力与检定钢尺时相同，量距温度为 28℃，试计算其平均距离。

6.7 测站点高程为 46.280m，量得仪器高为 1.36m，瞄准 P 点所立视距尺，读得上、中、下丝的读数分别为 1.612m，2.086m，2.608m，竖直角为 3°12′，求 A、P 点间的水平距离和 P 点的高程。

6.8 视距测量的主要误差有哪些？观测时应采取什么措施？

6.9 用测距仪和全站仪测量距离时瞄准反射棱镜的位置有何不同？

第七章　小区域控制测量

本章主要讲述控制测量的原理及方法。重点介绍导线测量和高程控制测量实测方法和内业计算,介绍了交会定点的原理和方法,简单介绍了小三角测量。

7.1　控制测量概述

在第一章中已经指出,测量工作必须遵循"从整体到局部,先控制后碎部"的原则。首先在测区内选择若干有控制作用的点位,按一定的规律和要求组成网状几何图形,称之为控制网。控制网分为平面控制网和高程控制网。测定控制点平面位置(x,y)的工作,称为平面控制测量。测定控制点高程(H)的工作称为高程控制测量。平面控制测量和高程控制测量统称为控制测量。按控制范围控制网可分为国家控制网、城市控制网和小区域控制网等。

在全国范围内建立的控制网,称为国家控制网。它是全国各种比例尺测图的基本控制和工程建设的基本依据,并为确定地球的形状和大小及其他科学研究提供资料。国家控制网按精度从高到低分为一、二、三、四等四个等级。

如图 7.1 所示,一等三角锁是国家平面控制网的骨干,二等三角网布设于一等三角锁环内,是国家控制网的全面基础。三、四等三角网是二等三角网的进一步加密。原国家平面控制网的建立,主要采用三角测量的方法。

图 7.2 是国家水准网布设示意图,一等水准网是国家高程控制网的骨干。二等水准网布设于一等水准环内,是国家高程控制网的全面基础。三、四等水准网是国家高程控制网的进一步加密。建立国家高程控制网,采用精密水准测量的方法。

城市控制网一般是以国家控制点为基础,根据测区的大小、城市规划和施工测量的要求,布设不同等级的城市控制网,供地形测图和施工放样使用。国家控制网和城市控制网的控制测量,由测绘部门完成,成果资料可从有关测绘部门索取。

在面积为 15km^2 以下的范围内,为大比例尺测图和工程建设而建立的控制网,称为小区域控制网。小区域控制网应尽可能与国家(或城市)的高级控制网联测,将国家(或城市)控制点的坐标和高程作为小区域控制网的起算和校核数据。若测区内或附近无国家(或城市)控制点,可以建立测区内的独立控制网。此外,为工程建设服务而建立的专用控制网,或重点工程出于某种特殊需要,在建立控制网时也可采用独立控制网系统。

小区域平面控制网,应根据测区面积的大小按精度要求分级建立。在测区范围

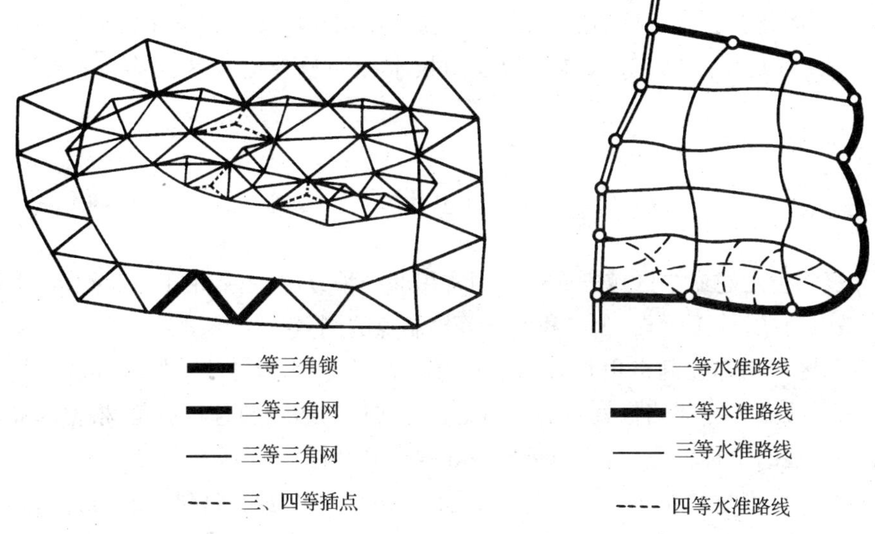

图 7.1 国家平面网布网形式　　　　图 7.2 国家水准网布网形式

内建立统一的精度较高的控制网，称为首级控制网。直接为测图建立的控制网，称为图根控制网。图根控制网中的控制点称为图根控制点，简称图根点。首级控制与图根控制的关系见表 7.1。

表 7.1 小区域控制网的布网形式

测区面积/km^2	首级控制	图根控制
1～15	一级小三角或一级导线	两级图根
0.5～2	二级小三角或二级导线	两级图根
0.5 以下	图根控制	

图根点的密度(包括高级点)，取决于测图比例尺和地物、地貌的复杂程度。平坦开阔地区图根点的密度可参考表 7.2 的规定；地形复杂地区、城市建筑密集区和山区，应根据测图需要并结合具体情况加大密度。

表 7.2 图根控制点的密度

测图比例尺	1∶500	1∶1000	1∶2000	1∶5000
图根点密度/(点/km^2)	150	50	15	5

小区域高程控制网也应视测区面积大小和工程要求采用分级布网的方法建立。一般以国家等级水准点为基础，在测区范围内建立三、四等水准路线和水准网，再以三、四等水准点为基础，测定图根点的高程。水准点间的距离，一般为 2～3km，城市建筑区为 1～2km，工业区小于 1km。一个测区至少应设立 3 个水准点。

控制测量工作属于全局性的基础工作。如果精度不够甚至出现错误，会对测量工作乃至工程建设造成很大损失，因此必须以高度的责任感和严格的科学态度认真对待。下面结合土木工程的实际需要，着重介绍用导线测量建立小区域平面控制网的方法，以及用三、四等水准测量及图根水准测量建立小区域高程控制网的方法。

7.2 导线测量的外业工作

导线测量是建立小区域平面控制网常用的一种方法。主要用于带状地区、隐蔽地区、城市地区、地下工程、公路和铁路等控制点的测量。

将测区内相邻控制点用直线连接而构成的折线，称为导线。构成导线的控制点，称为导线点。导线测量就是依次测定各导线边的边长和各转折角；根据起算数据，推算各边的坐标方位角，从而求出各导线点的坐标。

用经纬仪测量转折角，用钢尺丈量边长的导线，称为经纬仪导线；用光电测距仪测定边长的导线，称为光电测距导线。

7.2.1 导线的布设形式

根据测区的不同情况和工程要求，导线可布设成下列三种形式。

1. 附合导线

布设在两已知点间的导线，称为附合导线。如图 7.3 所示，导线从已知控制点 B 和已知方向 BA 出发，经过 1、2、3 点，最后附合到另一已知控制点 C 和已知方向 CD。

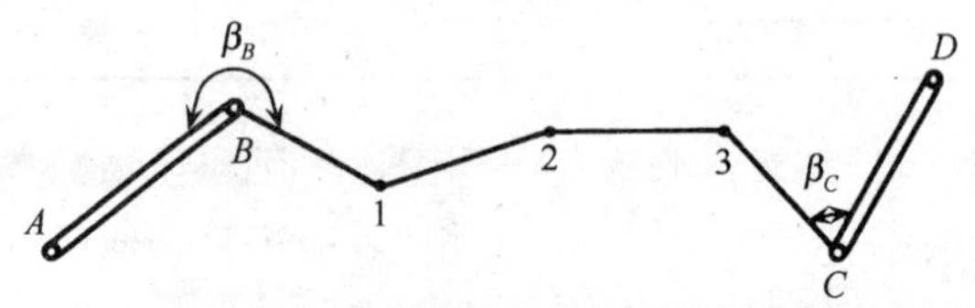

图 7.3 附合导线

2. 闭合导线

起讫于同一已知点的导线，称为闭合导线。如图 7.4 所示，导线从已知控制点 B 和已知方向 BA 出发，经过 1、2、3、4 点，最后仍回到起点 B，形成一闭合多边形。它本身存在着严密的几何条件，具有检核作用。

3. 支导线

由一已知点出发，既不附合到另一已知点，又不回到原起始点的导线，称为支导线。如图 7.5 所示，B 为已知控制点，α_{BA}为已知方向，1、2 为支导线点。由于支导线缺乏检核条件，其边数一般不得超过 4 条。

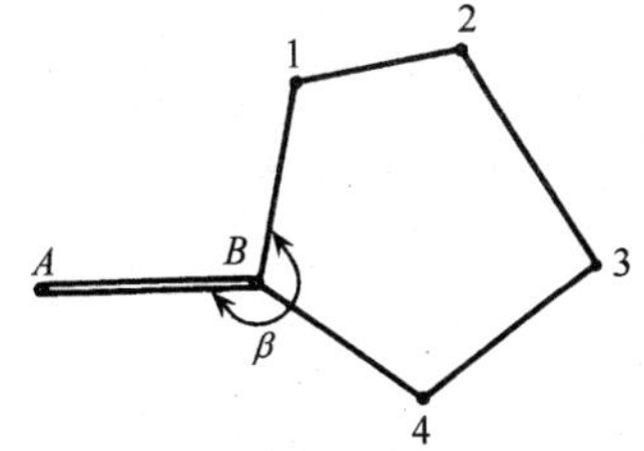

图 7.4　闭合导线

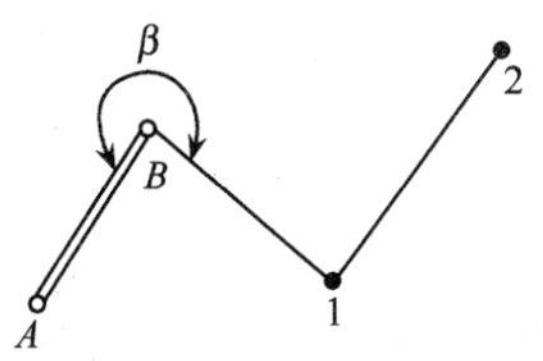

图 7.5　支导线

7.2.2　导线测量的等级与技术要求

用导线测量方法建立小区域平面控制网，通常分为一级导线、二级导线、三级导线和图根导线四个等级，现将各级导线测量的主要技术要求列入表 7.3。

表 7.3　导线测量的主要技术要求

等级	导线长度/m	平均边长/m	测角中误差/s	导线全长相对闭合差	测回数		角度闭合差/s
					DJ6	DJ2	
一级	4000	500	±5	1/15 000	4	2	$10\sqrt{n}$
二级	2400	250	±8	1/10 000	3	1	$16\sqrt{n}$
三级	1200	100	±12	1/5000	2	1	$24\sqrt{n}$
图根	$\leqslant 1.0M$	≤1.5 测图最大视距	±20	1/2000	1		$40\sqrt{n}$

注：表中 n 为测站数，M 为测图比例尺的分母。

7.2.3　导线测量的外业工作

导线测量的外业工作包括踏勘选点及建立标志、量距、测角等工作。

1. 踏勘选点及建立标志

踏勘选点前，应调查收集测区已有的地形图和高等级控制点的成果资料，先在测区原有地形图上拟定导线的布设方案，然后到实地踏勘、核对、修改、选定点位并建立标志。实地选点时，应注意以下几点：

1）点位应选在土质坚实，便于安置仪器和保存标志的地方。

2）相邻点间应通视良好，地势平坦，便于测角和量距。

3）视野开阔，便于碎部点的施测。

4）导线各边的长度应大致相等，除特殊情形外，相邻边长度比一般不大于 1∶3，平均边长如表 7.3 所示。

5）导线点应有足够的密度，分布较均匀，便于控制整个测区。

导线点选定后，应在点位上埋设标志。可在水泥地面上用红漆划一圆，圆内点一小点，作为临时性标志，也可以采用木桩标志，如图 7.6 所示。若导线点需要长期保存，应埋设混凝土桩（如图 7.7）或石桩，桩顶嵌入带“＋”字的金属标志，或将标志直接嵌入水泥地面或岩石上，作为永久性标志。导线点应按顺序统一编号。为了便于寻找，应测出导线点与附近明显地物的距离，绘制草图，注明尺寸(图 7.8)，称为“点之记”。

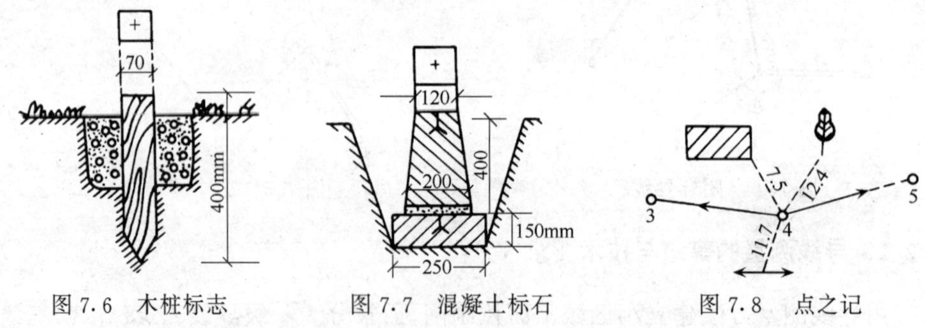

图 7.6　木桩标志　　图 7.7　混凝土标石　　图 7.8　点之记

2. 导线边长测量

导线边长测量可用钢尺丈量方法，也可用光电测距仪测定。钢尺量距时，应用检定过的钢尺，导线边长应往、返丈量各一次，丈量结果应满足表 7.3 中的规定。光电测距仪测距时，应根据导线等级和技术要求，选用相应的测距仪。

3. 导线转折角测量

导线转折角的测量一般采用测回法观测，多于两个方向的，可用方向法观测。在附合导线中，一般测量导线左角；在闭合导线中均测内角；对于图根支导线应分别观测左角和右角，以资检核。不同等级导线的测角技术要求已列入表 7.3。图根导线一般用 DJ6 经纬仪测一测回，对中误差应小于 3mm，上、下两半测回较差不超过±40″，则取其平均值。

对于精度等级较高的导线，为了测角时便于瞄准，可在已埋设的标志上用三根竹杆吊一个大锤球(图 7.9)作为照准标志。

当导线需要与高级控制点连接时(如图 7.10 所示)，必须观测连接角 β_A、β_1 及连接边 D_{A1}，以便求得导线起始点的坐标及起始边的坐标方位角。如果测区及其附近没有高级控制点时，可应用罗盘仪测出导线起始边的磁方位角，并假定起始点的坐标，作为导线的起始数据，即建立独立平面直角坐标系。

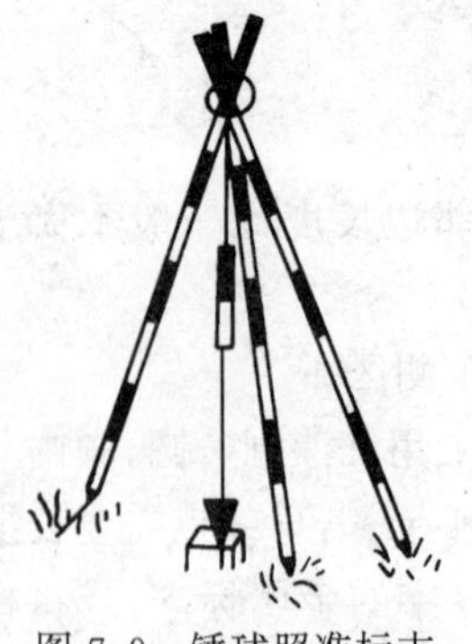

图 7.9　锤球照准标志

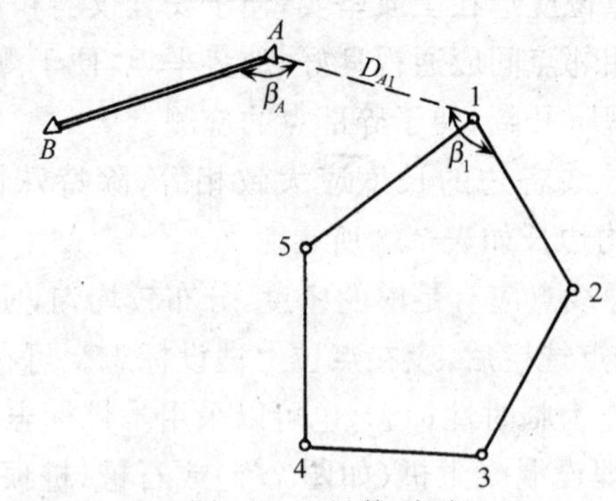

图 7.10　导线联测

7.3 导线测量的内业计算

导线测量内业计算的目的是根据起始点的坐标和起始边的坐标方位角，以及外业所观测的导线边长和转折角，计算各导线点的坐标。

计算之前，应全面检查导线测量外业成果，检查数据是否齐全，有无记错、算错，成果是否符合精度要求，起算数据是否正确。然后绘制计算略图，并把边长、转折角、起始边方位角及已知点坐标等计算数据注在图上的相应位置。

7.3.1 坐标计算的基本公式

1. 坐标正算

根据已知点的坐标、已知边长及该边的坐标方位角，计算未知点的坐标，称为坐标的正算。如图 7.11 所示，设 A 点的坐标(x_A, y_A)和 AB 边的边长 D_{AB}及其坐标方位角 α_{AB}为已知，则未知点 B 的坐标为

$$\left.\begin{aligned} x_B &= x_A + \Delta x_{AB} \\ y_B &= y_A + \Delta y_{AB} \end{aligned}\right\} \tag{7.1}$$

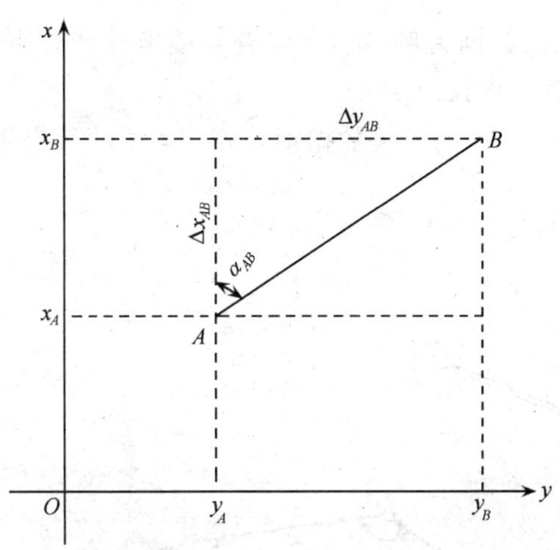

图 7.11 坐标正算示意图

式中，Δx_{AB}、Δy_{AB}称为坐标增量。根据图 7.11 中三角原理，坐标增量的计算公式为

$$\left.\begin{aligned} \Delta x_{AB} &= x_B - x_A = D_{AB}\cos\alpha_{AB} \\ \Delta y_{AB} &= y_B - y_A = D_{AB}\sin\alpha_{AB} \end{aligned}\right\} \tag{7.2}$$

2. 坐标反算

根据两个已知点的坐标求算两点间的边长及其方位角，称为坐标反算。当导线

与已知高级控制点联测时，一般应利用高级控制点的坐标，反算出高级控制点间的坐标方位角或边长，作为导线的起算数据与校核，此外，在施工放样前，也要利用坐标反算求出放样数据。

如图 7.11 所示，若 A、B 为两已知点，其坐标分别为(x_A, y_A)和(x_B, y_B)。根据三角原理，可写出以下公式：

$$\tan\alpha_{AB} = \frac{\Delta y_{AB}}{\Delta x_{AB}} = \frac{y_B - y_A}{x_B - x_A} \tag{7.3}$$

$$\alpha_{AB} = \arctan\frac{\Delta y_{AB}}{\Delta x_{AB}} = \arctan\frac{y_B - y_A}{x_B - x_A} \tag{7.4}$$

$$\left.\begin{aligned} D_{AB} &= \frac{\Delta y_{AB}}{\sin\alpha_{AB}} = \frac{\Delta x_{AB}}{\cos\alpha_{AB}} \\ D_{AB} &= \sqrt{\Delta x_{AB}^2 + \Delta y_{AB}^2} \end{aligned}\right\} \tag{7.5}$$

计算方位角时应该注意，按公式(7.4)计算出来的是象限角，因此必须根据坐标增量 Δx、Δy 的正、负号确定 AB 边象限角所在的象限，然后再把象限角换算为 AB 边的坐标方位角。

7.3.2 附合导线坐标的计算

如图 7.12 所示的数据为例，结合“附合导线坐标计算表”(表 7.4)的使用，介绍附合导线坐标计算的步骤。

计算前先将图 7.12 中的有关数据填入表 7.4 中的相应栏内，起算数据用双线标明。

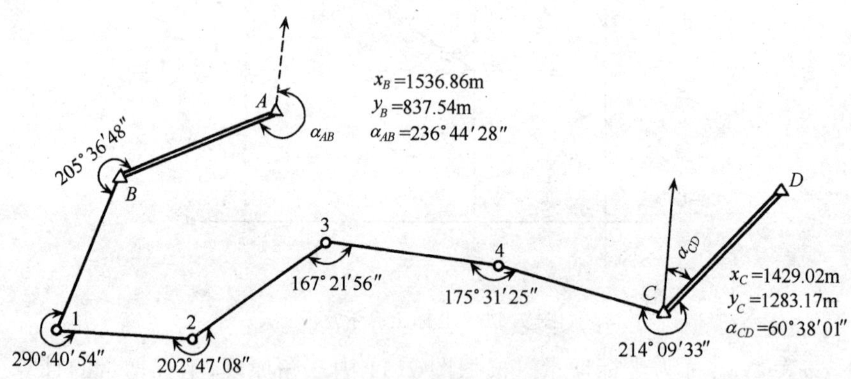

图 7.12 附合导线略图

1. 角度闭合差的计算与调整

根据起始边已知坐标方位角 α_{AB}及观测的右转折角 β，按方位角公式推算出终边 CD 的坐标方位角 α'_{CD}。

$$\alpha_{B1} = \alpha_{AB} + 180° - \beta_B$$
$$\alpha_{12} = \alpha_{B1} + 180° - \beta_1$$
$$\alpha_{23} = \alpha_{12} + 180° - \beta_2$$
$$\alpha_{34} = \alpha_{23} + 180° - \beta_3$$
$$\alpha_{4C} = \alpha_{34} + 180° - \beta_4$$
$$+)\ \alpha'_{CD} = \alpha_{4C} + 180° - \beta_C$$

$$\alpha'_{CD} = \alpha_{AB} + 6 \times 180° - \sum \beta_{测}$$

写成一般公式为

$$\alpha'_{终} = \alpha_{起} + n \cdot 180° - \sum \beta_{测} \tag{7.6}$$

式中：$\alpha'_{终}$——推算出的终边坐标方位角；

$\alpha_{起}$——已知的起始边坐标方位角；

n——观测角的个数。

各转折角右角之和的理论值为$\sum \beta_{理}$，它与终边已知的方位角 $\alpha_{终}$ 有如下关系：

$$\alpha_{终} = \alpha_{起} + n \cdot 180° - \sum \beta_{理} \tag{7.7}$$

由于导线测角存在误差，故$\sum \beta_{测}$ 与$\sum \beta_{理}$ 不相等，二者之差为角度闭合差，其值为

$$f_\beta = \sum \beta_{测} - \sum \beta_{理} \tag{7.8}$$

将式(7.6)和式(7.7)代入上式得

$$f_\beta = \sum \beta_{测} - \alpha_{起} + \alpha_{终} - n \times 180° \tag{7.9}$$

若观测左角，则为

$$\alpha'_{终} = \alpha_{起} + n \times 180° + \sum \beta_{测}$$
$$\alpha_{终} = \alpha_{起} \pm n \times 180° + \sum \beta_{理}$$

将上式代入式(7.9)则得

$$f_\beta = \sum \beta_{测} + \alpha_{起} - \alpha_{终} \pm n \times 180° \tag{7.10}$$

各级导线角度闭合差的容许值 $f_{\beta容}$，见表 7.3。图根导线 $f_{\beta容}=40''\sqrt{n}$。若 f_β 超过 $f_{\beta容}$，则应分析原因进行重测。若不超过，可将角度闭合差反符号平均分配到各观测角中，各角改正数均为 $v\beta=-f_\beta/n$。改正后的角值(简称改正角)$\overline{\beta}=\beta+v_\beta$。改正角之和应满足下列条件：

$$\left.\begin{aligned} \sum \overline{\beta}_{左} &= \alpha_{终} - \alpha_{起} \pm n \cdot 180° \\ \sum \overline{\beta}_{右} &= \alpha_{起} - \alpha_{终} \pm n \cdot 180° \end{aligned}\right\} \tag{7.11}$$

当 f_β 不能被 n 整除时，将余数均匀分配到若干较短边所夹角度的改正数中。

角度改正数应满足$\sum v_{\beta}=-f_{\beta}$，此条件用于计算检核。

2. 各边坐标方位角的计算

根据起始边已知坐标方位角和改正角，推算各边的坐标方位角，并填入表 7.4 的第 5 栏内。例如

$\alpha_{B1}=\alpha_{AB}+180^{\circ}-\beta_{B}=236^{\circ}44'28''+180^{\circ}-205^{\circ}36'35''=211^{\circ}07'53''$

按上述方法逐边推算坐标方位角，最后算出的终边坐标方位角，应与已知的终边坐标方位角相等，否则应重新检查计算。

3. 坐标增量的计算与调整

(1)坐标增量的计算

根据已推算出的导线各边的坐标方位角和相应边的边长，按式(7.2)计算各边的坐标增量。例如，导线边 $B1$ 的坐标增量为

$$\Delta x_{B1}=D_{B1}\cos\alpha_{B1}=125.36\times\cos 211^{\circ}07'53''=-107.31(\mathrm{m})$$

$$\Delta y_{B1}=D_{B1}\sin\alpha_{B1}=125.36\times\sin 211^{\circ}07'53''=-64.8(\mathrm{m})$$

同法算得其他各边的坐标增量值，填入表 7.4 的第 7、8 两栏的相应格内。

(2)坐标增量闭合差的计算与调整

理论上，各边的纵、横坐标增量代数和的理论值应等于终、始两已知点间的纵、横坐标差，即

$$\sum\Delta x_{理}=x_{C}-x_{B}$$

$$\sum\Delta y_{理}=y_{C}-y_{B}$$

由于调整后的各转折角和实测的各导线边长均含有误差，导致由它们为基础计算的各边纵、横坐标增量，其代数和不等于附合导线终点和起点的纵、横坐标之差，差值即为纵、横坐标增量闭合差 f_x 和 f_y，即

$$f_{x}=\sum\Delta x-\sum\Delta x_{理}=\sum\Delta x-(x_{C}-x_{B})$$

$$f_{y}=\sum\Delta y-\sum\Delta y_{理}=\sum\Delta y-(y_{C}-y_{B})$$

坐标增量闭合差的一般公式为

$$\left.\begin{aligned}f_{x}&=\sum\Delta x-(x_{终}-x_{始})\\f_{y}&=\sum\Delta y-(y_{终}-y_{始})\end{aligned}\right\}\tag{7.12}$$

从图 7.13 中可以看出，由于 f_x 和 f_y 的存在，导线不能和 CD 连接。$C\text{-}C'$ 的长度 f_D 称为导线全长闭合差，并用下式计算：

$$f_{D}=\sqrt{f_{x}^{2}+f_{y}^{2}}\tag{7.13}$$

仅以 f_D 值的大小还不能显示导线测量的精度，应当将 f_D 与导线全长 $\sum D$ 相比较，即以分子为 1 的分数来表示导线全长相对闭合差，即

$$K=\frac{f_{D}}{\sum D}=\frac{1}{\dfrac{\sum D}{f_{D}}}\tag{7.14}$$

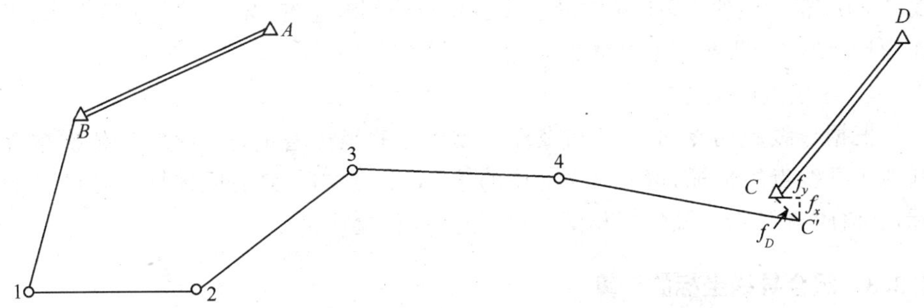

图 7.13 导线闭合差的产生

以相对闭合差 K 来衡量导线测量的精度，K 的分母越大，精度越高。不同等级的导线，其容许相对闭合差见表(7.3)。图根导线的相对闭合差不大于为 1/2000。

本例中 f_x、f_y、f_D 及 K 的计算见表 7.4 辅助计算栏。

若 K 大于 $K_{容}$，则说明成果不合格，应首先检查内业计算有无错误，然后检查外业观测成果，必要时要重测。若 K 不超过 $K_{容}$，则说明测量成果符合精度要求，可以进行调整。调整的原则是：将 f_x、f_y 以相反符号按边长成正比例分配到相应纵、横坐标增量中去。以 ν_{xi}、ν_{yi}分别表示第 i 边的纵、横坐标增量改正数，即

$$\left.\begin{aligned}\nu_{xi} &= -\frac{f_x}{\sum D}D_i \\ \nu_{yi} &= -\frac{f_y}{\sum D}D_i\end{aligned}\right\} \tag{7.15}$$

本例中导线边 1～2 的坐标增量改正数为

$$\nu_{x_{12}} = -\frac{f_x}{\sum D}D_{12} = -\frac{-0.19}{641.44} \times 98.76 = 0.03(\mathrm{m})$$

$$\nu_{y_{12}} = -\frac{f_y}{\sum D}D_{12} = -\frac{-0.11}{641.44} \times 98.76 = 0.02(\mathrm{m})$$

同理求得其他各导线边的纵、横坐标增量改正数填入表 7.4 的第 7、8 栏坐标增量值相应方格的上方。改正数取位到厘米。

纵、横坐标增量改正数之和应满足下式：

$$\left.\begin{aligned}\sum \nu_x &= -f_x \\ \sum \nu_y &= -f_y\end{aligned}\right\} \tag{7.16}$$

各边坐标增量计算值加改正数，即得各边改正后的坐标增量，即

$$\left.\begin{aligned}\Delta \bar{x}_i &= \Delta x_i + \nu_{x_i} \\ \Delta \bar{y}_i &= \Delta y_i + \nu_{y_i}\end{aligned}\right\} \tag{7.17}$$

本例中导线边 B-1 的改正后坐标增量为第 7、8 栏内两数之和为

$$\Delta \bar{x}_{12} = -17.92 + 0.03 = -17.89(\mathrm{m})$$

$$\Delta \bar{y}_{12} = -97.12 - 0.02 = +97.10(\mathrm{m})$$

同理求得其他各导线边的改正后坐标增量，填入表 7.4 的第 9、10 栏内。(加横

表 7.4)改正后的纵、横坐标增量之代数和应分别等于终、始已知点坐标之差,以此作为计算检核(见表 7.4 中第 9、10 栏)。

4. 导线点的坐标计算

根据导线起始点 A 的已知坐标及改正后的坐标增量,按式(7.1)依次推算出其他各导线点的坐标,填入表 7.4 中的第 11、12 栏内。最后应推算出终点 C 的坐标,其值应与 C 点已知坐标相同,以此作为计算检核。

7.3.3 闭合导线坐标的计算

闭合导线的坐标计算与附合导线基本相同,主要区别是角度闭合差与坐标增量闭合差的计算方法不同。以闭合导线图 7.14 中的数据为例说明上述不同点的计算方法。

1. 角度闭合差的计算

图 7.14 为闭合导线,n 边形闭合导线内角和的理论值应为

$$\sum \beta_{理} = (n-2) \times 180$$

由于观测角不可避免地存在误差,导致实测的内角总和 $\sum \beta_{测}$ 不等于 $\sum \beta_{理}$,而产生角度闭合差为:

$$f_\beta = \sum \beta_{测} - \sum \beta_{理}$$

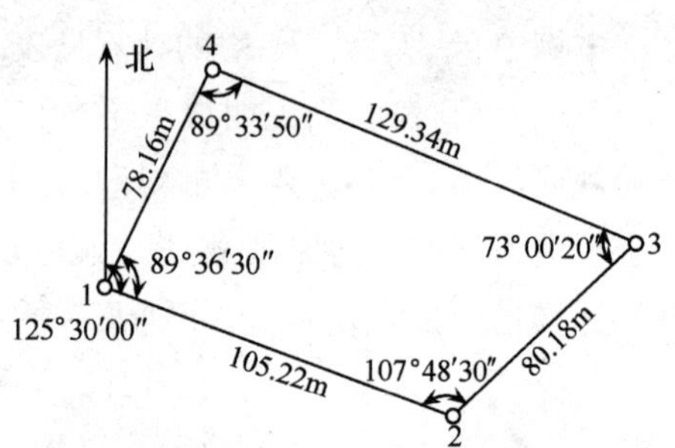

图 7.14　闭合导线计算示意图

闭合导线角度闭合差的调整与附合导线相同,将角度闭合差反符号平均分配到各观测角中。

2. 坐标增量闭合差的计算

根据闭合导线本身的几何特点,由边长和坐标方位角计算的各边纵、横坐标增量,其代数和的理论值应等于 0,即

$$\sum \Delta x_{理} = 0$$

$$\sum \Delta y_{理} = 0$$

实际上由于量边的误差和角度闭合差调整后的残余误差,往往使 $\sum \Delta x_{测}$、$\sum \Delta y_{测}$ 不等于零,从而产生纵坐标增量闭合差 f_x 和横坐标增量闭合差 f_y,即

$$\left.\begin{aligned} f_x &= \sum \Delta x_{测} \\ f_y &= \sum \Delta y_{测} \end{aligned}\right\} \tag{7.18}$$

如本例(表 7.6)纵、横坐标增量闭合差为

$$f_x = 0.09\text{m} \qquad f_y = -0.07\text{m}$$

坐标增量闭合差的调整与附合导线相同。闭合导线坐标计算的全过程,见表 7.5 算例。

表 7.4 附合导线坐标计算表

点号	观测角（右角）/(° ′ ″)	改正数 /(″)	改正角 /(° ′ ″)	坐标方位角 α /(° ′ ″)	距离 D /m	增量计算值 Δx /m	增量计算值 Δy /m	改正后增量 Δx /m	改正后增量 Δy /m	坐标值 x /m	坐标值 y /m	点号
1	2	3	4=2+3	5	6	7	8	9	10	11	12	13
A												
				236 44 28								
B	205 36 48	−13	205 36 35							1536.86	837.54	B
				211 07 53	125.36	+4 −107.31	−2 −64.81	−107.27	−64.83			
1	290 40 54	−12	290 40 42							1429.59	772.71	1
				100 27 11	98.76	+3 −17.92	−2 +97.12	−17.89	+97.10			
2	202 47 08	−13	202 46 55							1411.70	869.81	2
				77 40 16	114.63	+4 +30.88	−2 +141.29	+30.92	+141.27			
3	167 21 56	−13	167 21 43							1442.62	1011.08	3
				90 18 33	116.44	−3 −0.63	−2 +116.44	−0.60	+116.42			
4	175 31 25	−13	175 31 12							1442.02	1127.50	4
				94 47 21	156.25	+5 −13.05	−3 +155.70	−13.00	+155.67			
C	214 09 33	−13	214 09 20							1429.02	1283.17	C
				60 38 01								
D												
总和	1256°07′44″	−77	1256°06′25″		641.44	−108.03	+445.74	−107.84	+445.63			

辅助计算

$f_\beta = \sum \beta_{测} - \alpha_{始} + \alpha_{终} - n \cdot 180°$

$= 1256°07'44'' - 236°44'28'' + 60°38'01'' - 6 \times 180°$

$= +1'17''$

$f_{\beta_{容}} = \pm 60''\sqrt{6} = \pm 147''$

$\sum \Delta_{x测} = -108.03$　　$\sum \Delta_{y测} = +445.74$

$-)\ x_C - x_B = -107.84$　　$-)\ y_C - y_B = +445.63$

$f_x = -0.19$　　$f_y = +0.11$

导线全长闭合差 $f_D = \sqrt{f_x^2 + f_y^2} = \pm 0.22\text{m}$

相对闭合差 $K = \frac{0.22}{641.44} = \frac{1}{2900}$

容许相对闭合差 $K_{容} = \frac{1}{2000}$

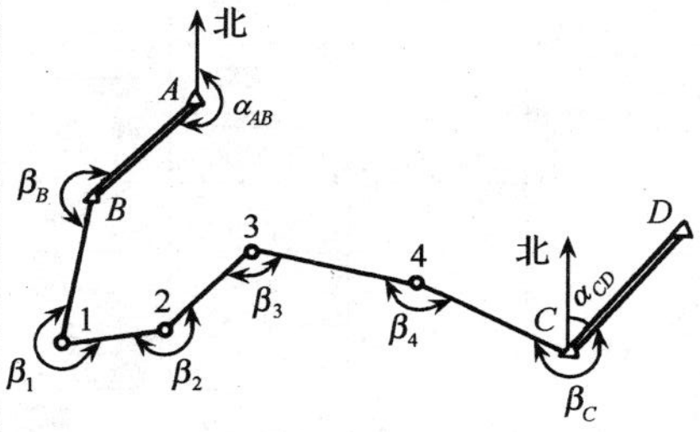

表 7.5　闭合导线坐标计算表

点　号	观测角（左角）/(° ′ ″)	改正数 /(″)	改正角 /(° ′ ″)	坐标方位角 α /(° ′ ″)	距离 D /m	增量计算值 Δx /m	增量计算值 Δy /m	改正后增量 Δx /m	改正后增量 Δy /m	坐标值 x /m	坐标值 y /m	点号
1	2	3	4=2+3	5	6	7	8	9	10	11	12	
1										500.00	500.00	
				125 30 00	105.22	−2 −61.10	+2 +85.66	−61.12	+85.68			
2	107 48 30	+13	107 48 43							438.88	585.68	
				53 18 43	80.18	−2 +47.90	+2 +64.30	+47.88	+64.32			
3	73 00 20	+12	73 00 32							486.76	650.00	
				306 19 15	129.34	−3 +76.61	+2 −104.21	+76.58	−104.19			
4	89 33 50	+12	89 34 02							563.34	545.81	
				215 53 17	78.16	−2 −63.32	+1 −45.82	−63.34	−45.81			
1	89 36 30	+13	89 36 43							500.00	500.00	
				125 30 00								
2												
总和	359 59 10	+50	360 00 00		392.90	+0.09	−0.07	0.00	0.00			

辅助计算：

$$\sum \beta_{测}=359°59'10''$$
$$-\sum \beta_{理}=360\ 00\ 00$$
$$f_\beta=-50$$
$$f_{\beta_{容}}=\pm 60''\sqrt{4}=\pm 120''$$

$f_x=\sum \Delta x_{测}=+0.09, f_y=\sum \Delta y_{测}=-0.07$

导线全长闭合差 $f_D=\sqrt{f_x^2+f_y^2}=\pm 0.11\text{m}$

相对闭合差 $K=\dfrac{0.11}{392.90}\approx\dfrac{1}{3500}$

容许的相对闭合差 $K_{容}=\dfrac{1}{2000}$

注：本例为图根导线，故边长和坐标取至 cm；$f_{\beta_{容}}=\pm 60''\sqrt{n}$；$K_{容}=\dfrac{1}{2000}$。

7.4 小三角测量

小三角测量是小区域平面控制测量的一种方法。即在测区内布设边长较短的三角网，观测所有三角形的各内角，用近似方法进行平差，然后应用正弦定理从已知边长推算出各三角形的边长，再根据已知边的坐标方位角、已知点的坐标(或假定坐标)，求出各三角点的坐标。与导线测量相比，小三角测量可仅对起算边测距，但测角任务较重，主要用于山区和丘陵地区的测图控制和隧道、桥梁等工程的施工控制测量。但随着测距仪(全站仪)的普及，小三角测量的应用范围已越来越小。

7.4.1 小三角网的布设形式与等级要求

小三角测量根据测区情况，可布设成：单三角锁、中点多边形、大地四边形和线形三角锁等不同图形，分别如图 7.15(a)～(d)所示。

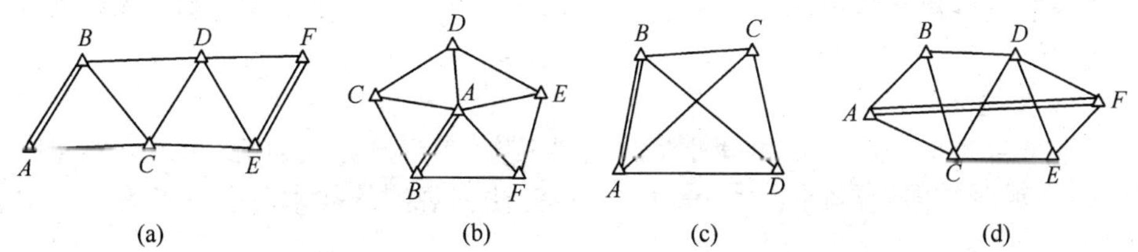

图 7.15 小三角网的布设形式

小三角测量根据测区大小和工程规模以及精度要求的不同可分为一级小三角、二级小三角和图根小三角几个等级。各级小三角网的主要技术要求见表 7.6。

表 7.6 小三角测量的主要技术指标

等级	平均边长 /m	测角中误差 /″	三角形数	起始边边长相对中误差	最弱边边长相对中误差	测回数		三角形最大闭合差 /″
						DJ6	DJ2	
一级小三角	1000	±5	6～7	1/40 000	1/20 000	6	2	±15
二级小三角	500	±10	6～7	1/20 000	1/10 000	2	1	±30
图根小三角	≤测图最大视距的 1.7 倍	±20	≤12	1/10 000		1		±60

注：1)当测区最大测图比例尺为 1∶1000 时，一、二级小三角的边长可适当放长，但不应超过规定的 2 倍。
2) n 为传递方位角的测站数。

7.4.2 小三角测量的外业工作

小三角测量的外业工作包括踏勘选点、建立标志、起算边长(基线)测量和水平角测量。

1. 踏勘选点及建立标志

与导线测量类似，选点前应搜集测区已有的地形图和控制点的成果资料，先在原有的地形图上设计布网方案，然后再到实地踏勘，根据地形地貌选定布网方案及点位。选定小三角点位时应注意以下几点：

(1) 起始边位置应选在地势平坦，便于量距的地段。

(2) 小三角点应选在土质坚实、视野开阔、相互通视、便于保存点位和便于角度观测的地方。

(3) 各三角形的内角应大致相等，若条件不许可，角度不宜超出 30°～150°。点位选定后，与导线相似，应根据需要建立标志，并对各点进行编号，绘制“点之记”图。

2. 基线测量

基线是推算小三角网(锁)各边长度的起算边，其精度直接影响整个三角网的精度，因此，基线测量的精度必须符合表 7.6 的规定。

基线可用检定过的钢尺往返测量，也可用中、短程光电测距仪往、返观测或单向观测，测回数不少于 2。

3. 水平角测量

水平角测量是小三角测量外业的主要工作。当观测方向为两个时，采用测回法观测；当观测方向超过两个时，采用方向观测法。观测的技术要求参考表 7.6 中的规定。

7.4.3 小三角测量的内业计算

小三角测量内业计算的目的是求算各三角点的坐标。其内容包括外业观测成果的整理和检查，角度调整，边长和坐标的计算。小三角测量的计算采用近似平差方法，只考虑角度闭合差和边长闭合差，并且在调整时将这两项闭合差分开进行。也可采用计算机程序计算。

7.5 交会定点

平面控制测量时，如果导线点或三角点密度不能满足测图或工程需要，可利用已知控制点及其坐标采用交会法进行个别点位的加密。交会法分为测角交会法和距离交会法两类。测角交会法包括前方交会法[图 7.16(a)]、测方交会法[图 7.16(b)]、单三角形[图 7.16(c)]和后方交会法[图 7.16(d)]。距离交会法如图[7.16(e)]所示。在图 7.16 中，A、B、C 均为已知控制点，α、β、γ 为水平角观测值，D_a、D_b 为边长测定值，P 为未知点。下面重点介绍前方交会法和距离交会法的计算方法。

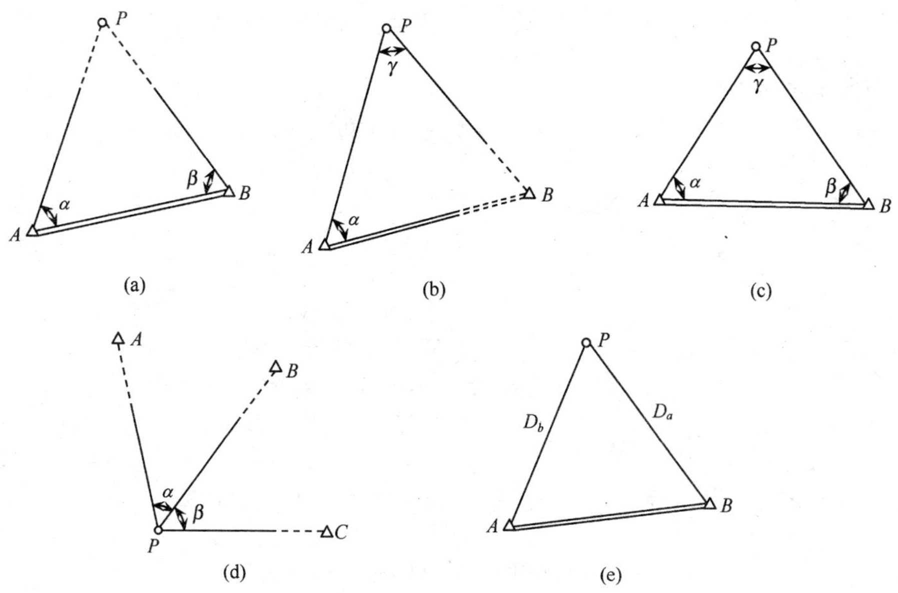

图 7.16　交法定点图

7.5.1　前方交会

1. 基本公式

如图 7.17，已知 A、B 两点的坐标（x_A、y_A）、（x_B、y_B）和水平角 α、β。设未知点 P 的坐标为（x_P、y_P），AP 边的边长为 D_{AP}，坐标方位角为 α_{AP}，其计算公式如下：

$$x_P = x_A + D_{AP}\cos\alpha_{AP}$$

$$y_p = y_A + D_{AP}\sin\alpha_{AP}$$

从图 7.17 中可知 $\alpha_{AP}=\alpha_{AB}-\alpha$，代入上式，得

$$x_P - x_A = D_{AP}\cos(\alpha_{AB} - \alpha)$$

$$= D_{AP}(\cos\alpha_{AB}\cos\alpha + \sin\alpha_{AB}\sin\alpha)$$

$$y_P - y_A = D_{AP}\sin(\alpha_{AB} - \alpha)$$

$$= D_{AP}(\sin\alpha_{AB}\cos\alpha - \cos\alpha_{AB}\sin\alpha)$$

因为

$$\cos\alpha_{AB} = \frac{x_B - x_A}{D_{AB}}$$

$$\sin\alpha_{AB} = \frac{y_B - y_A}{D_{AB}}$$

代入上式得

$$x_P - x_A = \frac{D_{AP}\sin\alpha}{D_{AB}}[(x_B - x_A)\cot\alpha + (y_B - y_A)]$$

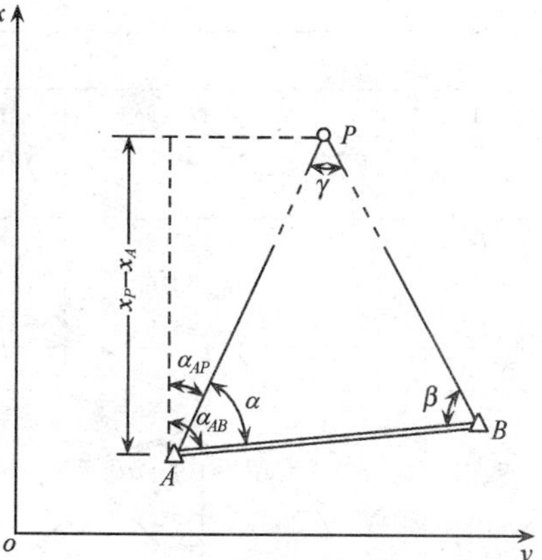

图 7.17　前方交会法计算

$$y_P - y_A = \frac{D_{AP}\sin\alpha}{D_{AB}}[(y_B - y_A)\text{ctg}\alpha - (x_B - x_A)]$$

根据正弦定理，得

$$\frac{D_{AP}}{D_{AB}} = \frac{\sin\beta}{\sin\gamma} = \frac{\sin\beta}{\sin(\alpha+\beta)}$$

$$\frac{D_{AP}\sin\alpha}{D_{AB}} = \frac{\sin\alpha\sin\beta}{\sin(\alpha+\beta)} = \frac{1}{\cot\alpha + \cot\beta}$$

故

$$x_P - x_A = \frac{(x_B - x_A)\cot\alpha + (y_B - y_A)}{\cot\alpha + \cot\beta}$$

$$y_P - y_A = \frac{(y_B - y_A)\cot\alpha - (x_B - x_A)}{\cot\alpha + \cot\beta}$$

即

$$\left.\begin{aligned} x_P &= \frac{x_A\cot\beta + x_B\cot\alpha - y_A + y_B}{\cot\alpha + \cot\beta} \\ y_P &= \frac{y_A\cot\beta + y_B\cot\alpha + x_A - y_B}{\cot\alpha + \cot\beta} \end{aligned}\right\} \tag{7.19}$$

2. 计算实例(表 7.7)

为了校核和提高 P 点精度，一般要求前方交会法有三个已知控制点(示意图中的 A、B、C)，观测四个水平角(示意图中的 α_1、β_1、α_2、β_2)，按式(7.19)，分别在 ΔABP 和 ΔBCP 中计算出 P 点两组坐标 $P'(x'_P、y'_P)$ 和 $P''(x''_P、y''_P)$。当两组坐标较差在容许限差内时，取其平均值作为 P 点的最后坐标。一般规范规定，两组坐标较差 e 不大于两倍比例尺精度，用公式表示为

$$e = \sqrt{\delta_x^2 + \delta_y^2} \leqslant e_{容} = 2 \times 0.1M(\text{mm}) \tag{7.20}$$

式中：$\delta_x = x'_P - x''_P$，$\delta_y = y'_P - y''_P$；

M——测图比例尺分母。

表 7.7　前方交会坐标计算

点名	x		观测角		y	
A	x_A	37 477.54	α_1	40°41′57″	y_A	16 307.24
B	x_B	37 327.20	β_1	75°19′02″	y_B	16 078.90
P	x'_P	37 194.57			y'_P	16 226.42
B	x_B	37 327.20	α_2	59°11′35″	y_B	16 078.90
C	x_C	37 163.69	β_2	69°06′23″	y_C	16 046.65
P	x''_P	37 194.54			y''_P	16 226.42
中数	x_P	37 194.56			y_P	16 226.42
略图			辅助计算	$\delta_x=0.03$ $\delta_y=0$ $e=0.03$　$e_{容}=0.2\times10^{-3}M=0.2$ $M=1000$		

7.5.2 距离交会

1. 基本公式

如图 7.16(e)所示，已知 A、B 两点的坐标(x_A、y_A)、(x_B、y_B) 和实测水平距离 D_a、D_b。设未知点 P 的坐标为(x_P、y_P)，A、B 两点间的水平距离为 D_{AB}，直线 AB 的坐标方位角为 α_{AB}，则

$$\angle A = \arccos \frac{D_b^2 + D_{AB}^2 + D_a^2}{2D_bD_{AB}} \tag{7.21}$$

得 AP 边的坐标方位角为

$$\alpha_{AP} = \alpha_{AB} - \angle A \tag{7.22}$$

则 P 点的坐标为

$$\left.\begin{aligned} x_P &= x_A + D_{AP}\cos\alpha_{AP} \\ y_P &= y_A + D_{AP}\sin\alpha_{AP} \end{aligned}\right\} \tag{7.23}$$

2. 计算实例

计算实例如表 7.8 所示，与前方交会法类似，为检查观测错误和控制点坐标抄录错误等，需测量三条边，组成两个距离交会图形，解出 P 点两组坐标，在满足限差条件下，取两组坐标平均值作为 P 点的坐标。

表 7.8 距离交会坐标计算

三角形编号	边名	边长	点名	坐标		略图
				x	y	
Ⅰ	$AP(D_b)$	321.180	$A(A)$	524.767	919.750	
	$AB(D_{AB})$	301.065	$B(B)$	479.593	1217.407	
	$BP(D_a)$	312.266	$P(P)$	776.161	1119.644	
Ⅱ	$BP(D_b)$	312.266	$B(A)$	479.593	1217.407	
	$BC(D_{AB})$	260.722	$C(B)$	700.433	1355.991	
	$CP(D_a)$	248.177	$P(P)$	776.163	1119.650	
	P 点最后坐标			776.162	1119.647	
辅助计算	$\alpha'_{AB}=98°37'47''$ $-)\angle A'=60°08'24''$ $\alpha'_{AP}=38°29'23''$		$\alpha''_{AB}=32°06'34''$ $-)\angle A''=50°21'11''$ $\alpha''_{AP}=341°45'23''$		$\delta_x=-0.002$ $\delta_y=-0.006$ $e=0.006$ $M=1000$ $e_{容}\leqslant\pm0.2\times10^{-3}M=\pm0.2$	

7.6 高程控制测量

小区域高程控制测量包括三、四等水准测量，图根水准测量和三角高程测量。

7.6.1 三、四等水准测量

三、四等水准测量除用于国家高程控制网的加密外，还用于建立小区域首级高程控制网。三、四等水准点的高程一般应从附近的一、二等水准点引测，若测区内或附近没有国家等级水准点，可建立独立的首级高程控制网。首级高程控制网应布设成闭合水准路线。三、四等水准点应选在土质坚硬、便于长期保存和使用的地方，并应埋设水准标石，亦可利用埋石的平面控制点作为水准点。为了便于寻找，各水准点应绘“点之记”。三、四等水准测量的主要技术指标要求见表 7.9 。

表 7.9 水准测量的主要技术要求

<table>
<tr><th rowspan="2">等级</th><th rowspan="2">水准仪</th><th rowspan="2">水准尺</th><th rowspan="2">附合路线长度/km</th><th rowspan="2">视线长度/m</th><th rowspan="2">视线离地面最低高度/m</th><th rowspan="2">前后视距差/m</th><th rowspan="2">前后视距累积差/m</th><th rowspan="2">基本分划、辅助分划（黑红面读数较差）/mm</th><th rowspan="2">一测站所测高差之差/mm</th><th colspan="2">观测次数</th><th colspan="2">往返较差、附合或环形闭合差</th></tr>
<tr><th>与已知点联测</th><th>附合或环形</th><th>平地/mm</th><th>山地/mm</th></tr>
<tr><td rowspan="2">三</td><td>DS1</td><td>因瓦</td><td rowspan="2">45</td><td>≤80</td><td rowspan="2">三丝能读数</td><td rowspan="2">≤3.0</td><td rowspan="2">≤6.0</td><td>1.0</td><td>1.5</td><td rowspan="2">往返各一次</td><td>往一次</td><td rowspan="2">$\pm 12\sqrt{L}$</td><td rowspan="2">$\pm 4\sqrt{L}$</td></tr>
<tr><td>DS3</td><td>双面</td><td>≤65</td><td>2.0</td><td>3.0</td><td>往返各一次</td></tr>
<tr><td rowspan="2">四</td><td>DS1</td><td>因瓦</td><td rowspan="2">15</td><td>≤100</td><td rowspan="2">三丝能读数</td><td rowspan="2">≤5.0</td><td rowspan="2">≤10.0</td><td rowspan="2">3.0</td><td rowspan="2">5.0</td><td rowspan="2">往返各一次</td><td rowspan="2">往一次</td><td rowspan="2">$\pm 20\sqrt{L}$</td><td rowspan="2">$\pm 6\sqrt{L}$</td></tr>
<tr><td>DS3</td><td>双面</td><td>≤80</td></tr>
<tr><td>图根</td><td>DS10</td><td>单面</td><td>8</td><td>≤100</td><td></td><td></td><td></td><td></td><td></td><td>往返各一次</td><td>往一次</td><td>$\pm 40\sqrt{L}$</td><td>$\pm 12\sqrt{L}$</td></tr>
</table>

注：L 为附合路线或环线的长度，以千米为单位。

三、四等水准测量的观测应在通视良好，成像清晰稳定的情况下进行。常用的观测方法有双面尺法和变动仪器高法。

1. 双面尺法

(1)一个测站上的观测顺序

按以下观测顺序观测，读数填入记录表(表 7.10)相应位置。

1) 后视水准点上的黑面尺，读取下、上、中丝读数(1)、(2)、(3)。

2) 前视黑面尺，读取下、上、中丝读数(4)、(5)、(6)。

3) 前视红面尺，读取中丝读数(7)。

4) 后视红面尺，读取中丝读数(8)。

以上 1)、2)、…、8)表示观测与记录的顺序。这样的观测顺序简称为“后前前后”，其优点是可以削弱仪器下沉误差的影响。四等水准测量的观测顺序也可采用：“后后前前”。

表 7.10　三、四等水准测量记录(双面尺法)

测站编号	点号	后尺	前尺	方向及尺号	水准尺读数/m		K+黑−红	平均高差/m	备注
		上丝	上丝						
		下丝	下丝						
		后视距	前视距		黑面	红面			K为尺常数： $K_5=4.787$ $K_6=4.687$
		视距差	$\sum d$						
		(1)	(4)	后	(3)	(8)	(14)		
		(2)	(5)	前	(6)	(7)	(13)		
		(9)	(10)	后−前	(15)	(16)	(17)	(18)	
		(11)	(12)						
1	BM.1−TP.1	1.536	1.030	后5	1.242	6.030	−1		
		0.947	0.442	前6	0.736	5.422	+1		
		58.9	58.8	后−前	+0.506	0.608	−2	+0.5070	
		+0.1	+0.1						
2	TP.1−TP.2	1.954	1.276	后6	1.664	6.350	+1		
		1.373	0.694	前5	0.985	5.773	−1		
		58.1	58.3	后−前	+0.679	+0.577	+2	+0.6780	
		−0.2	−0.1						
3	TP.2−TP.3	1.146	1.744	后5	1.024	5.811	0		
		0.903	1.499	前6	1.622	6.308	+1		
		48.6	49.0	后−前	−0.598	−0.497	−1	−0.5975	
		−0.4	−0.5						
4	TP.3−A	1.479	0.982	后6	1.171	5.859	−1		
		0.864	0.373	前5	0.678	5.465	0		
		61.5	60.9	后−前	+0.493	+0.394	−1	+0.4935	
		+0.6	+0.1						
				后					
				前					
				后−前					
每页校核	$\sum(9)=227.1$ −) $\sum(10)=227.0$ $=+0.1$ =4站(12) 总视距 $\sum(9)+\sum(10)=454.1m$				$\sum[(3)+(8)]=29.151$ −) $\sum[(3)+(8)]=26.989$ $=+2.162$		$\sum[(15)+(16)]$ $=+2.162$	$\sum(18)=+1.081$ $2\sum(18)=+2.162$	

(2)测站计算与检核

1)视距计算。

后视距离：(9)＝(1)—(2)

前视距离：(10)＝(4)—(5)

前后视距差：(11)＝(9)－(10)。前、后视距累积差：(12)＝上站之(12)＋本站(11)。

2) 同一水准尺黑、红面中丝读数的检核。

同一水准尺红、黑面中丝读数之差，应等于该尺红、黑面的常数 K(4.687 或 4.787)，其差值为

前视尺：(13)＝(6)＋K－(7)

后视尺：(14)＝(3)＋K－(8)

3)高差计算及检核。

黑面所测高差：(15)＝(3)－(6)

红面所测高差：(16)＝(8)－(7)

黑、红面所测高差之差：(17)＝(15)－(16)±0.100＝(14)－(13)

平均高差：(18)＝$\frac{1}{2}${(15)＋[(16)±0.100]}

(3)每页计算的检核

1)视距计算检核。

后视距离总和减前视距离总和应等于末站视距累积差，即

$$\sum(9) - \sum(10) = \text{末站}(12)$$

检核无误后，算出总视距为

$$\text{总视距} = \sum(9) - \sum(10)$$

2)高差计算检核。

红、黑面后视总和减红、黑面前视总和应等于红、黑面高差总和，还应等于平均高差总和的两倍，即

$$\sum[(3) + (8)] - \sum[(6) + (7)] = \sum[(15) + (16)] = 2\sum(18)$$

上式适用于测站数为偶数。

$$\sum[(3) + (8)] - \sum[(6) + (7)] = \sum[(15) + (16)] = 2\sum(18) \pm 0.100$$

上式适用于测站数为奇数。

用双面尺法进行三、四等水准测量的记录、计算与检核实例见表 7.10。

(4)水准点的高程计算

外业成果经检核无误后，按第四章水准测量成果计算的方法，计算各水准点的高程。

2.变动仪器高法

进行四等水准测量时，如果没有黑、红双面尺，可采用单面水准尺，用变动仪器高法进行检核。在每一测站上需变动仪器高度 0.1m 以上。观测时将上述手簿中

黑、红面中丝读数改为第一次和第二次仪器高读数、(14)、(13)两项不必计算。变动仪器高所测得的两次高差之差不得超过 5mm,其他要求与双面尺法相同。

7.6.2 图根水准测量

图根水准测量用于测定测区首级平面控制点和图根点高程,其精度低于四等水准测量,故又称等外水准测量。图根水准测量的水准路线可根据平面控制点和图根点在测区的分布情况布设。其观测方法及记录计算,参阅第四章,其技术要求见表 7.9。

7.6.3 三角高程测量

在山区及位于较高建筑物上的控制点,用水准测量方法测定控制点的高程较为困难,通常采用三角高程测量的方法。

1. 三角高程测量的原理

三角高程测量是根据两点间的水平距离和竖直角计算两点的高差,求出未知点的高程,如图 7.18 所示。已知 A 点高程 H_A,欲测定 B 点高程 H_B,可在 A 点安置经纬仪,在 B 点竖立觇标,用望远镜中丝瞄准觇标的顶点,测得竖直角 α,量取桩顶至仪器横轴的高度 i(仪器高)和觇标高 ν,再根据 AB 之间的平距 D,即可算出 A、B 两点间的高差为

$$h_{AB} = D \cdot \tan\alpha + i - \nu \tag{7.24}$$

B 点的高程为

$$H_B = H_A + h_{AB} = H_A + D \cdot \tan\alpha + i - \nu \tag{7.25}$$

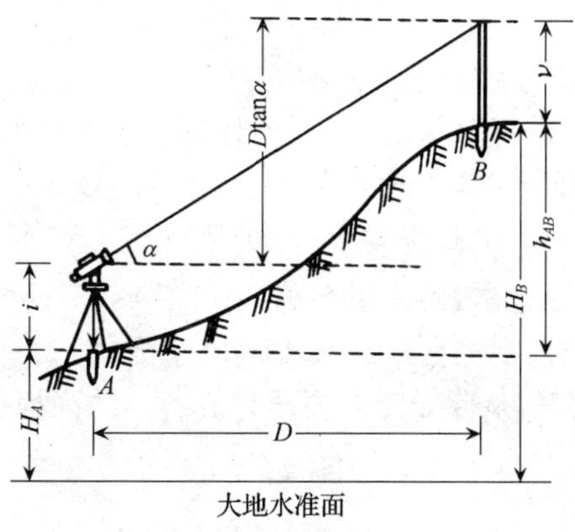

图 7.18 三角高程测量

三角高程测量一般应进行往返观测,即由 A 向 B 观测(称为直觇),再由 B 向 A 观测(称为反觇),这样的观测称为对向观测(或称为双向观测)。对向观测可以消除地球曲率和大气折光的影响。三角高程测量对向观测所求得的高差较差不应大

于 0.1D(m)(D 为平距,以 km 为单位),若符合要求,则取两次高差的平均值作为高程计算依据。

2. 三角高程测量的实施与计算

(1)安置经纬仪于测站 A 上,量仪器高 i 和觇标高 ν,读数至 1mm,量取两次的结果之差不超过 2mm,取其平均值记入表 7.11。

(2)用经纬仪瞄准 B 点觇标顶端,观测竖直角 1～2 测回,前后半测回之间的较差及各测回之间的较差结果不超过规范规定的限差,则取其平均值作为最后的结果。

(3)将经纬仪搬至 B 点,同法对 A 点进行观测。

(4)高差及高程的计算,见表 7.11。

7.11　三角高程测量计算

所求点	B	
起算点	A	
觇法	直	反
平距 D/m	286.36	286.36
竖直角 α	$+10°32'26''$	$-9°58'41''$
$D\tan\alpha$/m	+53.28	−50.38
仪器高 i/m	+1.52	+1.48
觇标高 ν/m	−2.76	−3.20
高差改正数 f/m		
高差 h/m	+52.04	−52.10
平均高差/m	+52.07	
起算点高程/m	105.72	
所求点高程/m	157.79	

当用三角高程测量方法测定平面控制点的高程时,应组成闭合或附合的三角高程路线。每条边均要进行对向观测。用对向观测所求得的高差平均值,计算闭合环线或附合路线的高程闭合差的限差值为

$$f_{h容} = \pm 0.05\sqrt{[D^2]} \quad (\text{m}) \tag{7.26}$$

式中:D——各边的水平距离,以公里为单位。

当 f_h 不超过 $f_{h容}$时,则根据与边长成正比原则,将 f_h 反符号分配于各高差之中,然后用改正后的高差,从起始点的高程计算各点的高程。

思　考　题

7.1　控制测量有何作用?控制网分为哪几种?

7.2　何谓小区域控制测量?

7.3　导线有哪几种布设形式?各在什么情况下采用?

7.4　选定导线点应注意哪些问题?

7.5　图 7.19 为一闭合导线 $ABCDA$ 的观测数据,已知 A 点坐标为(500.00,

500.00)，列表计算导线点 B、C、D 的坐标。

7.6　附合导线 $AB12CD$ 的观测数据如图 7.20 所示，已知 B、C 点的 坐标为(200.00，200.00)，(155.37，756.06)，列表计算导线点 1、2 的坐标。

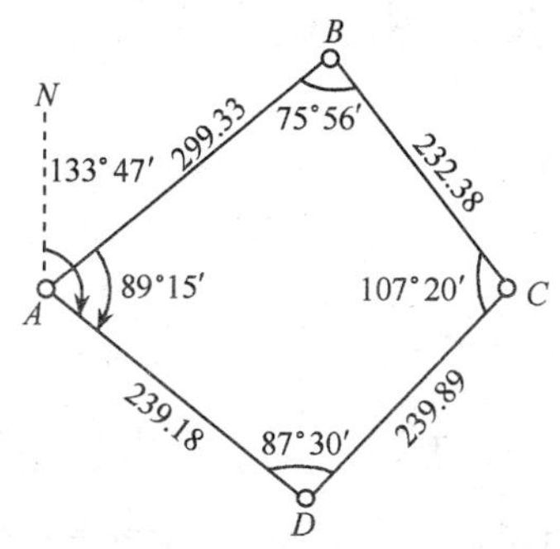

图 7.19　闭合导线计算

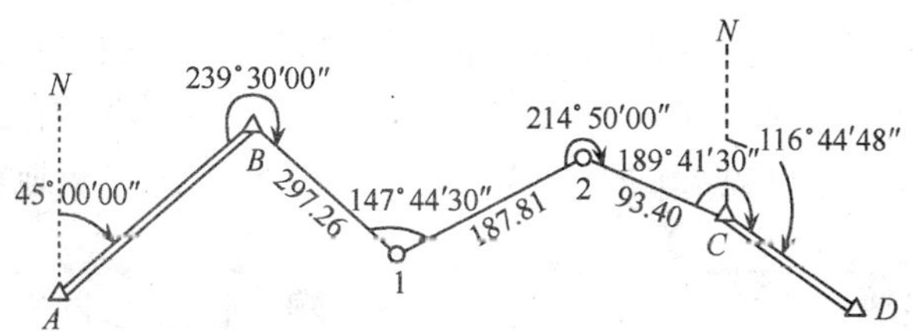

图 7.20　附合导线计算

7.7　小三角网有哪几种形式？它的外业工作有哪些？

7.8　前方交会观测数据如图 7.21，已知 $x_A=1112.342\text{m}$，$y_A=351.727\text{m}$，$x_B=659.232\text{m}$，$y_B=355.537\text{m}$，$x_C=406.593\text{m}$，$y_C=654.051\text{m}$，求 P 点的坐标。

7.9　距离交会观测数据如图 7.22，已知 $x_A=1223.453\text{m}$，$y_A=462.838\text{m}$，$x_B=770.343\text{m}$，$y_B=466.648\text{m}$，$x_C=517.704\text{m}$，$y_C=765.162\text{m}$，求 P 点坐标。

7.10　用三、四等水准测量建立高程控制时，如何观测？如何记录和计算？

7.11　在什么情况下采用三角高程测量？如何进行观测和计算？

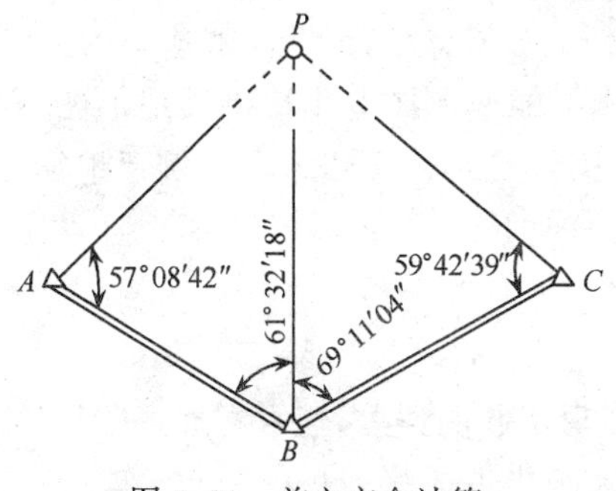

图 7.21　前方交会计算

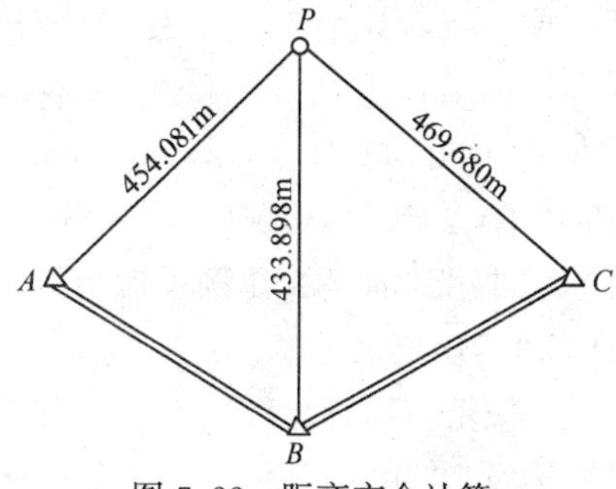

图 7.22　距离交会计算

第八章 大比例尺地形图测绘与应用

本章介绍地形图的比例尺、分幅和编号；地物及地貌在地形图上的表示；重点介绍大比例尺地形图的测绘方法、步骤及其在工程建设中的应用。

8.1 地形图的基础知识

地面上天然或人工形成的各种固定物体，如房屋、道路、河流和农田等称为地物；地表面的高低起伏形态，如高山、丘陵、平原、洼地等称为地貌。地物和地貌总称为地形。通过实地测绘，将地面上的各种地物、地貌沿铅垂线方向投影到同一水平面上，再按一定的比例缩小绘制成图。若在图上仅表示地物平面位置的图，称为平面图；如果在图上既表示地物的平面位置，又用特定的符号表示地貌的起伏情况的图，称为地形图。

地形图在经济、国防等各种工程建设中；都需要利用地形图进行规划、设计、施工及竣工管理。

8.1.1 地形图比例尺

地形图上某一线段的长度 d 与地面上相应线段的水平距离 D 之比，称为地形图的比例尺。地形图比例尺可分为数字比例尺和图示比例尺。

1. 数字比例尺

数字比例尺用分子为 1 的分数表示，即

$$\frac{d}{D}=\frac{1}{D/d}=\frac{1}{M} \tag{8.1}$$

也可写成 $1:M$，其中 M 为比例尺分母。M 愈大，比值愈小，比例尺就愈小。通常将 1∶1 000 000、1∶500 000 和 1∶200 000 比例尺的地形图为小比例尺地形图；1∶100 000、1∶50 000 和 1∶25 000、1∶10 000 比例尺的地形图为中比例尺地形图；1∶5000、1∶2000、1∶1000 和 1∶500 比例尺的地形图为大比例尺地形图。在工程建设中经常用到的是大比例尺地形图。

2. 图示比例尺

为了便于应用，以及减少由于图纸伸缩变形引起的误差，通常在地形图上绘制一直线线段，并用数字注记该线段上一定长度所代表地面上相应的水平距离。图 8.1 为 1∶2000 图示比例尺，以 2cm 为基本单位，最左端的一个基本单位分成 10

等份，每个基本单位代表地面上 40m 的水平距离。

3. 比例尺精度

人们用肉眼在图上能够分辨出的最小距离为 0.1mm。因此，图上 0.1mm 所代表的实地水平距离称为比例尺精度，用 ε 表示，即 $\varepsilon=0.1\times M$。根据比例尺精度，可以确定测图时测量实地距离应达到的最小距或长度。相反，当确定了要表示地物的最短距离时，可以根据比例尺精度确定测图的比例尺。如用 1∶2000 比例尺测图时，其比例尺精度为 0.2m，因此，实地测量距离只需精确到 0.2m 即可。又如，若规定图上应表示出的最短距离为 0.1m，则所采用的图纸比例尺不应小于 1∶1000。表 8.1 为几种常用的大比例尺地形图的比例尺精度。

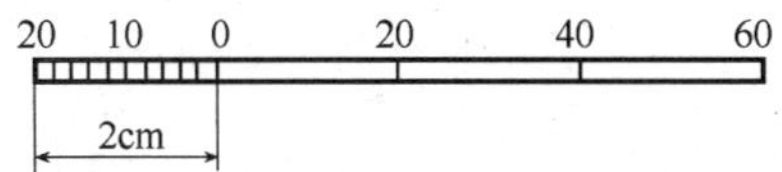

图 8.1 图示比例尺

表 8.1 比例尺精度表

比例尺 M	1∶500	1∶1000	1∶2000	1∶5000	1∶10 000
比例尺精度/m	0.05	0.1	0.2	0.5	1.0

如表 8.1 所示，比例尺越大，其表示的地形状况就越详细，精度也越高，测图所耗费的人力、财力和时间也越多。因此，采用何种比例尺，应根据实际的工程需要而定。

8.1.2 地形图图名、图号、图廓及接图表

1. 图名

图名即本图幅的名称，一般用本图幅内主要的地名、单位或行政名称命名，注记在北图廓上方中央。如图 8.2 所示，图名为李家庄。

2. 图号

为了区别各幅地形图所在的位置关系，每幅地形图上都编有图号。图号就是该图幅相应分幅方法的编号，注于图幅正上方、图名的下方。

(1) 分幅方法

大比例尺地形图大多采用矩形分幅法，它是按统一的直角坐标纵、横坐标格网线划分的。图幅大小如表 8.2 所示。而中、小比例尺地形图则按经纬度来划分，即左、右以经线为界，上、下以纬线为界，图幅形状近似梯形，故称为梯形分幅。关于梯形分幅本书不作详细介绍。如图 8.3 所示，是以 1∶5000 比例尺地形图为基础进行的矩形分幅。

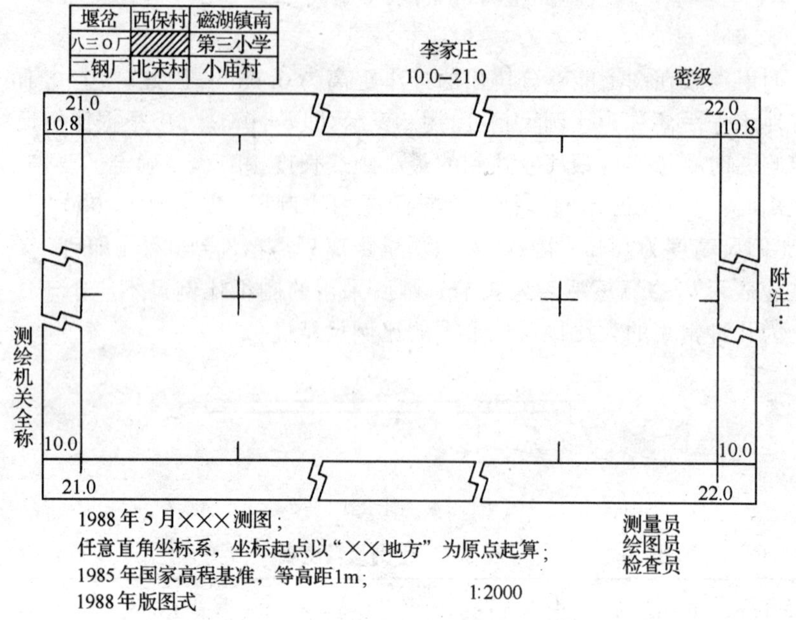

图 8.2 地形图的图框及图名形式

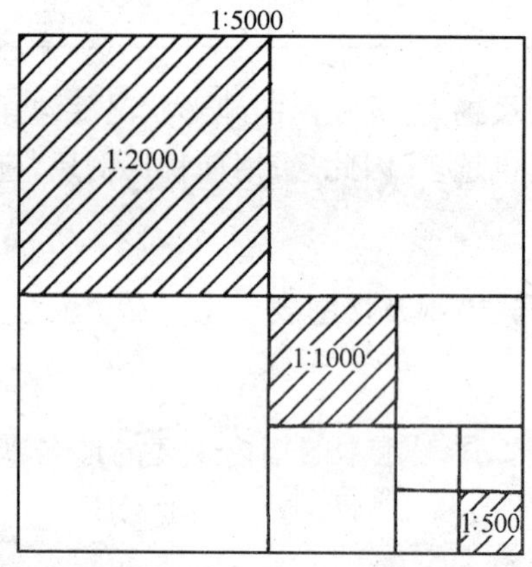

图 8.3 地形图的矩形分幅

表 8.2 矩形分幅及面积

比例尺	图幅大小 /cm×cm	实地面积 /km²	一幅 1∶5000 图包含的图幅数	每平方公里图幅数	图廓坐标值 /m
1∶5000	40×40	4	1	0.25	1000 的整数倍
1∶2000	50×50	1	4	1	1000 的整数倍
1∶1000	50×50	0.25	16	4	500 的整数倍
1∶500	50×50	0.0625	64	16	50 的整数倍

(2) 编号方法

矩形分幅的编号方法有三种。

1)坐标公里数编号。采用图幅西南角的 x 坐标和 y 坐标的公里数来编号。x 坐标在前,y 坐标在后,中间用“—”相连。比如一图幅西南角坐标为 $x=3356.0$km,$y=50.0$km,则其编号为 3356.0—50.0。编号时,1∶5000 地形图取至 1km,1∶2000、1∶1000 地形图取至 0.1km,1∶500 地形图取至 0.01km。

2)数字顺序编号。对带状测区或小面积测区,可按测区统一顺序进行编号,一般从左到右,从上到下用阿拉伯数字 1、2、3、…编定,如图 8.4(a)中的××—15(××为测区名称)。

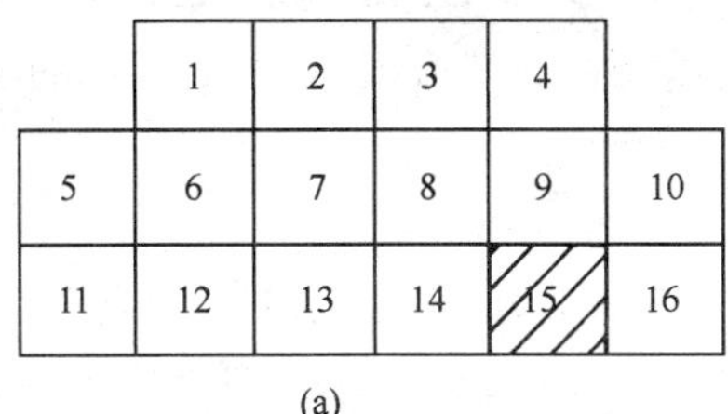

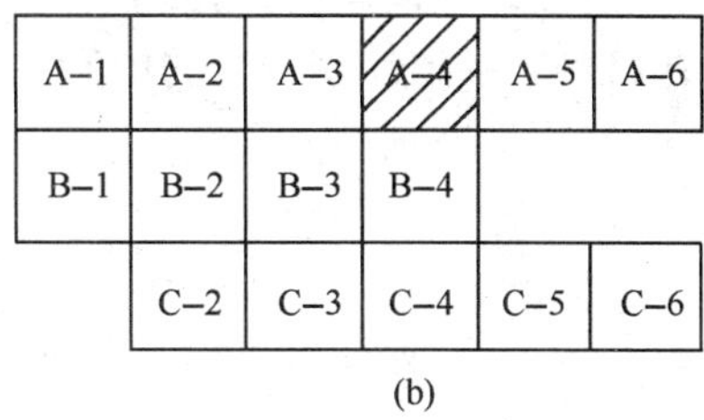

图 8.4 地形图的数字编号

3) 行列编号。行列编号一般以代号(如 A、B、C、…)为横行,由上到下排列,以阿拉伯数字为纵列,按先行后列的顺序从左到右排列编定,如图 8.4(b) 中的 A-4。

3. 图廓

图廓是地形图的边界,有内、外图廓之分。内图廓就是坐标格网线,线粗为 0.1mm,外图廓为图幅的最外边的粗线,线粗为 0.5mm,是修饰线。内、外图廓线相距 12mm。在内、外图廓线之间注记格网坐标值,如图 8.2 所示。

4. 接合图表

说明本幅图与相邻图幅的联系,供索取相邻图幅时用。通常把相邻图幅的图号标注在相邻图廓线的中部,或将相邻图幅的图名标注在图幅的左上方,如图 8.2 所示。

在地形图外还有一些其他注记,如外图廓左下角,应注记测图时间、坐标系统、高程系统、图式版本等;右下角应注明测量员、绘图员和检查员;在图幅左侧注明测绘机关全称;在右上角标注图纸的密级,如图 8.2 所示。

8.2 地形图符号

为了便于测图和读图,在地形图中常用不同的符号来表示地物和地貌的形状和大小,这些符号总称为地形图图式。《地形图图式》是由国家测绘管理机关制订,国家标准局批准并颁布实施的国家标准。

8.2.1 地物符号

根据地物大小及描绘方法的不同，地物符号可分为依比例符号、半依比例符号、非比例符号和地物注记。

1. 依比例符号

把地面上轮廓尺寸较大的地物，依形状和大小按测图比例尺缩绘到图纸上，称为依比例符号，如房屋、湖泊、道路等，参见表 8.3 中的 1～12 号及 22～25 号。

2. 半依比例符号

对一些呈带状延伸的地物，其长度可按测图比例尺缩绘，而宽度却无法按比例尺缩绘，这种长度按比例、宽度不按比例的符号，称为半依比例符号或线形符号，如通讯线路等。半依比例符号的中心线即为实际地物的中心线，如表 8.3 中的 13～21 号及 26 号。

3. 非比例符号

当地物轮廓较小，无法将其形状和大小按测图比例尺缩绘到图纸上，但这些地物又很重要，必须在图上表示出来，则不管地物的实际尺寸大小，均用特定的符号表示在图上，这类符号称为非比例符号，如三角点、水准点、独立树、消火栓等，这类符号在图上只能表示地物的中心位置，不能表示其形状和大小，如表 8.3 中的 27～40 号。

4. 地物注记

用文字、数字或特定的符号对地物加以说明或补充，称为地物注记，例如单位名称、房屋的层数、控制点的高程，地面的植被种类等。

比例符号和非比例符号并非固定不变，还要依据测图比例尺和实物轮廓的大小而定。一般来说. 测图比例尺越小. 使用的非比例符号越多；测图比例尺越大，使用的依比例尺符号越多。

8.2.2 地貌符号

在地形图上表示地貌的方法很多，而测量工作中通常用等高线表示地貌。因为用等高线表示地貌，不仅能表示地面的起伏状态，而且还能表示出地面的坡度和地面点的高程。

1. 等高线

等高线是地面上高程相同的相邻点所连成的闭合曲线。如图 8.5 所示，设有一座小山全部被湖水淹没时的水面高程为 100m，然后水位下降 5m，水面与小山相交形成的水涯线为一闭合曲线，曲线上各点的高程相等，这就是 95m 等高线。当水面每下降 5m，可分别得出 90m、85m、…一系列的等高线。如果将这些等高线垂直投影到水平面 H 上，并按一定的比例缩绘到图纸上，就将小山用等高线表示在地形图上。因此，地形图上的等高线比较客观地反映了地面高低起伏变化形态，同时具有可度量性。

表 8.3 地物符号

编号	符号名称	图例	编号	符号名称	图例
1	坚固房屋 4-房屋层数	坚4　1.5	11	灌木林	0.5　1.0
2	普通房屋 2-房屋层数	2　1.5	12	菜　地	2.0　2.0　10.0　10.0
3	窑　　洞 1. 住人的 2. 不住人的 3. 地面下的	1　2.5　2　3	13	高压线	4.0
4	台阶	0.5　0.5　0.6	14	低压线	4.0
5	花　　圃	1.5　1.5　10.0　10.0	15	电　　杆	1.0
6	草　　地	1.5　0.8　10.0　10.0	16	电线架	
7	经济作物地	0.8　3.0　蔗　10.0　10.0	17 18	砖、石及混凝土围墙 土围墙	10.0　0.5　10.0　0.3　10.0　0.5
8	水生经济作物地	3.0　藕　0.5	19	栅栏、栏杆	1.0　10.0
9	水稻田	0.2　2.0　10.0　10.0	20	篱　笆	1.0　10.0
10	旱　　地	1.0　2.0　10.0　10.0	21	活树篱笆	3.5　0.5　10.0　1.0　0.8
			22	沟　　渠 1. 有堤岸的 2. 一般的 3. 有沟堑的	1　2　0.3　3

续表

编号	符号名称	图例
23	公　　路	0.3 沥 砾 0.3
24	简易公路	8.0 2.0
25	大车路	0.15 碎石 0.3
26	小　　路	0.3 4.0 1.0
27	三角点 凤凰山-点名 394.488-高程	凤凰山 394.468 3.0
28	图根点 1. 埋石的 2. 不埋石的	1 2.0 N16 84.46 2 1.5 25 62.74 2.5
29	水准点	2.0 Ⅱ京石5 32.804
30	旗杆	1.5 4.0 1.0 1.0
31	水　　塔	2.0 3.0 1.0 1.2
32	烟　　囱	3.5 1.0
33	气象站(台)	3.0 4.0 1.2
34	消火栓	1.5 1.5 2.0
35	阀　　门	1.5 1.5 2.0
36	水龙头	3.5 2.0 1.2

编号	符号名称	图例
37	钻　孔	3.0 1.0
38	路　灯	1.5 1.0
39	独立树 1. 阔叶 2. 针叶	1.5 1 3.0 0.7 2 3.0 0.7
40	岗亭、岗楼	90° 3.0 1.5
41	等高线 1. 首曲线 2. 计曲线 3. 间曲线	0.15 87 1 0.3 85 2 0.15 6.0 1.0 3
42	示坡线	0.8
43	高程点及 其注记	0.5 163.2 75.4
44	滑　　坡	
45	陡　　崖 1. 土质的 2. 石质的	1 2
46	冲　　沟	

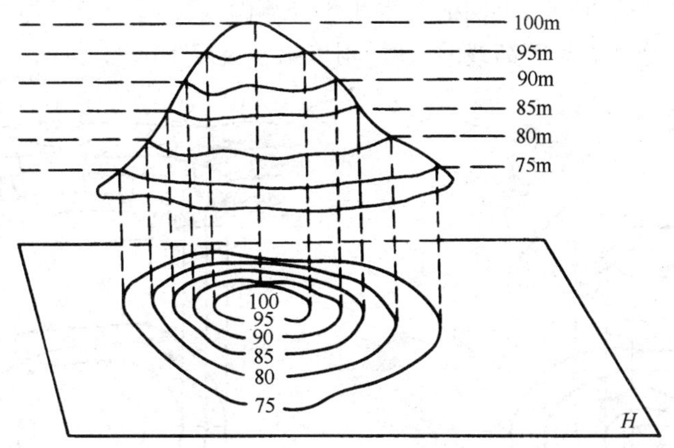

图 8.5　等高线的表示

2. 等高距和等高线平距

相邻等高线之间的高差，称为等高距，用 h 表示。相邻等高线之间的水平距离，称为等高线平距，用 d 表示。地面的坡度 i 可以写成

$$i = \frac{h}{d \times M} \tag{8.2}$$

式中：M——地形图的比例尺分母。

由于在同一幅地形图内等高距是相同的，所以式(8.2)表明：i 与 d 成反比，即在地形图上等高线越密集，表示地面坡度越大，等高线越稀疏，地面坡度越小。地形图上等高距的选定，取决于地形的类别和测图比例尺，只有合理地选择等高距，才能既保证图面的清晰、准确，又不致于增加图面负载量，等高距的选用可参照表 8.4。

表 8.4　地形图的基本等高距(m)

地形类别	比例尺			
	1∶500	1∶1000	1∶2000	1∶5000
平地	0.5	0.5	1	2
丘陵地	0.5	1	2	5
山地	1	1	2	5
高山地	1	2	2	5

3. 典型地貌的等高线

地貌的形态多种多样，但仔细分析后，就会发现它们是由几种典型的地貌综合而成的。了解和熟悉这些典型地貌的特征，将有助于识图、用图和测图。

(1) 山头和洼地

山头的等高线特征如图 8.6(a)所示，里圈的高程大于外圈的高程。洼地的等

高线特征如图 8.6(b)所示,里圈的高程小于外圈的高程,也可用示坡线表示山头和洼地。示坡线是垂直于等高线的短线,用以指示坡度下降的方向。

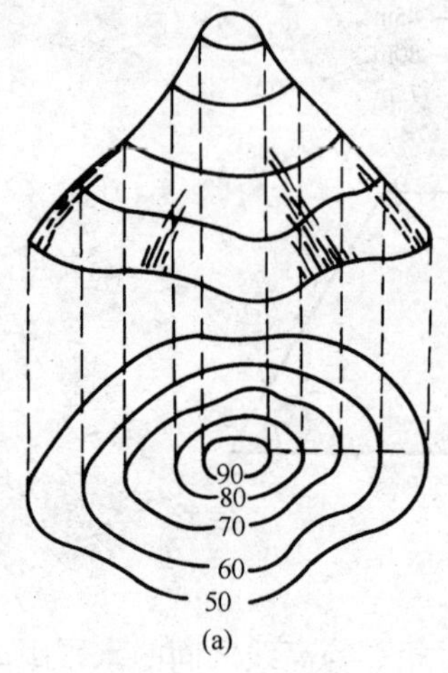

(a)

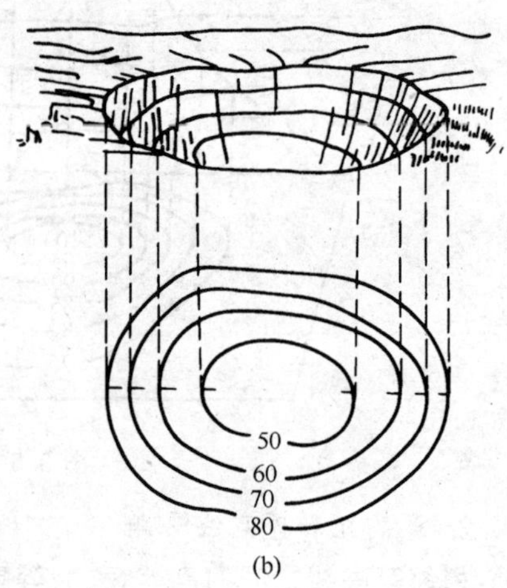

(b)

图 8.6　山头和洼地的等高线

(2) 山脊和山谷

山脊是沿着一个方向延伸的高地,山脊的最高棱线称为山脊线。山脊的等高线为一组凸向低处的曲线图 8.7(a)。山谷是沿着一个方向延伸的洼地,贯穿山谷最低点的连线称为山谷线。山谷的等高线为一组凸向高处的曲线,参见图 8.7(b)。

山脊上的雨水会以山脊线为分界线而流向山脊的两侧,因此,山脊线又称为分水线。在山谷中,雨水必然由两侧山坡流向谷底,然后沿山谷线汇集,因此山谷线又称为集水线。

(3) 鞍部

鞍部是相邻两山头之间呈马鞍形的低凹部位(图 8.8 中的 S)。鞍部的等高线是由两组相对的山脊和山谷等高线组成,即在一圈大的闭合曲线内,套有两组小的闭合曲线。

(4) 陡崖和悬崖

陡崖是坡度在 70°以上的陡峭崖壁,有石质和土质之分。图 8.9(a)是石质陡崖的表示符号。悬崖是上部突出,下部凹进的陡崖,这种地貌的等高线如图 8.9(b)所示,等高线出现相交。俯视时隐蔽的等高线用虚线表示。

此外,还有一些特殊地貌,如冲沟、雨裂、滑坡、崩坍等,其表示方法参见地形图图式。

4. 等高线分类

等高线可分为首曲线、计曲线、间曲线和助曲线。

(1) 首曲线

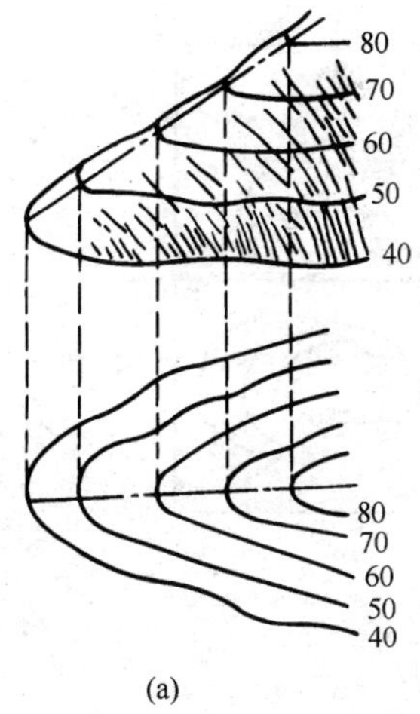

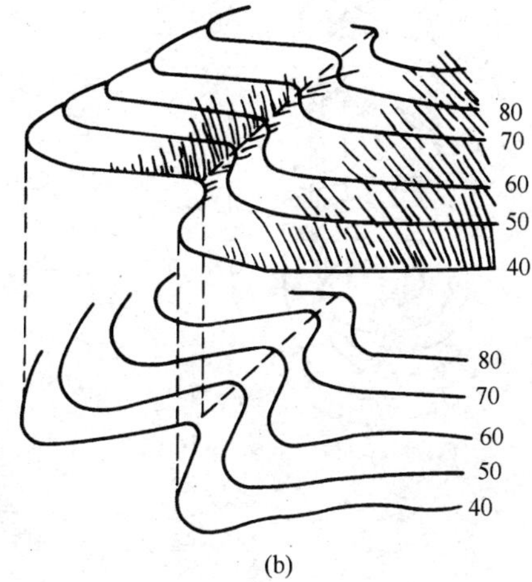

图 8.7 山脊和山谷的等高线

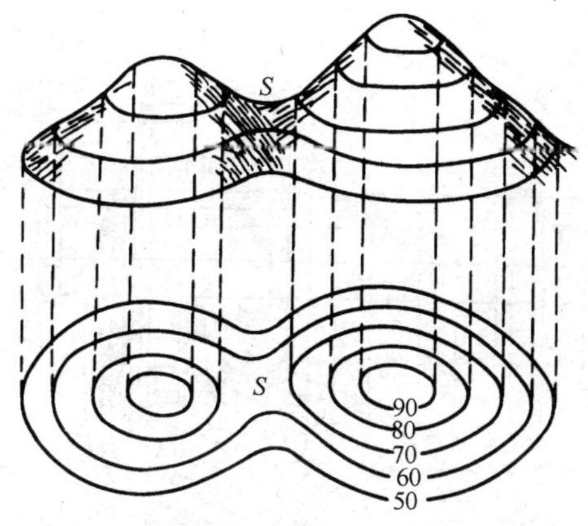

图 8.8 鞍部的等高线

在同一幅地形图上，按基本等高距描绘的等高线，称为首曲线，又称基本等高线。用 0.15mm 的细实线绘出，如图 8.10 中 98m、102m、104m、106m、108m 的等高线。

(2) 计曲线

为了读图方便，每隔四条基本等高线，或凡高程能被 5 整除且加粗描绘的基本等高线称为计曲线。用粗实线绘出，如图 8.10 中 100m 等高线。

(3) 间曲线

为了显示首曲线不便于表示的地貌，按 1/2 基本等高距描绘的等高线，称为间曲线，用长虚线表示，如图 8.10 中高程为 101m、107m 的等高线。

(4) 助曲线

有时为了显示局部地貌的变化，按 1/4 基本等高距描绘的等高线，称为助曲

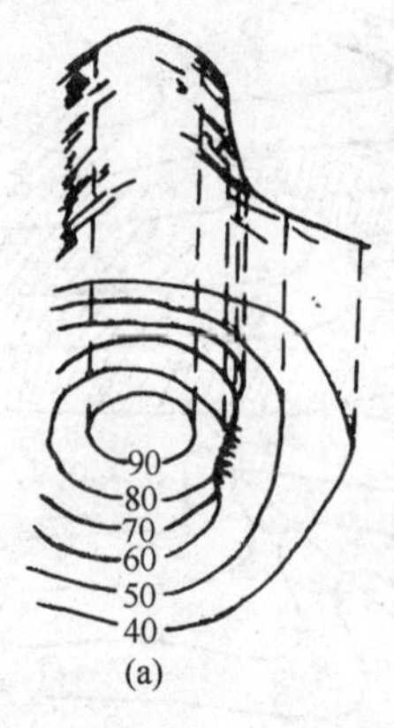

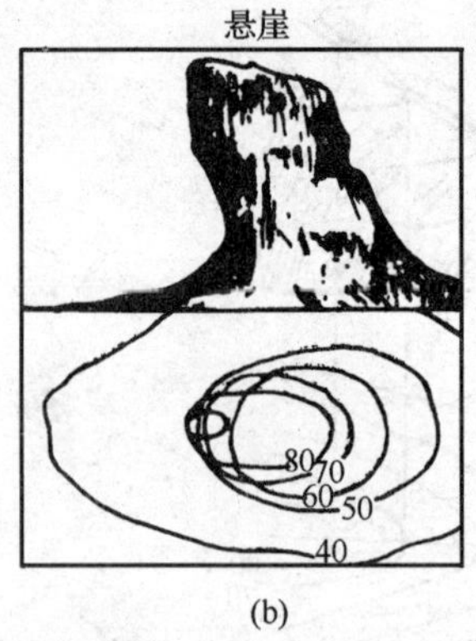

图 8.9　陡崖和悬崖的等高线

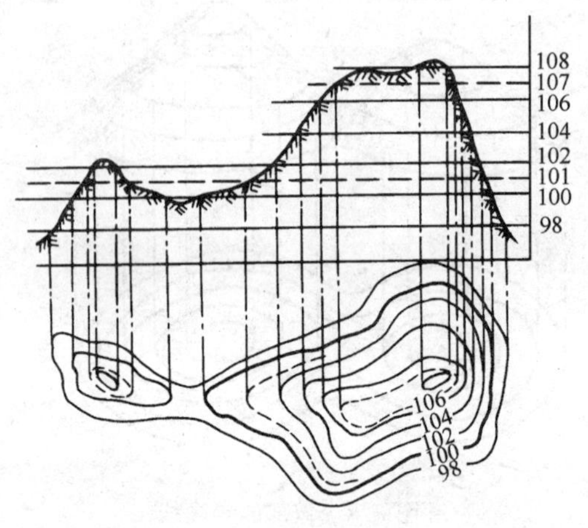

图 8.10　等高线的分类

线，用短虚线表示。

5. 等高线的特性

1）同一条等高线上各点的高程相等，但高程相等的点不一定在同一条等高线上。

2）等高线是闭合曲线，如不在本幅图内闭合，则必在相邻的其他图幅内闭合。

3）等高线只有在悬崖或绝壁处才会重合和相交。

4）等高线平距与地面坡度成反比。

5）等高线与山脊线、山谷线成正交，如图 8.11 所示。

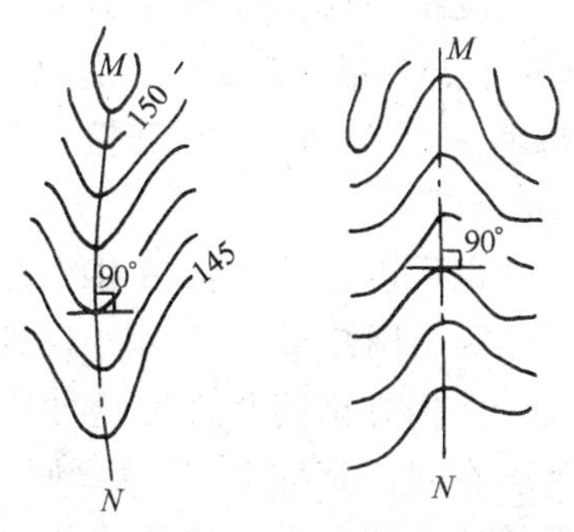

图 8.11 等高线与地性线的相交

8.3 地形图测绘的基本原理与方法

地形图测绘是在控制测量工作之后,以控制点为测站,测定其周围的地物、地貌的特征点的平面位置和高程,并按测图比例尺缩绘在图纸上,然后根据地形图图式规定的符号,勾绘出地物地貌的位置、形状和大小,形成地形图。测绘地形图的方法很多,如经纬仪测绘法、小平板仪与经纬仪联合测绘法,大平板仪测绘法、摄影测量及全站式电子平板测图等。下面主要介绍用经纬仪测绘法测绘大比例尺地形图。

8.3.1 测图前的准备工作

测图前应整理本测区的控制点成果及测区内可利用的资料,勾绘出测图范围。制订好工作计划和测量方案及技术要求等,组织安排好测绘人员,对测图用的仪器应进行检验与校正,其他必要的测量工具应准备齐全。

除此以外,还应着重做好测图板的准备工作。它包括图纸的准备,绘制坐标方格网及展绘控制点等工作。

1. 图纸准备

对于临时性测图,应选择质地较好的白图纸,并将图纸直接固定在图板上进行测绘。对于需要长期保存的地形图,一般选用打毛的无色透明的聚酯薄膜代替图纸。聚酯薄膜厚度为0.07～0.10mm,它具有透明度好、伸缩性小、不怕潮湿、经久耐用等优点。如果表面不清洁,还可用清水或淡肥皂水洗涤,并可直接在底图上着墨,复晒蓝图。但聚酯薄膜有易燃、易折等缺点,在使用保管过程中应注意防火、防折。

2. 绘制坐标格网

为了准确地将控制点展绘在图纸上,首先要在图纸上精确地绘制10cm×10cm的直角坐标方格网。绘制坐标方格网常用对角线法、格网尺法和绘图仪法。

如图8.12所示,先沿图纸的四个角画出两条对角线,以其交点O起,在对角

线上量取 OA、OB、OC、OD 四段相等的长度得 A、B、C、D 四点，用直线连接各点，得矩形 $ABCD$。再从 A、B 两点起各沿 AD、BC 方向每隔 10cm 截取一点，从 A、D 两点起各沿 AB、DC 方向每隔 10cm 截取一点，连接各对应边的相应点，即得坐标方格网。

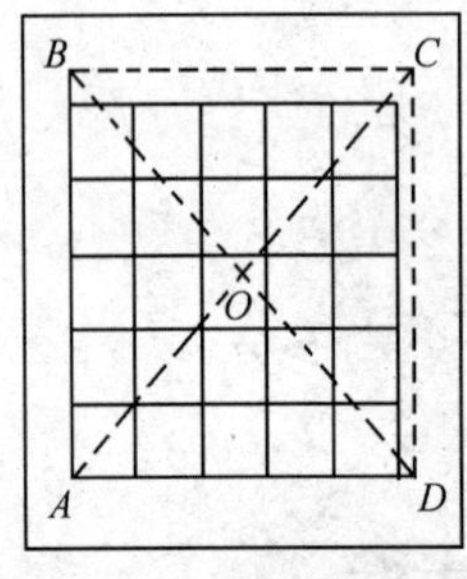

图 8.12 对角线法

也可以在计算机中用绘图软件如 AutoCAD 等编辑好坐标格网图形，然后用绘图仪输出在图纸上。

坐标方格网画好后，要用直尺检查各方格网的交点是否在同一直线上，其偏离值不应超过 0.2mm。用比例尺检查 10cm 小方格的边长与其理论值相差不应超过 0.2mm；小方格对角线长度(14.14cm)误差不应超过 0.3mm。如超过限差，应重新绘制。

3. 展绘控制点

展点前，先按图的分幅位置，将坐标格网线的坐标值注在相应方格网边线的外侧(图 8.13)。展点时，首先根据控制点的坐标，确定所在的方格。如控制点 A 的坐标 $x_A=647.43\text{m}$，$y_A=634.52\text{m}$，由其坐标可知 A 点的位置在 $plmn$ 方格内。再按 y 坐标值分别从 l、p 点按测图比例尺向右各量 34.52m，得 a、b 两点。同法，从 p、n 点向上各量 47.43m，得 c、d 两点。连接 a、b 和 c、d，其交点即为 A 点的位置。同法将图幅内其余控制点展绘在图纸上。控制点展好后，应进行校核。方法是用比例尺量出各相邻控制点之间的长度，与坐标反算长度比较，其差值不应超过图上 0.3mm。检查无误后，按《地形图图式》的规定将各点的点号和高程标注在图上相应的位置。

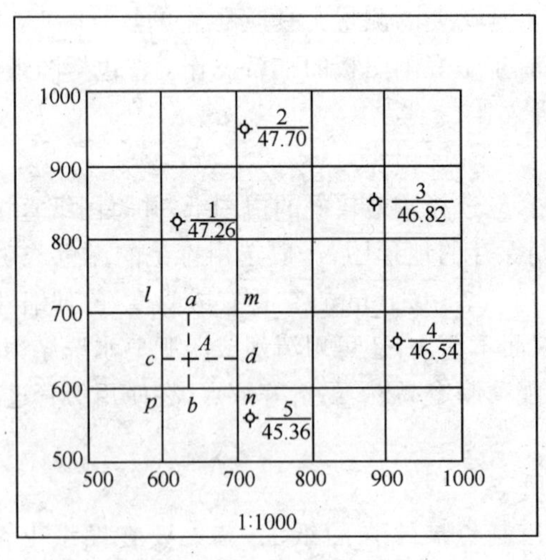

图 8.13 控制点的展绘

8.3.2 经纬仪测图

1. 碎部点的选择

碎部点指地物、地貌的特征点。碎部点的正确选择是保证成图质量和提高测图效率的关键。碎部点应选在地物和地貌的特征点上。

(1) 地物的特征点

地物的特征点指决定地物形状的地物轮廓线上的转折点、交叉点、弯曲点及独立地物的中心点等,如房角点、道路转折点、交叉点、河岸线转弯点、窨井中心点等。连接这些特征点,便可得到与实地相似的地物形状。一般规定主要地物凸凹部分在图上大于 0.4mm 均应表示出来。在地形图上小于 0.4mm.可以用直线连接。

(2) 地貌的特征点

对于地貌来说,碎部点应选择在最能反映地貌特征的山脊线、山谷线等地性线上,如山顶、鞍部、山脊、山脚、谷底、谷口、沟底、沟口、洼地、河川湖池岸旁等的坡度和方向变化处,如图 8.14 所示。根据这些特征点的高程勾绘等高线,即可将地貌在图上表示出来。为了能真实地表示实地情况,在地面平坦或坡度无明显变化的地区,碎部点的间距和测碎部点的最大视距,应符合表 8.5 的规定,城市建筑区的最大视距,见表 8.6。

表 8.5 一般地区碎部点测量的技术要求

测图比例尺	地形点最大间距/m	最大视距/m	
		主要地物点	次要地物点和地形点
1∶500	15	60	100
1∶1000	30	100	150
1∶2000	50	180	250
1∶5000	100	300	350

表 8.6 城市区碎部点测量的技术要求

测图比例尺	最大视距/m	
	主要地物点	次要地物点和地形点
1∶500	50(量距)	70
1∶1000	80	120
1∶2000	120	200

2. 一个测站上的测绘工作

经纬仪测图法就是将经纬仪安置在测站上，绘图板安置于测站旁，用经纬仪测定碎部点的方向与已知方向之间的夹角，再用视距测量方法测出测站点至碎部点的平距及碎部点的高程。根据测定数据，用量角器和比例尺把碎部点的平面位置展绘在图纸上，并在点的右侧注明其高程，再对照实地描绘地形。一个测站上的测绘工作步骤如下：

(1) 安置仪器

如图 8.15 所示，将经纬仪安置在测站点 A 上，对中、整平，量取仪器高度 i。

图 8.14 地形地貌特征

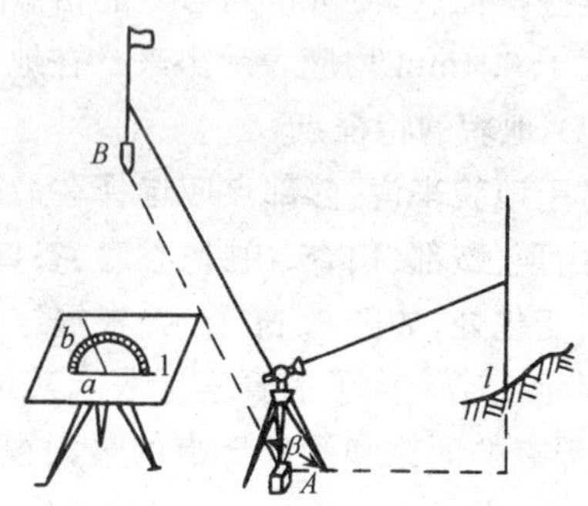

图 8.15 经纬仪小平板的安置

(2) 定向

用经纬仪盘左位置瞄准另一控制点 B，设置水平度盘读数为 0°00′00″。B 点称为后视点，AB 方向称为起始方向或后视方向。将小平板安置在测站附近，使图纸上控制边方向与地面上相应控制边方向大致一致。连接图上相应控制点 a、b，并适当延长 ab 线，ab 即为图上起始方向线。然后用小针通过量角器圆心的小孔插在 a 点，使量角器圆心固定在 a 点上。

(3) 立尺

在立尺之前，立尺员应根据实地情况及本测站实测范围，按照“概括全貌、点少、能检核”的原则选定立尺点，并与观测员、绘图员共同商定跑尺路线。然后依次将视距尺立在地物、地貌的特征点上。

(4)观测

观测员转动经纬仪照准部，瞄准 1 点视距尺，读视距读数 l、中丝读数 ν、竖盘读数及水平角 β。同法观测 2、3、…各点。

(5) 记录与计算

将测得的视距读数、中丝读数、竖盘读数及水平角依次填入地形碎部测量手簿(表 8.7)。根据测得数据按视距测量计算公式计算水平距离 D 和高程 H。对特殊的碎部点，如道路交叉口、山顶、鞍部等，还应在备注中加以说明。

表 8.7 地形碎部点测量手簿

测站点:A　　后视点:B　　$i_A=1.46\text{m}$　　指标差 $x=0$

测站高程:$H_A=56.43\text{m}$

点号	视距读数 /m	中丝读数 /m	竖盘读数 /(° ′)	竖直角 /(° ′)	高差 /m	水平角 /(° ′)	平距 /m	高程 /m	备注
1	28	1.460	93 28	−3 28	−1.70	114 00	28.00	54.73	山脚
2	41.4	1.460	74 26	15 34	10.70	129 25	38. 42	67.13	山顶
…									

(6) 展绘碎部点

转动量角器,将量角器上等于 β 角值(碎部点 1 为 114°00′)的刻划线对准起始方向线 ab,如图 8.16 所示。此时量角器的零方向便是碎部点 1 的方向。然后在零方向线上,根据测图比例尺按所测的水平距离定出点 1 的位置,并在点的右侧注明其高程。同法,将其余各碎部点的平面位置及高程绘于图上。

为了检查测图质量,仪器搬到下一站时,应先观测前站所测的某些明显碎部点,以检查由两站测得该点的平面位置和高程是否相符。如相差较大,则应查明原因,纠正错误,再继续进行测绘。

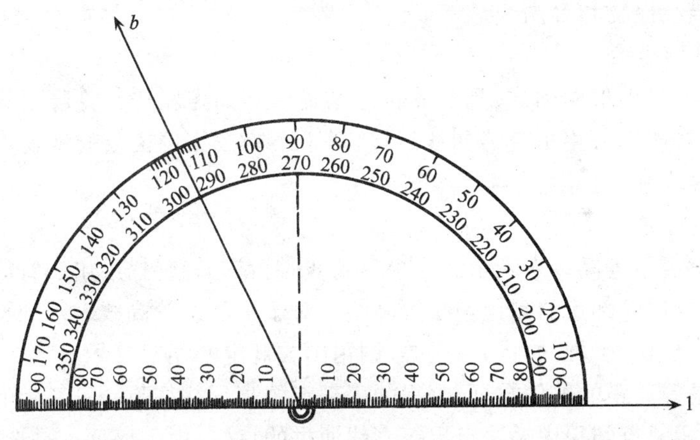

图 8.16 量角器展点

3. 增补测站点

在地形图测绘过程中应充分利用已布设测定的控制点和图根点。当图根点的密度不够时,可在现场采用支导线法增补测站点,以满足测图的需要。

如图 8.17 所示,从图根控制点 A 测定支导线点 1。其施测方法是:在 A 点用经纬仪一测回测定 AB 与 $A1$ 之间的水平夹角 β;用视距(或量距、光电测距仪测距)测量水平距离 D_{A1};用三角高程方法测量高差 h_{A1};将仪器搬到 1 点之后,用同样的方法返测水平距离 D_{1A}和高差 h_{1A}。若往返距离测量的相对误差不大于1/200,

往返高差测量的较差不超过 1/7 基本等高距，则取往返距离和高差的平均值，作为施测成果，依此求出 1 点的高程，然后将支导线点 1 展绘于图纸上，即可作为增补的测站点使用。

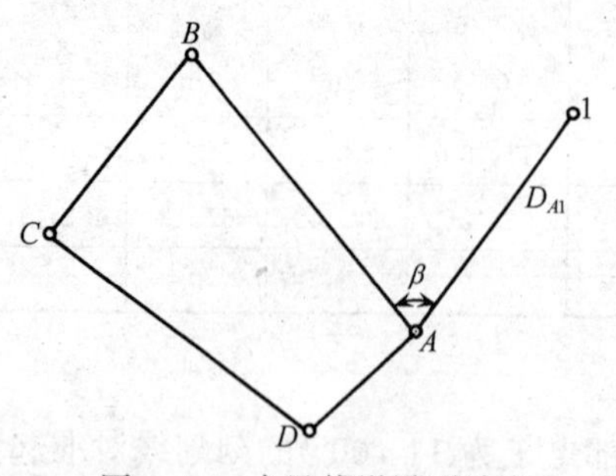

图 8.17　支导线增设测站点

4. 碎部测量的注意事项

(1) 测图过程中，每观测 20～30 个碎部点后，应检查起始方向变化情况。起始方向度盘读数偏差不得超过 4′。

(2) 立尺人员应将视距尺竖直，并随时观察立尺点周围的情况，弄清碎部点之间的关系，地形复杂时还需绘出草图，以协助绘图人员做好绘图工作。

(3) 绘图人员要注意图面正确、整洁、注记清晰，并做到边测点，边展绘，边检查。

(4) 当该站工作结束时，应检查有无漏测、测错，并将图面上的地物、地貌与实地对照，及时发现问题，予以纠正。

5. 地物、地貌的描绘

地物、地貌的描绘一般在测图现场进行，在碎部点展绘到图纸上后，即可对照实地随时描绘地物和等高线。

(1) 地物描绘

地物要按《地形图图式》规定的符号来描绘。如房屋按其轮廓用直线连接；道路、河流的弯曲部分用平滑的曲线连接；对于不能按比例描绘的地物，应按规定的非比例符号表示。

(2) 地貌描绘

地貌主要用等高线来表示。勾绘等高线时，首先轻轻描绘出山脊线、山谷线等地性线，再根据碎部点的高程勾绘等高线。对于不能用等高线表示的特殊地貌，如悬崖、峭壁、土坎、土堆、冲沟、雨裂等，则用图式规定的相应符号表示。由于各等高线的高程是等高距的整倍数，而测得的碎部点的高程往往不是等高距的整倍数，因此，必须在相邻点间用内插法定出等高线通过的点位。由于碎部点是选在地面坡度变化处，相邻两点间可视为均匀坡度。因此可以在图上两相邻碎部点的连线上，按平距与高差成比例的关系，定出两点间各条等高线通过的位置。

如图 8.18 所示，地面上两碎部点 A、C 的高程分别为 207.4m 和 202.8m。若等高距为 1m，则其间有高程为 203m、204m、205m、206m 及 207m 五条等高线通过。根据平距与高差成比例的原理，便可定出它们在图上的位置。先按比例关系目估定出高程为 203m 的点 m 和高程为 207m 的点 q，然后将 mq 的距离四等分，定出高程为 204m、205m、206m 的 n、o、p 点。同法定出其他相邻两碎部点间等高线应通过的位置。将高程相等的相邻点连成光滑的曲线，即为等高线，如图 8.19 所示。

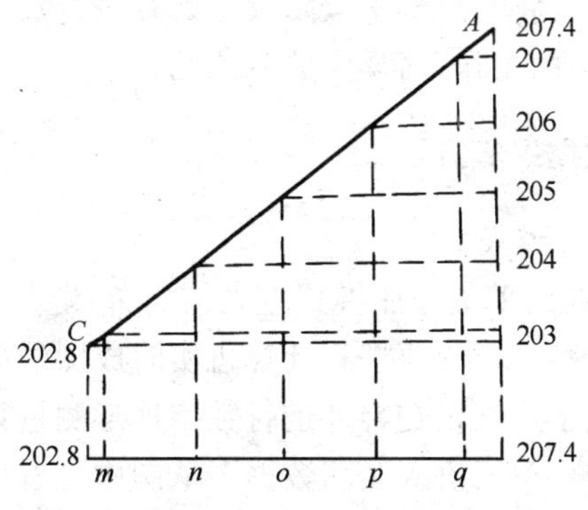

图 8.18　高程插值

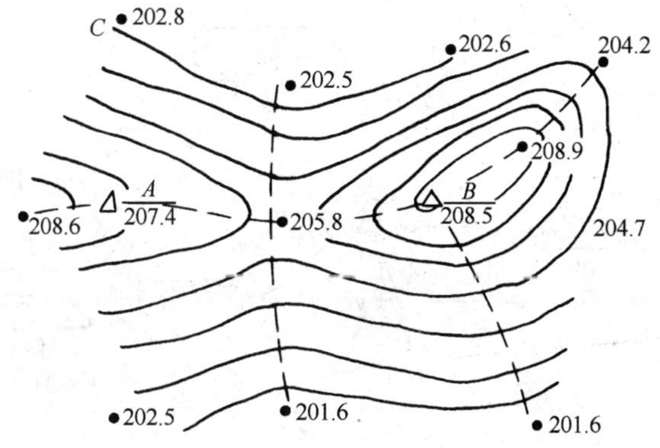

图 8.19　等高线的勾绘

勾绘等高线时，要对照实地情况，先画计曲线，后画首曲线，并注意等高线通过山脊线、山谷线的走向。地形图等高距应根据比例尺的大小和地面起伏情况选定。

8.4　数字测图

8.4.1　概述

数字测图是近20年发展起来的一种全新的测绘地形图方法。仅从地形测绘来说，数字测图是利用电子全站仪或其他测量仪器进行野外数据采集，并将采集到的地形数据传输到计算机，并由功能齐全的成图软件进行数据处理、成图显示，再经过编辑、修改，生成符合国标的地形图，并用数控绘图仪或打印机完成地形图和相关数据的输出。

数字测图技术利用计算机辅助绘图，减轻测绘人员的劳动强度，保证地形图绘制质量，提高绘图效率，为工程设计人员进行计算机辅助设计(CAD)提供数字化的地形资料。因此，通常将利用电子全站仪在野外进行数字化地形数据采集，并机助绘制大比例尺地形图的工作，简称为数字测图。

8.4.2 野外数字化数据采集方法

1. *数据采集的作业模式*

数字测图的野外数据采集作业模式主要有野外测量记录，室内计算机成图的数字测记模式和野外数字采集，便携式计算机实时成图的电子平板测绘模式。

图 8.20 为利用电子全站仪在野外进行数字地形测量数据采集的示意图，也可采用普通测量仪器施测，手工键入实测数据。从图中可看出，其数据采集的原理与普通测量方法类似，所不同的是全站仪不但可测出碎部点至已知点间的距离和角度，而且还可直接测算出碎部点的坐标，并自动记录。

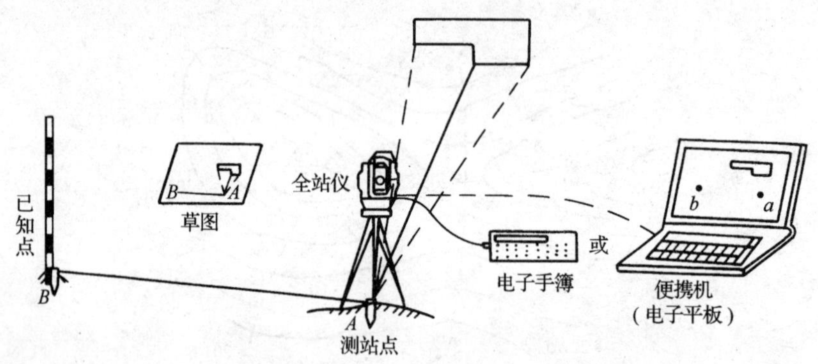

图 8.20　全站仪野外数字化测图

为使绘图人员或计算机能够识别所采集的数据，便于对其进行处理和加工，必须对仪器实测的每一个碎部点给予一个确定的地形信息编码。地形信息编码就是将地形图要素进行分类，并按一定的规则进行编码，使得计算机绘图软件可以自动进行识别，并绘制出相应的符号或形状。如在国家规范《1∶500 1∶1000 1∶2000 地形图要素分类与代码》中，一级导线点的代码为 1151，一般房屋的代码为 211。

2. *碎部测量的步骤*

(1) 测图准备工作

野外数字化测图前，必须按规范检验所使用的测量仪器，如电子全站仪的轴系关系是否满足要求；水平角、竖直角和距离测量的精度是否小于限差；光学对中器(激光对中器)及各种螺旋是否正常；反射棱镜常数的测定和设置等。还需要安装、调试好所使用的电子手簿(或便携机)及数字化测图软件，并通过数据接口传输或按菜单提示键盘输入图根控制点的点号、平面坐标(x、y)和高程(H)。

(2) 测站设置与检核

将电子全站仪安置在测站点上，经对中、整平后量取仪器高；连接电子手簿或便携式计算机，启动野外数据采集软件，按菜单提示键盘输入测站信息。如测站点点号、后视点点号、检核点点号及测站仪器高等。根据所输入的点号即可提取相应控制点的坐标，并反算出后视方向的坐标方位角，以此角值设定全站仪的水平度盘起始读数。然后用全站仪瞄准检核点反光镜，测量水平角、竖直角及距离，输入反光镜高度，即可自动算出检核点的三维坐标，并与该点已知信息进行比较，若检核不通过则不能继续进行碎部测量。

(3) 碎部点的数据采集

数字化测图野外数据采集的方式可根据实测条件和测区具体情况来选择，主要有下列四种：极坐标法、勘丈支距法、距离交会法和方向交会法。

1) 极坐标法。极坐标法即传统测图方法中的经纬仪单点测绘法，特别适用于大范围开阔地区的碎部点测定工作。在实际野外作业时，完成好测站设置和检核后，即可用全站仪瞄准选定的碎部点反光镜，使全站仪处于测量状态，同时按照电子手簿或便携机的菜单提示输入碎部点信息，如反光镜高度 ν(多数可设置成默认值)和碎部点地形信息编码等，并用全站仪测量其水平角(实测角值即为测站点至待测碎部点间的坐标方位角)、竖直角和距离。经过测图软件的自动处理，即可迅速算出待测点的三维坐标，以数据文件的形式存储或在便携机屏幕上显示点位。其原理如图 8.21 所示，测站点 A，后视点 B，待测碎部点为 P，实测坐标方位角 α_{AP}、竖直角 α、水平距离 D，仪器高 i，目标高 ν，则算得 P 点的三维坐标为(x_P，y_P，H_P)。

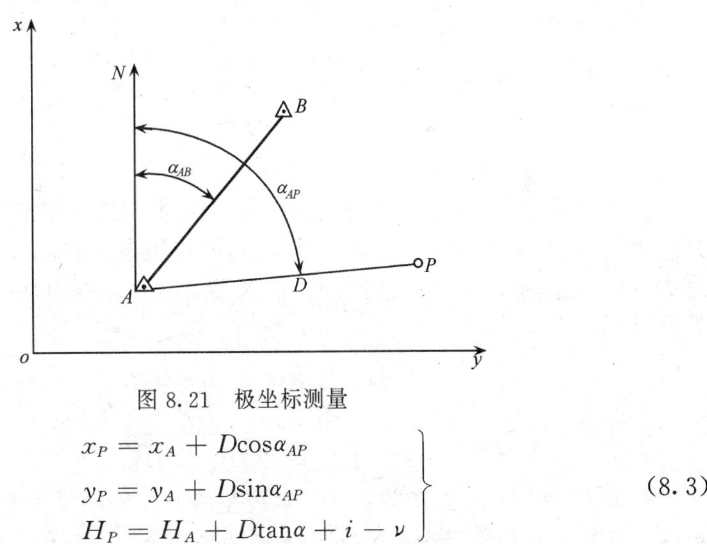

图 8.21　极坐标测量

$$\left.\begin{aligned} x_P &= x_A + D\cos\alpha_{AP} \\ y_P &= y_A + D\sin\alpha_{AP} \\ H_P &= H_A + D\tan\alpha + i - \nu \end{aligned}\right\} \tag{8.3}$$

2) 勘丈支距法。勘丈支距法主要用于隐蔽狭小的街坊等城市建筑区的碎部测量工作。数字测图软件的设计，考虑到待测点的多样性，可采用在已知或已测直线的基础上用勘丈距离值垂直支距(即直角坐标法)；或给出角度、水平距离进行支距定点；亦可在已测直线上实现内外分点，再用勘丈数据支距定点。

勘丈支距法的点位测算原理如图 8.22 所示，假设测点 A、B 的坐标已知，距离为 D_{AB}，野外勘丈 A 点至待定点 P 的水平距离为 D_{AP}，若 P 点在 AB 直线的反向延长线上，即图中 P' 点，应取 D_{AP} 为负值。

P 点的坐标为

$$\left.\begin{aligned} x_P &= x_A + \frac{D_{AP}(x_B - x_A)}{D_{AB}} \\ y_P &= y_A + \frac{D_{AP}(y_B - y_A)}{D_{AB}} \end{aligned}\right\} \tag{8.4}$$

若在 P 点基础上，勘丈了至 K 点的平距 D_{PK}，且 PK 直线与 AB 直线垂直，K 点在 AB 直线的右侧，见图 8.22，即可用直角坐标法求出 K 点坐标为

$$\left.\begin{aligned} x_K &= x_P + \frac{D_{PK}(y_B - y_A)}{D_{AB}} \\ y_K &= y_P + \frac{D_{PK}(x_B - x_A)}{D_{AB}} \end{aligned}\right\} \tag{8.5}$$

如果 K 点在 AB 直线的左侧，则取 D_{PK} 为负值。

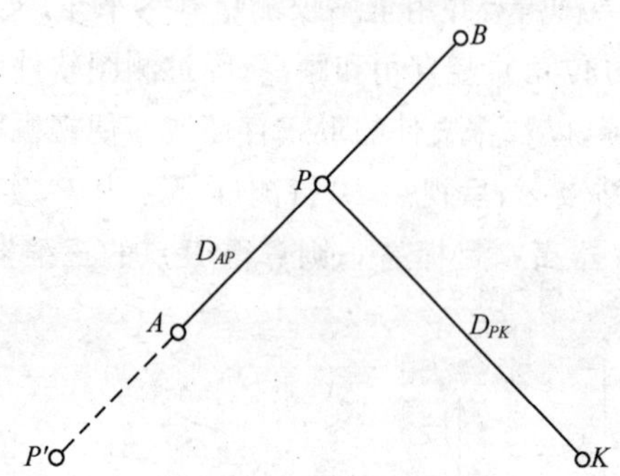

图 8.22　勘丈支距法定点原理

3) 距离交会法。距离交会法也是数字化地形图测量中测定碎部点位置的常用方法之一。如图 8.23 所示，A、B 为已知点，两点距离为 D_{AB}；K 为待测点，勘丈距离为 D_{AK} 和 D_{BK}，可交出 K 点。计算时，过 K 点作 AB 直线的垂线，垂足为 P 点，即可算得

$$D_{AP} = \frac{D_{AK}^2 + D_{AB}^2 + D_{BK}^2}{2D_{AB}} \tag{8.6}$$

$$D_{PK} = \sqrt{D_{AK}^2 - D_{AP}^2} \tag{8.7}$$

求出 D_{AP} 和 D_{PK}，若 K 点在 AB 直线左侧，应取 D_{PK} 为负值。然后代入(8.4)式和(8.5)式，由直角坐标法求出待测点 K 的坐标，即

$$\left.\begin{aligned} x_K &= x_A + \frac{D_{AP}(x_B - x_A)}{D_{AB}} - \frac{D_{PK}(y_B - y_A)}{D_{AB}} \\ y_K &= y_A + \frac{D_{AP}(y_B - y_A)}{D_{AB}} - \frac{D_{PK}(x_B - x_A)}{D_{AB}} \end{aligned}\right\} \tag{8.8}$$

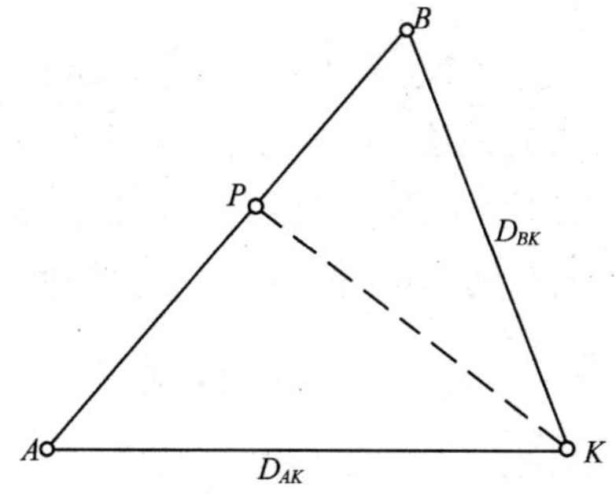

图 8.23　距离交会法定点原理

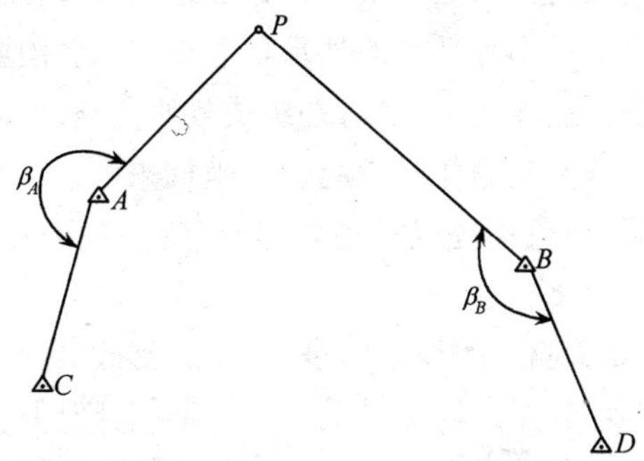

图 8.24　方向交会法定点原理

4）方向交会法。方向交会法的原理与前方交会法类似，如图 8.24 所示。若已知点至待定点 P 的距离无法直接测定时，可利用 A、B、C、D 四个已知坐标点（或仅有 A、B 两点亦可），在 A、B 两点上安置仪器，分别以 C、D 为起始方向（或 A、B 互为起始方向），瞄准 P 点，测出 β_A 和 β_B 两个水平角，则两条方向线即可交出 P 点位置。P 点坐标计算公式如下：

$$\left.\begin{aligned} x_P &= \frac{y_B - y_A + x_A\tan\alpha_{AP} - x_B\tan\alpha_{BP}}{\tan\alpha_{AP} - \tan\alpha_{BP}} \\ y_P &= y_A + (x_P - x_A)\tan\alpha_{AP} \end{aligned}\right\} \tag{8.9}$$

式中两条交会方向线的坐标方位角为

$$\alpha_{AP} = \alpha_{AC} + \beta_A$$
$$\alpha_{BP} = \alpha_{BD} + \beta_B$$

当 $\alpha_{AP}=90°$时，则

$$\left.\begin{aligned} x_P &= x_A \\ y_P &= y_B + (x_A - x_B)\tan\alpha_{BP} \end{aligned}\right\} \tag{8.10}$$

当 $\alpha_{BP}=270°$时，则

$$\left.\begin{aligned} x_P &= x_B \\ y_P &= y_A + (x_B - x_A)\tan\alpha_{AP} \end{aligned}\right\} \tag{8.11}$$

野外实际测量时，勘丈支距法、距离交会法和方向交会法所定的点位，一般均无法求算其高程。但其点位信息可在测图软件的汉字菜单或屏幕光标控制下方便地输入，所确定的碎部点同样可由软件自动进行数据处理，计算出平面坐标，存入数据文件或显示在屏幕上。

8.4.3 数字地面模型的建立

数字地面模型(DTM)是对地形特征点空间分布及关联信息的一种数字表达方式。建立数字地面模型的方法是将实地采集的地物和地貌特征点的三维坐标，经过检索处理后，由计算机识别碎部点的地形信息编码，将相应地物特征点自动连成地物轮廓线，将地貌特征点连成地性线，并组成规则方格网或非规则三角网等建模形式的地面高程模型，以便根据任一点的平面坐标来内插求得该点的高程，从而绘制等高线，绘制断面图，或直接提供给道路、管线等工程的设计和城镇建筑规划设计使用。

在计算机中经过对所测绘的地形图进行编辑、修改、整饰后，并可绘制出清晰、准确及符合标准的地形图，即大比例尺数字化地形图，随即可由计算机软件控制绘图仪自动输出地形图，或者输出如 AutoCAD 可识别的 DWG 格式文件等形式。

8.5 地形图的拼接、检查与整饰

8.5.1 地形图拼接

当测区面积超过一幅图的范围时，必须采用分幅测图。这样，在相邻图幅连接处，由于测量误差和绘图的影响，使得地物轮廓线、等高线往往不能完全吻合。如在图 8.25 中，相邻边的房屋、河流、等高线都有偏差。因此，在相邻图幅测绘完成后需要进行图的拼接修正。一般做法是用宽 5～6cm 的透明纸蒙在上图幅的接图边上，用铅笔把坐标格网线、地物、地貌符号描绘在透明纸上，然后再把透明纸按坐标格

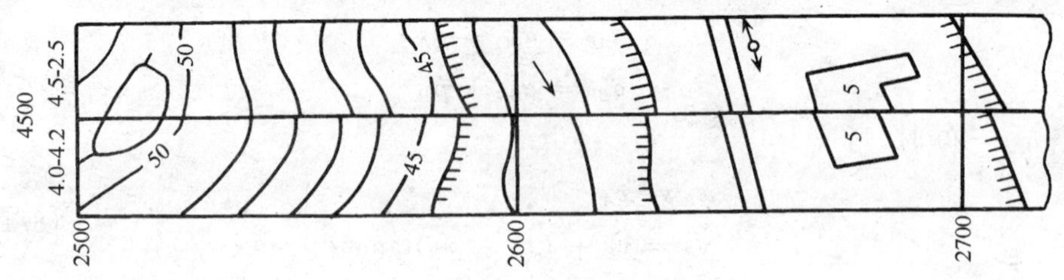

图 8.25　图幅接边

网线位置蒙在下图幅衔接边上，同样用铅笔描绘地貌、地物符号。在地形测绘中，地物点相对于控制点的点位中误差与等高线高程中误差的相应规定见表 8.8。若地物、地貌偏差不超过表 8.8 中规定的 $2\sqrt{2}$ 倍时，则可取其平均位置，在保持地物、地貌相互位置和走向正确的前提下，根据平均位置改正相邻图幅的地物、地貌位置。

表 8.8 碎部点测量及等高距的精度要求

地区类别	地物点点位中误差/mm		等高线高程中误差(等高距)		
	主要地物	次要地物	坡度 0°～6°	坡度 6°～15°	坡度 15°以上
一般地区	0.6	0.8	1/3	1/2	1
城市地区	0.4	0.6	1/3	1/2	1

8.5.2 地形图的检查

在测图中，测量人员应做到边测边检查。为了保证成图的质量，在地形图测绘完后，必须对成图质量进行全面严格的检查。图的检查可分为室内检查和野外检查两部分

1. 室内检查

室内检查的内容有图面地物、地貌是否清晰易读，各种符号、注记以及描绘质量是否合乎要求，等高线与地貌特征点的高程是否相符，有无矛盾和可疑之处，图边拼接有无问题等。如发现错误和疑点，不可随意修改，应加以记录，并到野外进行实地检查、修改。

2. 野外检查

(1) 巡视检查

根据室内检查的疑点，按预定的巡视检查路线，进行实地对照查看。主要查看地物、地貌有无遗漏，等高线的勾绘是否逼真，地物取舍是否得当，图式符号运用是否正确等。

(2) 仪器设站检查

根据室内检查和野外巡视检查的情况，在野外设站检查，除对以上发现的问题进行修改和补测外，还要对本测站所测地形进行检查，看原测地形图是否符合要求。仪器检查量一般为 10%左右。

8.5.3 地形图的整饰

当原图经过拼接和检查后，还应对地物、地貌进行清绘和整饰，使图面更加合理、清晰、美观。整饰的顺序是先图内后图外，先地物后地貌，先注记后符号。图上的注记、地物以及等高线均按规定的图式进行注记和绘制，但应注意等高线不能通过注记和地物。最后，应按图式要求注明图名、图号、比例尺、坐标系统及高程系统、

施测单位、测绘者及施测日期等。

8.6 地形图在工程建设中的应用

地形图的一个突出特点是具有可量性和可定向性。设计人员可以在地形图上对地物、地貌作定量分析。地形图所提供的信息内容非常丰富，如居民地、交通网、境界线等各种社会经济要素，以及水系、土壤和植被等自然地理要素等，尤其是大比例尺地形图在土木工程规划、设计、施工和竣工管理中有着广泛应用。

8.6.1 地形图应用的基本内容

1. 确定点的平面坐标

点的平面坐标可根据地形图上格网坐标的坐标值确定。

如图 8.26 所示，欲求图上 A 点的坐标，首先找出 A 点所处的小方格，并用直线连成小正方形 $abcd$，过 A 点作格网线的平行线，交格网边于 g、e 点，再量取 ag 和 ae 的图上长度，即可获得 A 点的坐标为

$$\left.\begin{aligned} x_A &= x_a + ag \times M \\ y_A &= y_a + ae \times M \end{aligned}\right\} \tag{8.12}$$

式中：M——地形图比例尺。

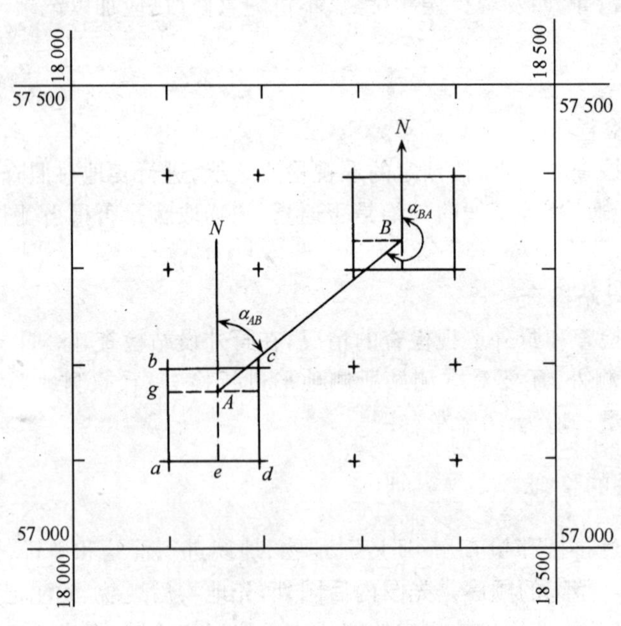

图 8.26 地形图的解算

为了提高坐标量算的精度，必须考虑图纸伸缩的影响，可按下式计算 A 点的坐标：

$$\left.\begin{aligned} x_A &= x_a + \frac{10}{ab} ag \times M \\ y_A &= y_a + \frac{10}{ad} ae \times M \end{aligned}\right\} \tag{8.13}$$

式中：ab、ad、ag、ae——均为图上量取的长度（单位为 mm），量至 0.1mm；

M——地形图比例尺分母。

图解法求得的坐标精度受图解精度的限制，一般认为，图解精度为图上 0.1mm，则图解坐标精度不会高于 $0.1M$（单位为 mm）。

2. 确定两点间的水平距离

如图 8.26 所示，欲确定 A、B 两点间的距离，可用以下两种方法。

(1) 图解法

用直尺直接量取 A、B 两点间的图上长度 d，再根据比例尺计算两点间的距离 D_{AB}，即

$$D_{AB} = d_{AB} \times M \tag{8.14}$$

也可以直接用卡规在图上卡出线段长度，再与图示比例尺比量，得出图上两点间的水平距离。

(2) 解析法

利用图上两点的坐标计算出两点间的距离。这种方法能消除图纸变形的影响，提高距离精度。

如图 8.26 所式，先按式(8.13)求出 A、B 两点的坐标值，然后按下式计算出两点间的距离：

$$D_{AB} = \sqrt{(x_B - x_A)^2 + (y_B - y_A)^2} \tag{8.15}$$

一般来说，若图解坐标的求得考虑了图纸伸缩变形的影响，则解析法求距离的精度高于图解法。但是，如果地形图上有图示比例尺，用图解法既方便、直接，又能保证精度。

3. 确定直线的坐标方位角

如图 8.26 所示，欲确定直线 AB 的坐标方位角，可用以下两种方法：

(1) 图解法

过 A、B 两点分别作坐标纵轴的平行线，然后用测量专用量角器量出 α_{AB} 和 α_{BA}，取其平均值作为最后结果，即

$$\bar{\alpha}_{AB} = \frac{1}{2}[\alpha_{AB} + (\alpha_{BA} \pm 180°)] \tag{8.16}$$

此法受量角器最小分划的限制，精度不高。当精度要求较高时，可用解析法。

(2) 解析法

先求出 A、B 两点的坐标，然后按下式计算 AB 直线的方位角 α_{AB} 为

$$\alpha_{AB} = \arctan \frac{y_B - y_A}{x_B - x_A}$$

由于坐标量算的精度比角度量测的精度高，因此，解析法所获得的方位角比图解法的可靠精度高。

4. 确定点的高程

如果所求点正好处在等高线上，则此点的高程即为该等高线的高程。如图 8.27 所示，A 点的高程为 38m。若所求点不在等高线上，则应根据比例内插法确定该点的高程。在图 8.27 中，欲求 B 点的高程，首先过 B 点作相邻两条等高线的近似公垂线. 与等高线相交于 m、n 两点，然后在图上量取 mn 和 nB，按下式计算 B 点的高程：

$$H_B = H_n + \frac{nB}{mn}h \tag{8.17}$$

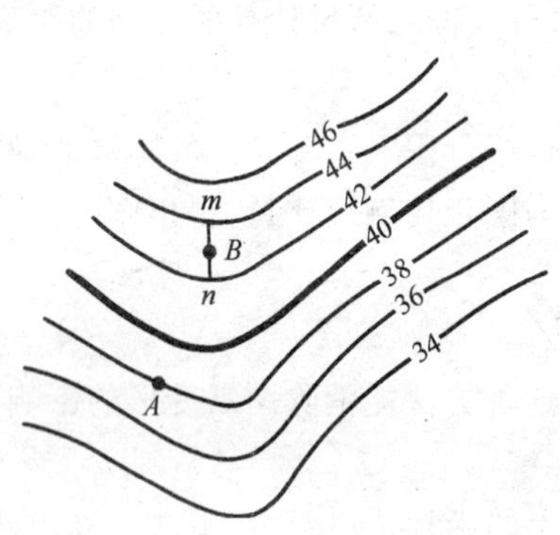

图 8.27　根据等高线确定点的高程

式中：h——等高距(m)；

H_n——n 点的高程。

当精度要求不高时，也可用目估内插法确定待求点的高程。

5. 确定两点间的坡度

在图 8.27 中，若求 A、B 两点间的坡度，先用(8.17)式求出两点的高程，则 AB 直线的平均坡度为

$$i = \frac{h_{AB}}{D_{AB}} = \frac{H_B - H_A}{D_{AB}} \tag{8.18}$$

式中：h_{AB}——A、B 两点间的高差；

D_{AB}——A、B 两点间的水平距离。

坡度 i 通常用百分率(%)或千分率(‰)表示。如果直线两端位于相邻两条等高线上，则所求的坡度与实地坡度相符。如果直线跨越多条等高线，且相邻等高线之间的平距不等时，则所求的坡度是两点间的平均坡度，与实地坡度不完全一致。

8.6.2　地形图在工程建设中的应用

1. 绘制地形断面图

在道路、管线等线路工程设计中，为了合理地确定线路的纵坡，以及进行填、挖土方量的概算，都需要了解沿线方向的坡度变化情况。为此，可利用地形图按设计线路绘制出纵断面图。

如图 8.28(a)所示，若要绘制 MN 方向的断面图，具体步骤如下：

1) 在图纸上绘制一直角坐标，横轴表示水平距离，纵轴表示高程。水平距离的

比例尺与地形图的比例尺一致。为了明显地反映地面的起伏情况，高程比例尺一般为水平距离比例尺的 10～20 倍，如图 8.28(b)所示。

2）在纵轴上标注高程，在横轴上适当位置标出 M 点。将直线 MN 与各等高线的交点 a、b、…、p 以及 N 点，按其与 M 点之间的距离转绘在横轴上。

3）根据横轴上各点相应的地面高程，在坐标系中标出相应的点位。

4）把相邻的点用光滑的曲线连接起来。便得到地面直线 MN 的断面图，如图 8.28(b)所示。

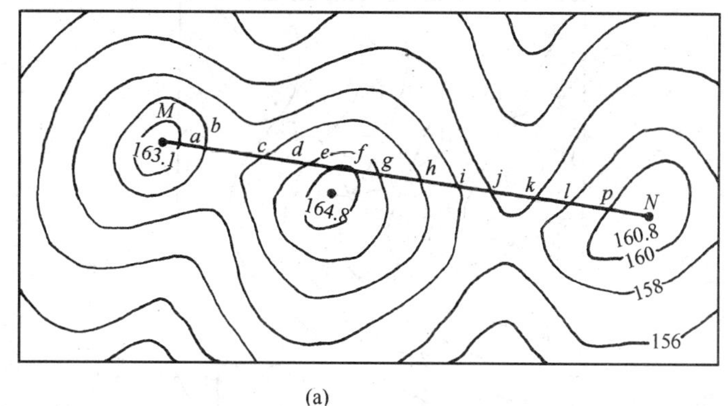

(a)

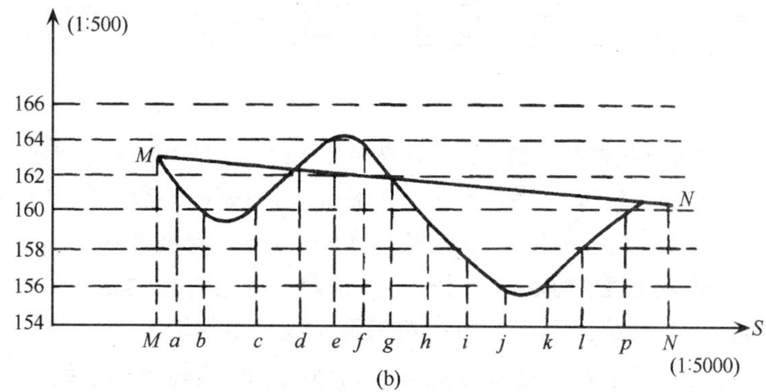

(b)

图 8.28　图解法绘制断面图

断面经过山脊和山谷的方向变化点，如 e 和 f 之间的最高点，j 和 k 之间的最底点，其高程可按比例内插法求得。

若要判断地面上两点间是否通视，只需在这两点的断面图上用直线连接两点，如果直线与断面线不相交，说明这两点通视，否则，两点之间不通视。在图 8.28(b)中，M、N 两点互不通视。这类问题的研究，对于架空索道、输电线路、水文观测、测量控制网布设、军事指挥等都有很重要的意义。

2. 按限制坡度选择最短路线

在山区或丘陵地区进行管线或道路工程设计时，均有指定的坡度要求。在地形图上选线时，先按规定坡度找出一条最短路线，然后综合考虑其他因素，获得最佳设计路线。

如图 8.29 所示，欲在 A 和 B 两点间选定一条坡度不超过 i 的线路，设图上等高距为 h，地形图的比例尺为 $1:M$，由式(8.19)可求出线路通过相邻两条等高线的最短距离为

$$d=\frac{h}{iM} \tag{8.19}$$

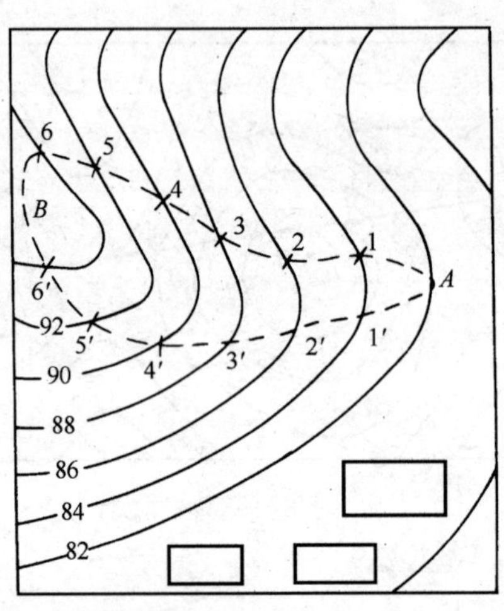

图 8.29 最短路线的选择

在图上选线时，以 A 点为圆心，以 d 为半径画弧，交 84m 等高线于 1、1′两点，再以 1、1′两点为圆心，以 d 为半径画弧，交 86m 等高线于 2、2′两点，依次画弧直至 B 点。将这些相邻的交点依次连接起来，便可获得两条同坡度线 A、1、2、…、B 和 A、1′、2′、…、B，最后通过实地勘测比较，从中选定一条最合理的路线。

在作图过程中，如果出现半径小于相邻等高线平距的情况，即圆弧与等高线不能相交，说明该处的坡度小于指定坡度，此时，路线可按最短距离定线。

3. 确定汇水区域

在修筑桥涵或水库大坝等工程中，往往要知道汇集于这个区域水流量的大小，以此作为设计桥梁、涵洞孔径的大小，大坝位置、高度等的一个重要依据。由于雨水是沿着山脊线即分水线流向两侧的，因此，汇水区域是由一系列的分水线连接而成。如图 8.30 所示，一条公路跨越山谷，拟在 m 处架设一座桥梁或修建一涵洞，此时必须了解此处的汇水量。欲确定汇水量，首先应确定汇水区域的边界线，在图 8.30 中，由山脊线 bc、cd、de、ef、fg、ga 与公路上的 ab 所围成的闭合图形，即为这个山谷的汇水区域。再结合气象水文资料，可确定流经公路 m 处的水流量。

4. 场地平整时土方量计算

在土木工程中，往往要进行建筑场地的平整。利用地形图可以估算土石方工程

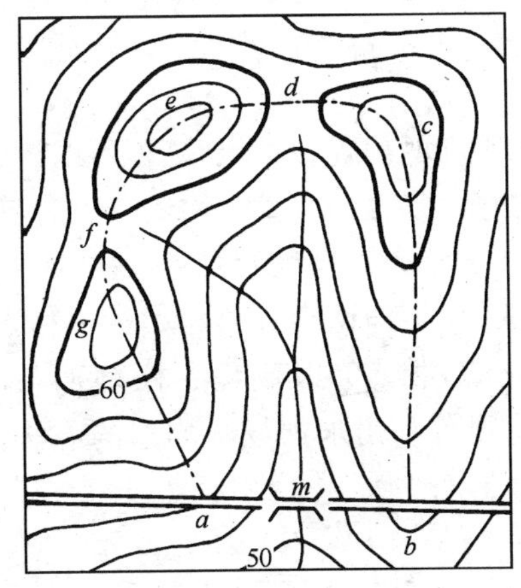

图 8.30　汇水区域的确定

量，选择既合理又经济的最佳方案。下面介绍方格网法估算土石方量的方法。

(1) 平整为水平场地

图 8.31 为 1∶1000 的地形图，欲将 40m 见方的 *ABCD* 坡地平整为某一高程的平地，要求填、挖方量平衡。其方法如下：

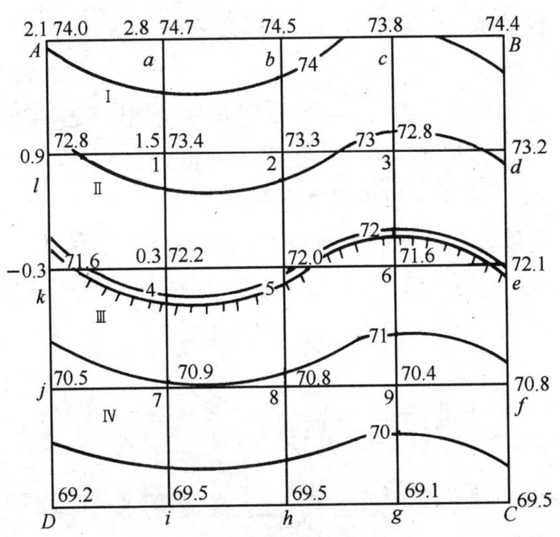

图 8.31　水平场地的平整

1) 绘制方格网。在地形图上拟平整土地的区域内绘制方格网，方格的边长主要取决于地形的复杂程度、地形图的比例尺和土方量概算的精度。一般取小方格的实地边长为 10m 或 20m，图 8.31 中为 10m。然后，根据等高线利用比例内插法求出各方格顶点的地面高程，标注在方格顶点的右上方。

2) 计算设计高程。在分别求出各方格顶点的地面高程 $H_i(i=1,2,\cdots,n)$后，将

各方格点的高程求和并除以方格点总数 n，即得设计高程 $H_{设}$ 为

$$H_{设}=\frac{H_1+H_2+\cdots+H_n}{n} \tag{8.20}$$

在满足挖填方量基本平衡的前提下，设计高程可以认为是场地的平均高程，但计算时不能简单地取各方格点高程的算术平均值。因为与各方格网点高程相关的方格数不同，也可理解为各方格网点高程的权不一样。如果假设与一个方格相关的方格点（角点），其高程的权为 1；与两个方格相关的方格点（边点），其高程的权为 2；与三个方格相关的方格点（拐点），其高程的权为 3；与四个方格相关的方格点（中点），其高程的权为 4，则可利用求加权平均值的方法计算设计高程，因此，式(8.20)可改成以下形式：

$$H_{设}=\frac{\sum P_i\times H_i}{\sum P_i} \tag{8.21}$$

式中：$H_{设}$——水平场地的设计高程；

H_i——方格点的地面高程；

P_i——方格点 i 的权。可根据方格点的位置在 1、2、3、4 中取值。

根据图 8.31 中数据，求得设计高程为 71.9m。

3) 绘制填、挖边界线。根据 $H_{设}=71.9$m，在地形图上用内插法绘出 71.9m 等高线，该线就是填、挖边界线，见图 8.31 中标短线的等高线。

4) 计算填、挖高度。

$$填(挖)高度 = 地面高程 - 设计高程 \tag{8.22}$$

按上式计算出每一方格顶点的填、挖高度，标注在方格顶点的左上方。当求出的挖填高度为正时，表示挖方，为负时表示填方。

5) 计算填、挖方量。填挖方量可根据方格网各格点的填挖高度，各格点在方格网中的位置（顶点、边点、拐点或中点）以及小方格面积分别按下式计算：

$$角点：填(挖)高度\times\frac{1}{4}方格面积$$

$$边点：填(挖)高度\times\frac{2}{4}方格面积$$

$$拐点：填(挖)高度\times\frac{3}{4}方格面积$$

$$中点：填(挖)高度\times\frac{4}{4}方格面积$$

将挖方和填方分别求和，即得总挖方量和总填方量。根据计算可知，总填方量为：3270m^3，总挖方量为：3190m^3。从计算结果可以看出，虽然总填方量与总挖方量略有差异，但基本平衡。实例计算结果存在的差异，是设计高程和填挖高度的计算取位差所致。

(2) 平整为倾斜场地

有时为了充分利用自然地势，减少土石方工程量，以及场地排水的需要，在填挖平衡的原则下，可将场地平整成具有一定坡度的倾斜面，其步骤如下：

1）绘制方格网并求各方格网顶点的高程。方法同平整为水平场地相同，如图8.32所示。

2）计算场地平均高程

方法同平整为水平场地相同，经计算场地平均高程为 $H_{平}=71.9\text{m}$。

3）计算倾斜场地最高边线和最低边线高

如图8.32所示，欲将 $ABCD$ 地块平整为由 AB 向 CD 倾斜10%的坡度。因此 AB 线上各点为最高点，DC 线上各点为最低点。当 AB 线和 DC 线之间中点位置的设计高程为 $H_{平}$ 时，方可使场地的填、挖土方量平衡。设 AD 边长为 D_{AD}，由此得

$$H_A = H_B = H_{平} + \frac{1}{2}D_{AD}i = 71.9 + \frac{1}{2}(40 \times 10\%) = 73.9(\text{m})$$

$$H_C = H_D = H_{平} - \frac{1}{2}D_{AD}i = 71.9 - \frac{1}{2}(40 \times 10\%) = 69.9(\text{m})$$

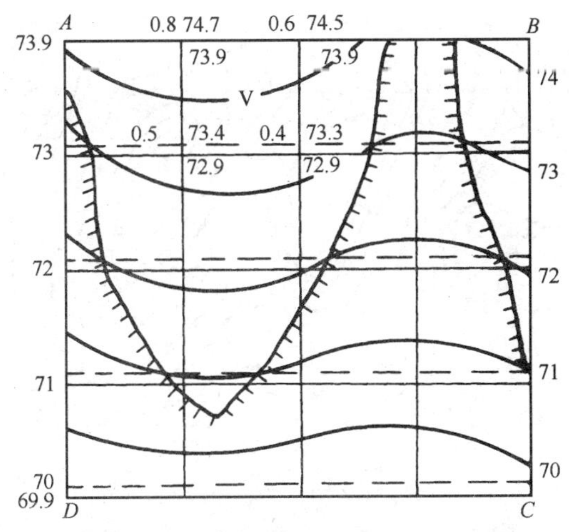

图8.32 倾斜场地的平整

4）确定倾斜场地的等高线。根据 A、D 两点的设计高程，在 AD 直线上用内插法定出70m、71m、72m、73m各设计等高线的点位，过这些点作 AB 的平行线（图8.32中以虚线表示），就是倾斜场地的等高线。

5）确定填、挖边界线。倾斜场地等高线与原地形图上与其同高程等高线的交点刚好位于倾斜面上，连接这些点即为填、挖边界线。填、挖边界线上有短线的一侧为填方区，另一侧为挖方区。

6）计算方格顶点的设计高程。根据倾斜场地等高线用内插法确定各方格顶点的设计高程，注于方格顶点的右下方。

(7) 计算填、挖方量。方法同平整为水平场地相同。

思 考 题

8.1 何谓地形图？试述地形图的主要用途。

8.2 什么是地形图比例尺？它有几种类型？什么是比例尺精度？它对测图和设计用图有什么意义？

8.3 何谓地物和地貌？地形图上的地物符号分为哪几类？试举例说明。

8.4 什么是等高线？等高距？等高线平距？它们与地面坡度有何关系？等高线有哪些特性？

8.5 何谓山脊线？山谷线？鞍部？试用等高线绘之。

8.6 在图 8.33 中，按指定符号表示出山顶、鞍部、山脊线、山谷线(山脊线用点划线表示，山谷线用虚线表示，山顶用“▲”表示，鞍部用“。”表示)。

图 8.33

8.7 测图前应做哪些准备工作？控制点展绘后，怎样检查其正确性？

8.8 简述在实地如何选择地形碎部点。

8.9 试述经纬仪测绘法测绘地形图的工作步骤。

8.10 图 8.34 为某丘陵地区所测得的各个地貌特征点，图上已标明了山脊线、山谷线、山顶及鞍部(符号与 8.6 题相同)。试根据这些地貌特征点，按等高距 $h=5\text{m}$，用比例内插法勾绘等高线。

8.11 什么是数字化测图？它有哪些特点？

8.12 简述野外数字化数据采集的步骤和常用方法。

8.13 图幅的拼接与整饰有哪些要求？

75.1
88.0
89.0
66.2
69.5
65.0
118.2
78.0
100.0
88.3
97.0
99.0
129.0
68.4
76.0
76.8
86.4
72.2
44.2
88.0
49.0

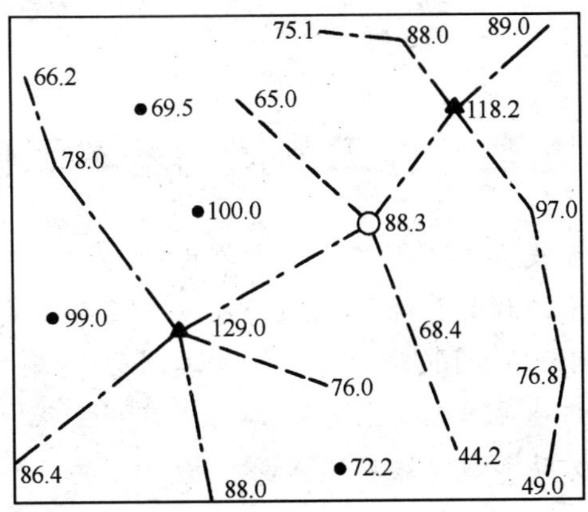

图 8.34

第九章　施工测量的基本工作

建筑工程测量是指在工程建设的勘测设计、施工和运营管理各阶段所进行的各种测量工作的总称，是测量学的一个重要组成部分。其主要任务是：测绘大比例尺地形图；施工放样和竣工测量；建筑物的沉降和变形观测。本章主要讲述施工测量中距离、水平角度和高程的测设方法；点的平面位置的测设方法和设计坡度的测设方法。

9.1　建筑工程测量概述

9.1.1　概述

建筑工程进入施工阶段时需要将图纸上的建(构)筑物的平面和高程位置，按设计和施工的要求在实地标定出来，作为施工的依据。这一测量工作过程称之为施工放样，或简称为放样(亦称为测设)。在整个工程的施工过程中，施工测量与放样工作是一项经常而又重要的工作。从建立施工控制网、场地平整、建(构)筑物的放样、构件与设备的安装，都要进行一系列的测量工作，以确保施工质量符合设计要求。施工中，每一道工序完成后，都要通过测量检查工程各部位的平面位置和标高是否符合设计要求。因而，在工程的施工测量过程中，测量工程人员必须具有高度的责任心，要确保施工的正常进行。

进行测设工作前，首先要确定需测设点位(特征点)与控制点或与已有建(构)筑物之间的相对关系，即角度、距离和高差关系，这些位置关系统称为测设(放样)数据，然后使用测量仪器，按照一定的测量方法，依据放样数据将特征点测设到实地上。因此，角度、距离和高程的测设是施工测量最基本的工作。

9.1.2　施工测量的特点

(1) 施工测量是直接为工程建设服务，它必须与整个施工计划相协调。测量工程人员在工作中要与设计、施工人员紧密联系，熟悉设计与施工图纸，掌握施工对测量精度的要求，及时掌握施工进度对测量的要求，以及了解现场条件和控制点分布情况，使测设精度和速度满足工程进度的需要。

(2) 施工测量的精度主要取决于建(构)筑物的大小、性质、用途、材料、施工方法。因而，在进行施工测量设计时，要顾及工程对施工放样测量、工程检查的要求，并要结合实际，制定合理的测量方案，确保施工对测量精度的要求，避免施工测量精度过低，影响工程质量；施工测量精度过高，则导致人力、物力和时间的浪费。一般情况下，钢结构工程较钢筋混凝土工程放样精度要求高，装配式建筑物放样精度高于非装配式建筑物。

(3) 测量环境差。施工现场由于各工序交叉作业、材料堆放、场地变动等，使测量标志容易被破坏。因此，测量标志的埋设应便于使用、保护和检查。如有破坏，应及时恢复，并进行相应的检查。

(4) 在施工测量前，应做好一系列准备工作，如认真计算和核对各项数据，检校好测量仪器；在测量过程中注意人身和仪器安全，确保测量工作准确无误，以及工程施工的顺利进行。

9.2 测设的基本工作

9.2.1 设计水平距离的测设

测设已知数值的水平距离是从一个已知点出发，沿已知方向，在实地丈量出给定的水平距离，在已知方向上标定出该端点。

1. 钢尺测设法

对于测设精度要求不高时，可从起始点开始，沿给定的方向和长度值，用钢尺量距，定出水平距离的终点。为了校核，再用上述方法测设一次，若两次的差值在限差范围内，取其平均位置作为最后的终点。

当测设精度要求较高时，应使用经过检定的钢尺，用经纬仪定线，根据给定的设计水平距离 D，经过尺长改正、温度改正和倾斜改正后，计算出地面上应测设的距离 L。计算公式如下：

$$L = D - (\Delta L_d + \Delta L_t + \Delta L_h) \tag{9.1}$$

式中：ΔL_d——尺长改正；

ΔL_t——温度改正；

ΔL_h——倾斜改正。

2. 光电测距仪器测设法

用测距仪和全站仪测设水平距离时，由于可以直接测得水平距离，并且可以预先设置改正值，因此水平距离的测设，特别是长距离的测设，大部分采用光电测距仪器进行测设。测设时，在已知点上安置全站仪，反射棱镜在已知方向上移动，测出反射棱镜所在位置至已知点的水平距离，并计算出与已知水平距离的差值，在已知方向线上前后移动棱镜，直到测设出的距离与已知距离的差值在限差范围内。此时，反射棱镜所在的位置即为所测设水平距离的位置。

9.2.2 设计水平角度的测设

设计水平角度的测设实际上是从一个已知方向出发放样出另外一个水平方向,使得它与已知方向的夹角等于已知的水平角。如图 9.1 所示,A 和 B 点为实地上的两个已知点,AB 方向为已知方向。现在欲测设出水平角$\angle BAP$,使它等于设计角 β。具体操作如下:

1)将经纬仪安置在 A 点上,用盘左位置照准 B 点,使水平度盘读数为零。

2)顺时针转动照准部,使水平度盘读数恰好等于 β,在视线方向标定出 P_1 点。

3)用盘右位置照准 B 点,用同样的方法标定出 P_2 点。取 P_1 和 P_2 点的中点 P',则$\angle BAP'$就是要测设的角 β。

当要求测设角度的精度较高时,可将上述方法测设的 P'点作为过渡点,如图 9.2 所示,然后用适当的仪器和测回数精确测量$\angle BAP$ 的大小,测得其角值为 β',则设计角 β 与精测角 β'之差为 $\Delta\beta=\beta-\beta'$($\Delta\beta$ 以秒为单位),并概量 AP'距离 S。

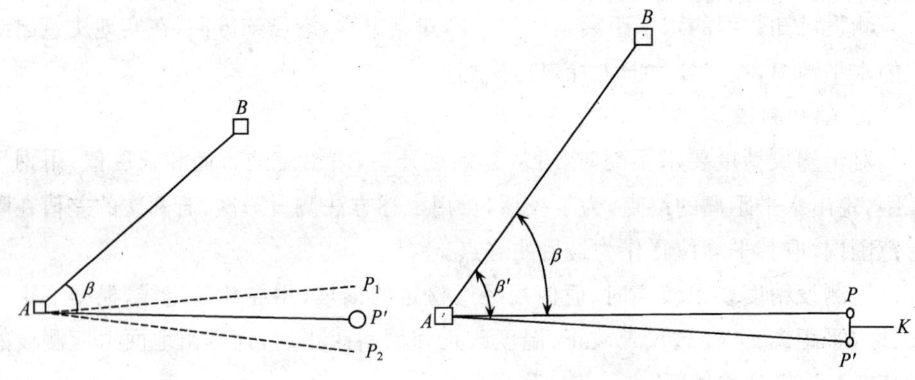

图 9.1　已知水平角的测设　　　图 9.2　归化法测设已知水平角

则过渡点 P'的改正数为

$$K=\frac{\Delta\beta}{\rho}\cdot S$$

式中:$\rho=206265''$。

由过渡点 P',按 K 的改正方向作垂线,量 $P'P=K$ 即为所求角度$\angle BAP$。

9.2.3 设计高程的测设

根据已知的水准点,将设计的高程在实地标定出来,称之为设计高程(或设计标高)的测设。在建筑工程的设计和施工中,通常把建筑物的室内地坪用±0 表示,基础和门窗等的标高都是以±0 为依据确定的。因此,通常需要将±0 标设出来,以便施工。

1. 地面点的高程测设

如图 9.3 所示，假设在设计图纸上查得建筑物的室内地坪高程为 $H_{设}$，而附近有一水准点 BM 的高程为 H_{BM}。欲将设计高程 $H_{设}$ 测设到点 B 上。施测时，可在 B 点上钉一木桩，在 BM 点和 B 点间安置水准仪，读出立在 BM 点上的水准尺的读数 a，则水准仪视线高程 $H_i=H_{BM}+a$。根据视线高程和地坪设计高程可算出 B 点水准尺上应有读数为 $b_{应}$ 为

$$b_{应} = H_i - H_{设} \tag{9.2}$$

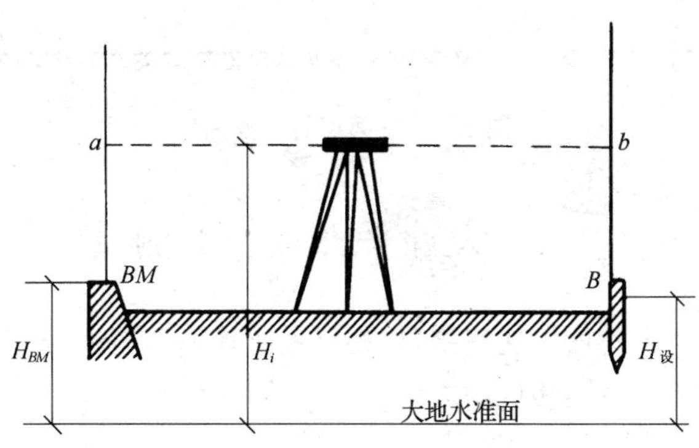

图 9.3　地面点的高程测设

将 $H_i=H_{bm}+a$ 代入式(9.2)，则有

$$b_{应} = (H_{BM} + a) - H_{设} \tag{9.3}$$

根据以上算式求出 $b_{应}$ 后，指挥 B 点立尺员进行上下移动，当水准尺的读数为 $b_{应}$ 时尺底面高度即为欲标设的高度。一般用红油漆以倒三角符号"▼"表示，"▼"的水平边位于测设的高程线上。

2. 空间点的高程测设与传递

如图 9.4 所示，为了测量高层建筑物楼面上 B 点的高程，在地面已知水准点 BM 和待测高程点 B 上分别竖立水准尺，在地面和相应的楼面上分别安置水准仪，同时用木杆悬挂一根检定过的钢尺(钢尺零点在下，且下端挂有重量等于钢尺检定时所用拉力的重锤，重锤置于油桶中，以防尺身摆动)，读出 a、b、c、d 四个尺子的读数，即可算出每一楼层面上 B 点的读数：

$$B = H_{BM} + a + (c - d) - b \tag{9.4}$$

当精度要求较高时，在公式(9.4)的$(c-d)$中，应加入尺长和温度改正。为了校核，还应改变钢尺的悬挂位置重测一次，所测得的同一点两次高程互差不超过±3mm时，取其平均值作为结果。

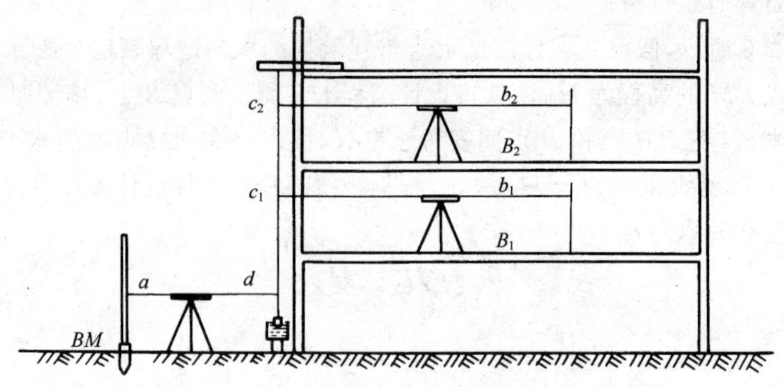

图 9.4　空间点的高程测设

9.3　设计平面点位的测设

测设平面位置点位的方法很多,应根据施工现场的条件、点位分布、地形情况、施工精度和仪器设备选定相应的方法。

9.3.1　直角坐标法

当建筑场地的施工控制网为方格网或建筑基线形式时,采用直角坐标法较为方便,如图 9.5 所示。A、B、C、D 为方格控制点,现要在地面上测设一点 P。施测方法是沿 AB 边量取 AE 长度,使之等于 P 点与 A 点横坐标之差 Δy。再将经纬仪安置在 E 点上,作 AB 的垂线,并在此垂线上量取 EP 长度,使之等于 P 点与 A 点纵坐标之差 Δx,即可得到 P 点的平面位置。

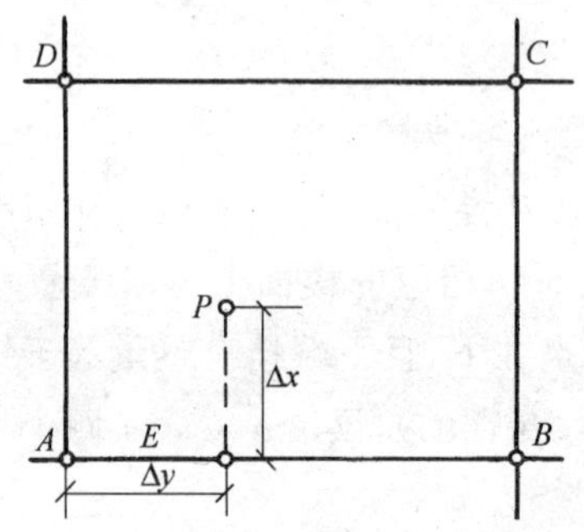

图 9.5　直角坐标法放样

9.3.2　极坐标法

极坐标法放样是根据一个与已知方向的固定夹角和距离测设平面点。现在,全站仪提供的放样功能大都采用此方法。如图 9.6 所示,A、B 两点为已知点,坐标分别为(X_A,Y_A)、(X_B,Y_B)。C、D、E、F 分别为设计的建筑物点,各点的设计坐标为(X_C,Y_C)、…、(X_F,Y_F)。现以放样 C 点为例说明测设方法。

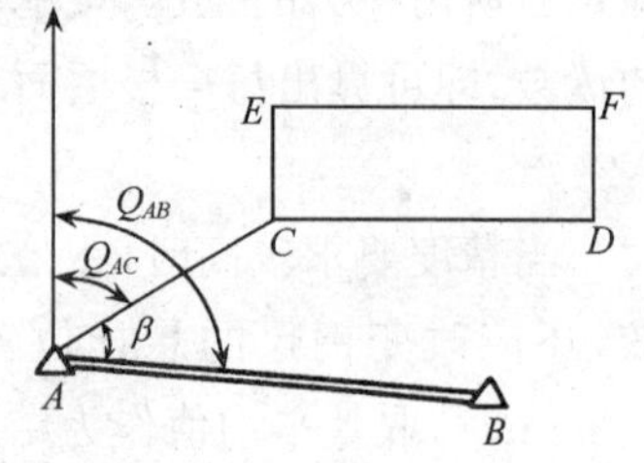

图 9.6　极坐标法放样

(1) 计算放样元素

1) 坐标方位角 α_{AB}、α_{AC}的计算为

$$\alpha_{AB} = \tan^{-1}Y\frac{Y_B - Y_A}{X_B - X_A} = \tan^{-1}\frac{\Delta Y_{AB}}{\Delta X_{AB}} \tag{9.5}$$

$$\alpha_{AC} = \tan^{-1}\frac{Y_C - Y_A}{X_C - Y_A} = \tan^{-1}\frac{\Delta Y_{AC}}{\Delta X_{AC}} \tag{9.6}$$

2) AC 与 AB 之间夹角 β 的计算为

$$\beta = \alpha_{AB} - \alpha_{AC} \tag{9.7}$$

3) A 点至 C 点的水平距离 D_{AC}计算为

$$D_{AC} = \sqrt{(X_C - X_A)^2 + (Y_C - Y_A)^2} = \sqrt{\Delta^2 X_{AC} + \Delta^2 Y_{AC}} \tag{9.8}$$

(2) 使用经纬仪测设点位的方法

1) 将经纬仪精确地安置在 A 点上,盘左位置精确照准 B 点,水平度盘读数配为 α_{AB}。

2) 顺时针旋转照准部,使水平度盘读数为 α_{AC},此时所转角度为 β,经纬仪所指方向即为 AC 方向;

3) 沿 AC 方向自 A 点测设水平距离 D_{AC},定出 C 点的位置。

4) 用上述方法依次测设出 D、E、F 各点。

待各点测设完成后,通过实测各点的距离和角度来检验测设的正确性。

(3) 使用全站仪测设点位的方法

现在的全站仪大都具有“坐标放样”程序。在工程施工现场且大多采用全站仪进行施测。

1) 全站仪精确安置在 A 点上,并进行测站设置和定向。

2) 将需要测设点的点号和坐标输入全站仪内存,按照全站仪的提示,旋转照准部,直到旋转的角度等于 β 角,该方向即为 AC 方向。

3) 沿 AC 方向前后利用反射棱镜测设出水平距离 D_{AC},该点即为 C 点。

4) 用上述方法依次测设出 D、E、F 各点。

待各点测设完成后,通过利用全站仪实测各点的坐标,来检查放样的正确性。

9.3.3 角度交会法

角度交会法是在两个或多个控制点上安置经纬仪,通过测设两个或多个已知角度交会出待定点平面位置的方法。当不便量距或测设的点位远离控制点时,采用角度交会法较为适宜。

如图 9.7(a)所示,1、2、3 为地面上的已知平面控制点,P 为待测设点,其设计坐标为(x_P,y_P)。测设前根据坐标反算公式先计算出测设角 α_1、β_1 和 α_2、β_2。测设时,可先在 1、2 点上安置经纬仪测设 α_1、β_1,在观测员的指挥下定出 P 点的位置,并 P 点附近标定出 $1P$ 和 $2P$ 的方向线。然后,将 1 点的仪器搬至 3 点,测设 α_2、β_2,标定出 $3P$ 方向线,即时,三条线的交点就是 P 点的实地位置。如图 9.7 (b)所示,若三条方向线不交于一点,形成一个三角形(误差三角形),则误差三角形的各边长均不超过±10mm 时,取三角形的重心作为待测设点 P 的实际位置。若误差超限,应重新测设。

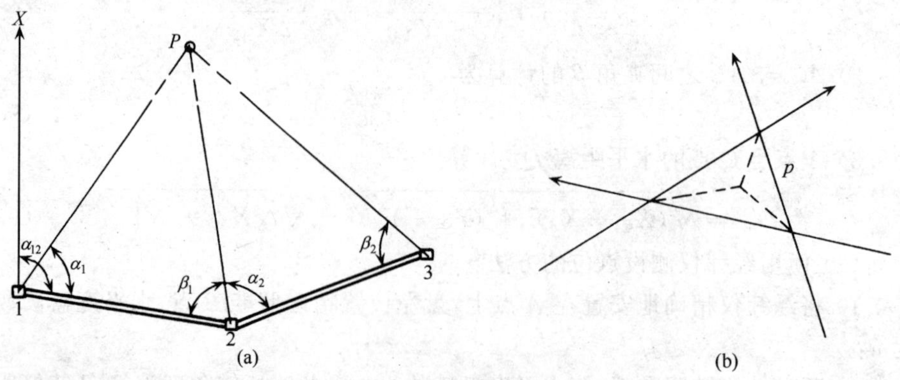

图 9.7　角度交会法测设点位

9.3.4　距离交会法

距离交会由两个控制点测设两段已知距离交会出待定测设点的平面位置。这种方法适用于施工现场地势平坦、放样点离控制点较近、距离量取较为方便的地方。

如图 9.8 所示,A、B、C 为地面上的已知控制点,1、2 点为建筑物一轴线的两个端点,其设计坐标分别为:(X_1,Y_1)、(X_2,Y_2)。现以测设 P 点为例来说明距离交会法。测设前,根据坐标反算计算出放样元素 D_1、D_2、D_3、D_4。测设时,用两把钢尺,分别使尺子的零刻划对准 A、B 点,同时拉紧、拉平钢尺,分别以 D_1、D_2 为半径在地面上画弧,两弧线的交点即为 1 点的实地位置。用同样的方法根据 B、C 两点按 D_3、D_4 可测设出 2 点的位置。

测设完成后,应量取 1 点至 2 点的长度与设计长度以进行比较,以检核测设的正确性。

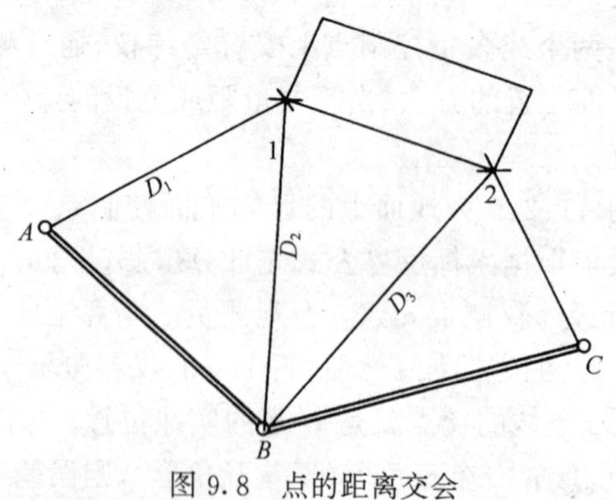

图 9.8　点的距离交会

9.4 已知坡度直线的测设

在道路和管线施工中,测设指定的坡度线应用是非常广泛的。如图 9.9 所示,设 A 点的高程为 1790.176m,A、B 两点间的距离为 100m,现要从 A 点沿 AB 方向测设一条 1%的下降坡度。由已知条件计算出 B 点的设计高程为

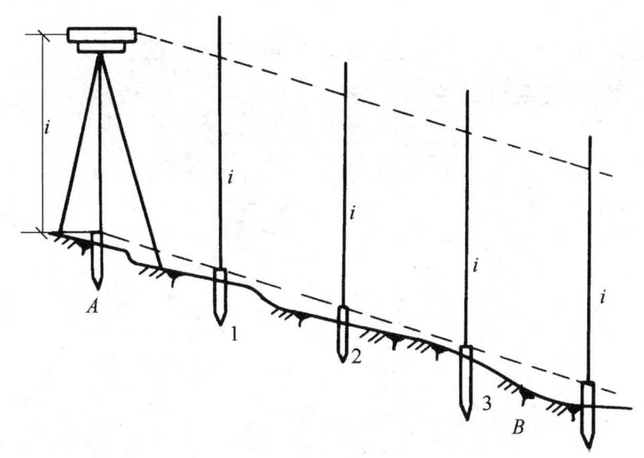

图 9.9 已知直线坡度的测设

$$
\begin{aligned}
H_B &= H_A - 100 \times 0.01 \\
&= 1790.176 - 1 = 1789.176(\mathrm{m})
\end{aligned}
$$

测设时,用前面所述的测设已知高程的方法,把 B 点测设出来。然后再用经纬仪的倾斜视线标定 1、2、3 各坡度指示桩的高程位置。标定坡度指示桩的高程位置时,可在 A 点安置经纬仪并量取仪器高 i,在 B 点立水准尺,用经纬仪瞄准 B 点上的水准尺并使其读数为仪器高 i。此时,经纬仪的视线即平行于设计的坡度线,再将水准尺分别立在各坡度指示桩处,当视线切准的尺子读数亦为 i 时,沿尺底在桩的侧面上画水平线,则水平线的位置为坡度指示处的设计高程位置。各桩画线点的连线即为 1%的下降坡度线。

坡度不大时,可采用水准仪代替经纬仪。此时,应将水准仪的一个脚螺旋安置 AB 直线上,另两个脚螺旋的连线垂直于 AB,通过调节位于 AB 上的脚螺旋来产生坡度为设计值的倾斜视线。

思 考 题

9.1 放样测量与测绘地形图有什么根本的区别?

9.2 放样的基本工作有哪些? 它们与量距、测角、测高程的区别是什么?

9.3 平面点位的测设有哪些方法?各适用于什么场合?各需要哪些测设数据?

9.4 B 点为地面上的已知控制点,其坐标分别为 A(156.32,576.49)、

B(208.78,482.27),P 点的设计坐标为 P(180.00,500.00),欲根据 A、B 两点测设 P 点的实地位置。试分别计算用极坐标法、角度交会法、距离交会法测设 P 点的放样元素,并绘出测设略图。(平面坐标单位为 m)

9.5 用高程为 1938.895m 的水准点,测设高程为 1939.000m 的±0 标高线。设一木杆立在水准点上,按水准仪的水平视线在木杆上画一条线,问在同一木杆上什么位置再画另一条线,才能使水平视线对准此线时,杆底位于要测设的±0 标高线上?

9.6 了解全站仪内置的各种点位和高程的放样方法。

9.7 简述已知直线坡度的测设方法。

第十章　建筑施工控制测量

本章讲述建筑施工场地控制网布设及测量的特点，以及勘测控制网与施工控制网间的相互转换。重点讲述了建筑基线、建筑方格网的布设和施测方法，介绍了施工场地的高程控制测量的内容和要求。

10.1　施工控制网概述

勘测时期的控制网主要是为地形测图服务，控制点的点位布置是根据地形条件及测图要求来确定的，并未考虑待建建筑物的总体布置。因而，控制点的点位密度和精度不一定满足施工放样的要求。在测量精度上，勘测控制网的精度按测图比例尺的大小确定，而施工控制网的精度则要根据工程建设的性质来决定，通常要高于勘测控制网。并且，在建筑物的总平面图设计中，设计人员往往根据现场条件选定独立的坐标系统，使得该坐标系统的纵、横坐标与待建建筑物的主要轴线方向一致。为了保证施工的顺利进行，满足施工放样测量的需要，通常以测图控制点作为起算条件建立施工控制网。

施工控制网分为平面控制网和高程控制网。施工控制网的布设应密切结合工程总平面图及建筑物场地的地形条件来选择控制网的形式，确定合理的布设方法。施工平面控制网一般采用三角网、导线网、建筑基线或建筑方格网等形式。施工高程控制网主要采用水准网的形式。施工控制网的布设形式应与总平面图的布局相一致。工程施工控制网的主要目的是：

1）工程施工期间为建(构)筑物的放样提供测量控制基础。

2）在工程建成后的运营管理阶段为工程的维护、扩建、改建提供依据。

施工控制网与勘测控制网相比，具有以下特点：

1）控制的范围小、控制点密度大、精度要求高。

与测图时相比，施工地区较小，但在施工区域内建(构)筑物的分布较为密集，因而必须有一定数量的控制点才能满足施工放样测量的要求。施工控制网主要用于建筑物轴线的放样测量。在建筑工程中，对轴线的偏差都有一定的要求，例如，工业厂房主轴线的定位精度为2cm。因此，施工控制网的精度比测图控制网的精度要求高。

2）受施工干扰大，点位容易被损坏。

在施工现场，由于各项工程交叉作业，通视等观测条件受到一定的限制，因而，施工控制网的点位布置应分布恰当，易于保存。

3）布网等级宜采用两级布设。

在工程建设中，各建筑物轴线之间的几何关系要求，比各细部相对于各自轴线的要求，其精度要低得多。因此，在布设建筑工程施工控制网时，采用两级布网的方案是比较合适的。即在布网时首先建立整个施工区域的厂区控制网，目的是测设各个建筑物的主要轴线。然后，为了进行厂房或主要生产设备的细部放样，根据由厂区控制网所定出的厂房主轴线建立厂房矩形控制网。

在设计施工控制网时，应进行投影面的选择。选择投影面时应满足“按控制点坐标反算的两点间长度与实地两点间的长度之差尽可能小(一般为 1/40 000～1/50 000)”的要求。因此，施工控制网中的长度通常不是投影到大地水准面而是到特定的平面上。例如，工业建设场地的施工控制网投影到厂区的平均高程面上；桥梁施工控制网投影到桥墩顶的平面上；城市控制网投影到城市平均高程面上。

10.2 施工控制网的坐标换算

工业建筑的总平面图设计是根据生产工艺流程和建筑场地地形情况进行的。民用建筑总平面图设计也要考虑建筑物的朝向和地形条件。在一般情况下，工业厂房、民用建筑、道路和管线基本上是沿着相互平行或垂直的方向布置的。因此，在新建的大中型建筑场地上，建筑设计人员通常使用独立坐标系进行设计，其坐标原点一般选在建筑场地以外的西南角上，以使场地范围内点的坐标值均为正值。这种独立坐标系统的坐标轴平行或垂直于主轴线，使矩形建筑物相邻两点间的长度可以方便由坐标差求得。这种坐标轴平行或垂直于建筑物主轴线的坐标系称为建筑坐标系或施工坐标系。

放样采用的控制点或许是勘测坐标系中的坐标，也可能是施工坐标系中的坐标。但是，施工坐标系与勘测坐标系往往不一致，所以必须把放样点的设计坐标换算成勘测坐标或者把勘测坐标转算成设计坐标，这一工作称为坐标变换。

如图 10.1(a)所示，该独立坐标系称为施工坐标系或设计坐标系，其纵、横轴分别用 A、B 表示。设计人员给定建筑物的定位坐标时，均给定设计坐标，用设计坐标系中的坐标标定各建筑物的位置。

如图 10.1(b)所示，设计坐标系中任意一点 P 的设计坐标与勘测坐标之间有如下关系：

$$\left.\begin{aligned} X_P &= X'_0 + A_P\cos\alpha - B_P\sin\alpha \\ Y_P &= Y'_0 + A_P\sin\alpha + B_P\cos\alpha \end{aligned}\right\} \tag{10.1}$$

如果将勘测坐标转换为设计坐标，其转换公式如下：

$$\left.\begin{aligned} A_P &= (X_P - X'_0)\cos\alpha + (Y_P - Y'_0)\sin\alpha \\ B_P &= -(X_P - X'_0)\sin\alpha + (Y_P - Y'_0)\cos\alpha \end{aligned}\right\} \tag{10.2}$$

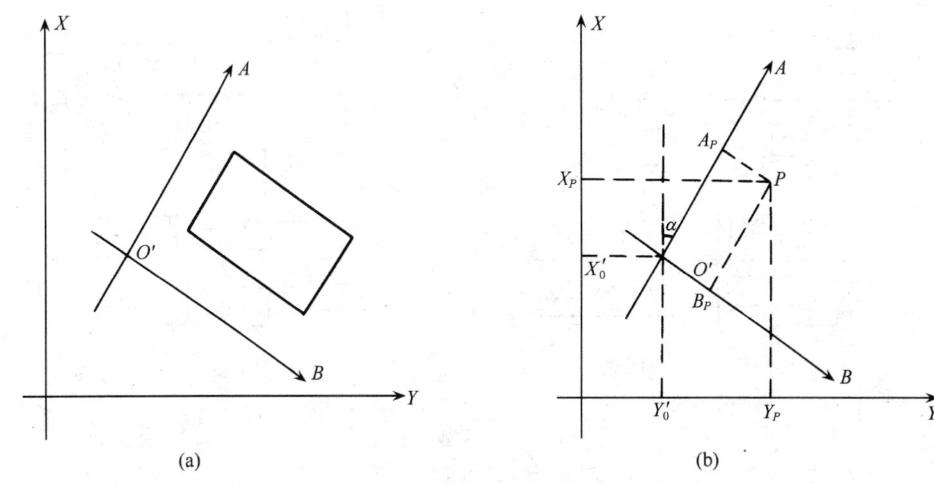

图 10.1　设计坐标与勘测坐标的换算

10.3　平面施工控制网

10.3.1　建筑基线

建筑工程建设场地上施工控制网的坐标系统应与建筑设计所用的坐标系统一致。施工平面控制网的布网形式应视建筑场地的地形条件和建筑物的布置情况而定。对于地势起伏较大、建筑物布置不甚规则的场地，可布设成三角网或导线网的形式。前面章节中已经对三角网和导线网作了详细的介绍，这里不再进行重复。

1. 建筑基线的布设

如图 10.2 所示，施工场地范围不大、地势平坦、建筑物布置规则而稀少的场地，宜布设成建筑基线的形式。建筑基线的布设常采用"—"字形、"└"字形和"+"字形等形式。建筑基线尽可能地靠近待建的主要建筑物，并与它们的主要轴线平行，尽可能与施工场地的建筑红线相联系。基线点应布设在通视良好和不易被破坏的地方，且基线点的个数不应少于 3 个。

2. 建筑基线的测设方法

(1) 由建筑红线测设建筑基线

在城区建设时，建筑用地的边界线统一由城建规划部门在现场直接标定。城建规划部门的测绘人员利用测量仪器测设出边界线的各个拐点，如图 10.3 所示，Ⅰ-1、Ⅰ-2、Ⅰ-3 为建筑红线点，其连线称为"建筑红线"。一般情况下，建筑基线与建筑红线平行或垂直。测设时，首先计算出建筑基线 AB、BC 与红线 Ⅰ-1—Ⅰ-2、Ⅰ-2—Ⅰ-3 的距离 d_1 和 d_2，利用红线点作为测站点，用平行推移法测设出 A、B、C 各点，并在地面上作出标志。其次，在 B 点安置经纬仪，精确测出 A、B、C 三点的夹

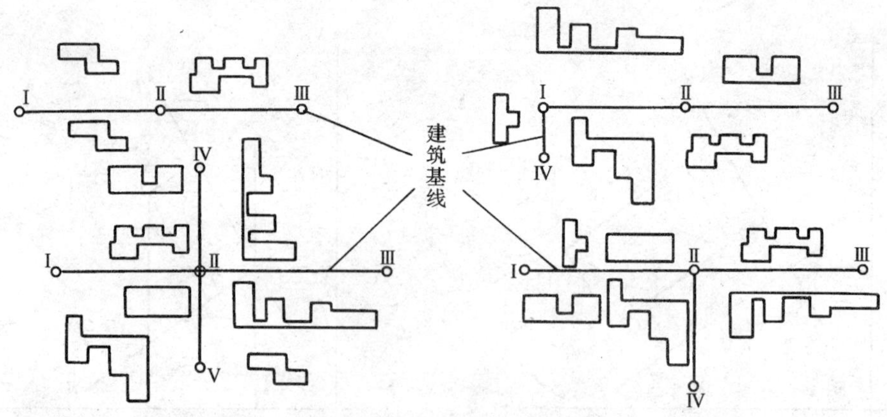

图 10.2　建筑基线的布设

角∠ABC,其角值应等于 90°,不符值不应超过±20″。实地量取轴线间的距离 d_1、d_2 是否等于设计长度,其不符值不应大于 1/10 000。若超限,适当调整 A、B 点的位置。

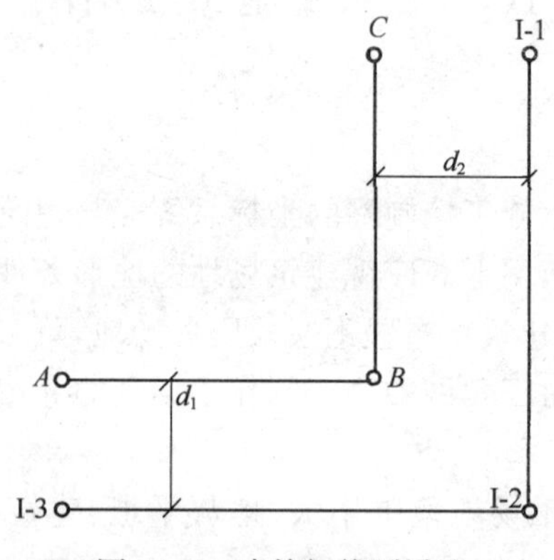

图 10.3　建筑红线测设法

(2) 用已知控制点测设建筑基线

如图 10.4 所示,在建筑场地中没有建筑红线和其他可以依据的基准线时,可采用附近已有的控制点Ⅰ-1、Ⅰ-2 测设建筑基线。测设前,依据建筑基线点的设计坐标,计算出测设基线点的放样元素,利用前面所讲述的平面点位的放样方法测设出基线点 A、B、C。由于在进行测设时有误差存在,A、B、C 三点往往不在同一直线上,如图 10.5 中的 A'、B'、C'。因而须在 B' 点安置经纬仪,精确测出∠$A'B'C'$。

若∠$A'B'C'$与 180°之差超过±15″,应对刚测设出来的基线点位进行调整。调整时,将 A'、B'、C' 各点沿与基线垂直的方向移动相同的调整值 ε。其值按下式计算:

$$\varepsilon = \frac{ab}{a+b}\left(90° - \frac{\angle A'B'C'}{2}\right)''\frac{1}{\rho''} \tag{10.3}$$

式中:ε —— 各点的调整值;

a,b—— 分别为 AB、BC 的长度。

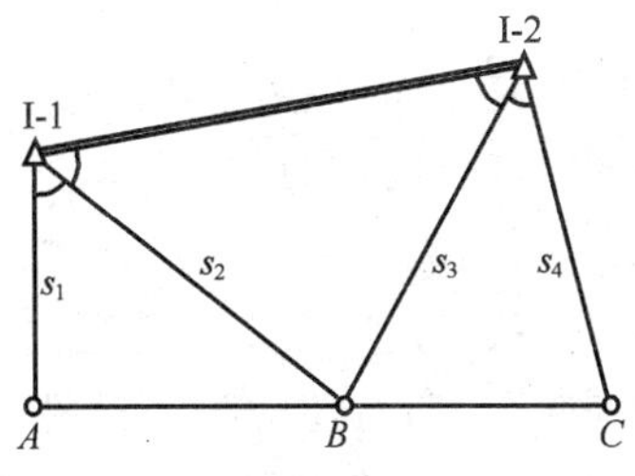

图 10.4 在已知控制点上测设

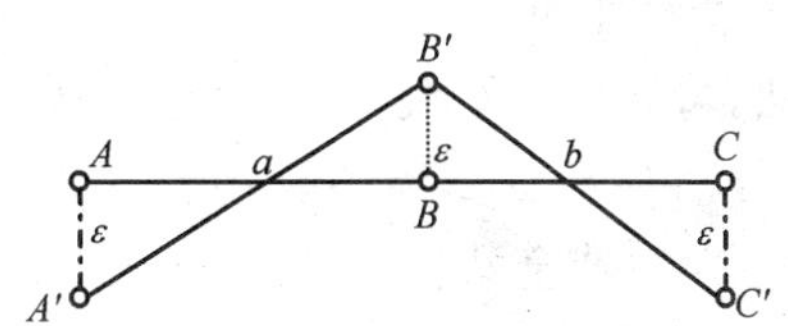

图 10.5 建筑基线点的调整

在调整直线角度的同时，还应调整 AB、BC 的距离，若实测距离与设计距离的相对较差大于1/20 000，则以 B 点为基准点，按设计长度调整 A、C 两点。直至角度较差和距离较差均满足规范的要求。

10.3.2 建筑方格网

在大中型施工区域，如大型厂、矿区的建设，通常将施工控制网布设成正方形或矩形的形式，称为“建筑方格网”。

1. 建筑方格网的设计与布设

建筑方格网的设计是由测量人员在总平面图上进行的。在设计时，应先设计主轴线，再设计方格网。主轴线分为横向主轴线和纵向主轴线。横向主轴线是贯通施工区域的主要轴线，是建筑方格网布设的基础。纵向主轴线是与横向主轴线相垂直的控制轴线。主轴线上的点称为主轴点。在进行设计与布设时应考虑以下几个方面：

1）根据设计总平面图，主轴线应布设在建筑场地的中央且靠近重要建筑物的地方，且平行或垂直于主要建筑物的轴线，以便与施工坐标轴方向一致，使控制点接近于测设对象。长主轴上至少有三个主点，主点要选在便于永久保存、相互通视、施工坐标值又尽量为整数的地方。

2）方格网可布设成正方形或矩形。方格网的边长一般为 100～500m，也可以根据测设的对象或具体情况而定，但尽量布成整米数。方格网各交角应严格成 90°。

3）当场地面积在 1km^2 以上时，可分成两级网。首级网布设成“＋”字形、“□”字形或“田”字形，再根据实际建设需要加密方格网。当场地面积小于 1km^2 时，则尽量布设成全面方格网。

4）将高程控制点与平面控制点尽量埋设在同一个标石上。

5）利用一个主点的图解施工坐标和建筑方格网中每格的设计长度及方位，推算出所有方格点的施工坐标。

2. 建筑方格网的测设

(1) 主轴线放样

如图 10.6 所示，EF、MN 为建筑方格网的主轴线，是整个方格网扩展的基础。当场区很大时，可先测设其中的一段，如图 10.7 中的 ABC 段，利用建筑基线的测设方法，可使用全站仪，采用极坐标法放样功能测设出 A、B、C 等主轴点。测设完成后，分别对 $\angle ABC$ 和各段方格网的长度进行检验，各项差值应在限差范围内。然后将经纬仪(或全站仪)安置在 B 点，瞄准 A 点，分别向左、向右转 90°，测设另一主轴线 MBN，在地面上标定出其概略位置 M'和 N'点。再精确测出 $\angle ABN'$和 $\angle ABM'$以及 BM'和 BN'的边长，分别计算出所测角度值与 90°的差值 β_1 和 β_2，并按下式计算出调整值 ε_1 和 ε_2。

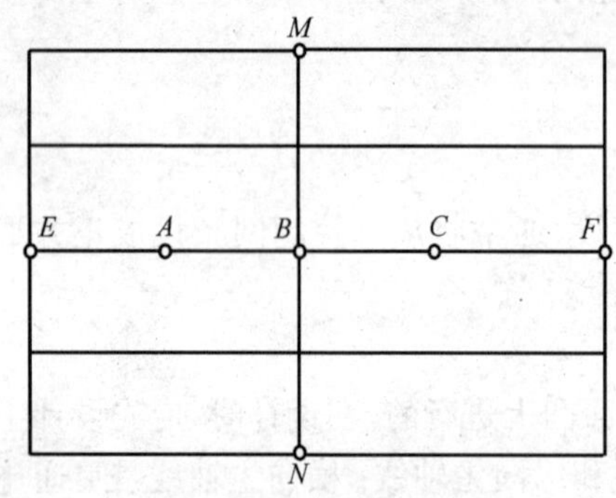

图 10.6 主轴线的布设

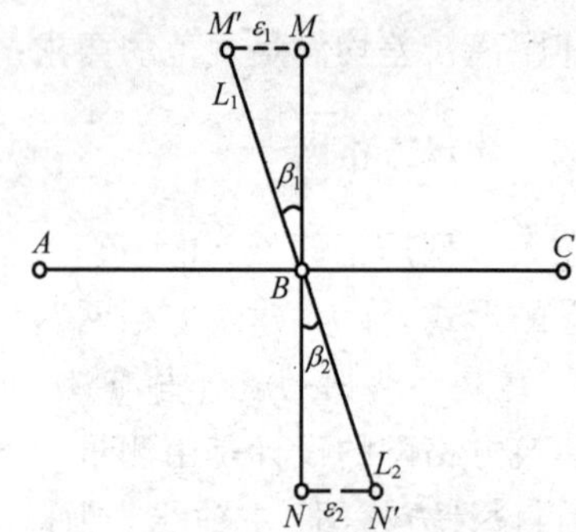

图 10.7 主轴线放样

$$\varepsilon = L \frac{\beta''}{\rho''} \tag{10.4}$$

式中：L —— BM'或 BN'的长度。

将 M'点垂直于 BM 方向移动 ε_1 得到 M 点，同样 N'点垂直于 BN 方向移动 ε_2 得到 N 点。点位经过调整后，检查两轴线的交角及主点间的距离，均应在规定的限差之内。

(2) 方格网点的放样

主轴线放样完成后，分别在主轴线端点安置经纬仪(或全站仪)，均以主轴线方向为起始方向，分别向左、向右精密测设出 90°方向线，按照设计的距离在方向线上放样出各方格网点，并以大木桩和小钉固定点位。各点放样完毕，应检测方格网边长和角度，其误差分别不应超过 1/20 000 和 ±10″。

建筑方格网的放样，精度要求高、作业过程复杂，通常应由专业的测绘队伍来承担完成。

10.4 施工场地的高程控制测量

建筑场地的高程控制测量应采用国家高程基准，或所在城市的高程基准，以便于建立统一的高程系统。因而，在布设高程控制网时，必须考虑与国家高程控制点(或城市高程控制点)的联测，并在整个施工区域内建立可靠的水准点，按水准网的形式布设和观测。

对于大型建设工程场地，施工高程控制网应分两级布设。首级采用三等水准网，然后用四等水准网加密。对于小型场地，可一次布设四等水准网。水准点可与平面控制点同时布设在同一标石上(或同一个点上)。由于光电测距仪或全站仪的普及，目前大多数建筑平面控制网的测设采用测距仪导线施测，在施测中，同时进行三角高程的测量(表 10.1)。因而，建筑工程的四等水准测量大多采用三角高程来代替。

表 10.1 三角高程测量主要技术要求

等级	仪器	测回数		指标差较差 /″	垂直角较差 /″	对向观测高差较差/mm	附合或环形闭合差/mm
		三丝法	中丝法				
四等	DJ2		3	≤7	≤7	$40\sqrt{s}$	$20\sqrt{\sum s}$
五等	DJ2	1	2	≤10	≤10	$60\sqrt{s}$	$30\sqrt{\sum s}$

注：s 为测距仪测量边长。

在进行施工场地的高程控制测量时，无论是采用水准测量、还是三角高程测量均应按照国家等级的相关规范要求进行。要求各级水准点坚固稳定。四等水准点可利用平面控制点作为水准点；三等水准点一般应单独埋设，点间距通常以 600m 为宜。三等水准点距厂房或大型建筑物一般应不小于 25m，在振动影响范围以外不小于 5m，距回填土边线不小于 15m。

为了便于施工放样，对每栋较大的建筑物，还要将其±0.000 线测设在场地附近的建筑物外墙或电杆等坚固地物上，并用红油漆绘制"▼"符号，"▼"的水平边位于测设的±0.000 线上。

思 考 题

10.1 建立施工控制网的主要目的是什么？

10.2 建筑场地平面控制网的形式有哪些？它们适用于哪些场所？

10.3 建筑基线、建筑方格网如何设计？如何测设？

10.4 简述施工高程控制测量的形式，可以采用哪些布网形式？

10.5 设建筑坐标系的原点 O' 在测量坐标系中的坐标为：x_0＝5378.664m，y_0

$=8745.326\text{m}$，x'轴在测量坐标中的方位 $\alpha=21°56'18''$，如图 10.8 所示。A、M、B 为建筑方格网的主轴线点。试计算 A、M、B 各点在测量坐标系中的坐标。

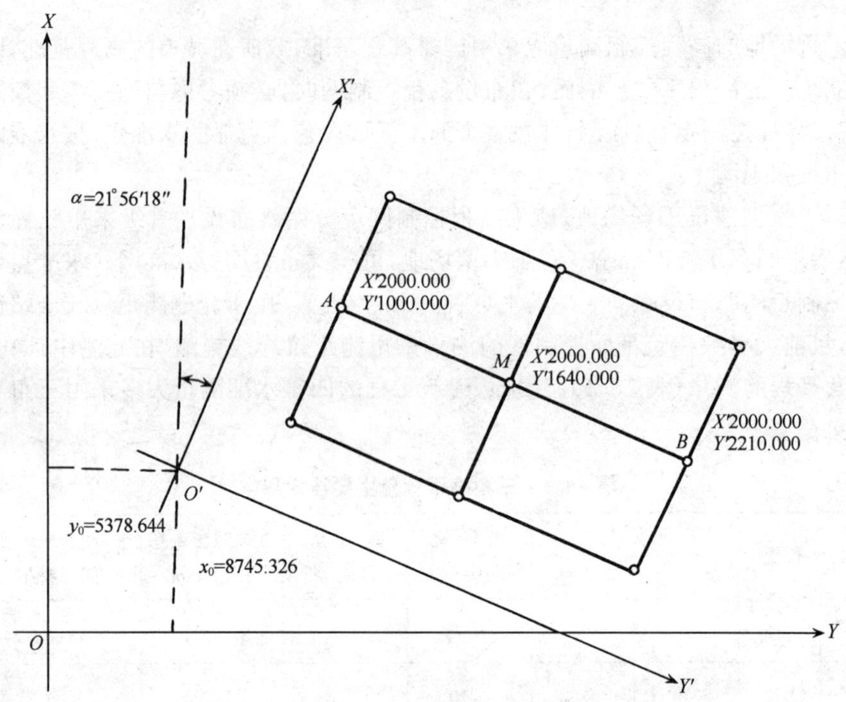

图 10.8　建筑坐标与测量坐标的坐标换算

第十一章　建筑工程施工测量

建筑施工中测量是一项重要工作，是保证施工顺利进行的关键。本章讲述民用建筑和工业建筑施工测量的内容及程序。重点介绍建筑物的定位与放线；基础施工测量；墙体施工测量；工业厂房安装测量；管道施工测量；高层建筑施工测量的内容和方法。

11.1　建筑施工测量概述

建筑工程一般可分为民用建筑工程和工业建筑工程，如住宅、办公楼、食堂、学校、仓库、医院、剧院都属于民用建筑工程；工业建筑工程包括各种厂房和工业设施。工业与民用建筑施工测量的主要任务是根据设计的要求，将建筑物的位置测设到实地位置上，这一过程就是施工放线。在进行施工测量之前，应对测量仪器设备和工具进行检校，还应进行充分的准备工作。

(1) 熟悉设计图纸

在施工前要取得控制测量成果和设计图纸等资料，并对取得的资料进行检查、核对，确认资料准确无误后方可使用。主要收集的资料有：控制测量成果、总平面图、建筑平面图、基础平面图、基础剖面图、建筑物剖面图等。

(2) 现场踏勘

了解现场的地物、地貌和原有控制点的分布及原有建筑物的布置情况。对建筑场地上的平面控制点、水准点要进行检核，以获得正确的测量起始数据和点位。

(3) 制定合理的测设方案

根据设计要求、定位条件、现场地形和施工方案等因素制定合理的施工放样方案。在方案制定时，一定要切合实际，所制定的方案既满足设计的要求，又经济、又实惠地保证施工的顺利进行。

(4) 准备测设数据

除计算必要的放样数据外，还必须从设计图纸上查找建筑物内部的尺寸和高程数据。这些主要数据资料有：

1) 根据总平面图查取或计算设计建筑物与原有建筑物或测量控制点之间的平面尺寸、夹角和高差，作为测设建筑物总体位置的基础。

2) 从建筑平面图中查取各定位轴线间的尺寸关系，这是建筑物施工放样的基本数据。

3) 从基础平面图上查取基础边线与定位轴线的平面尺寸，以及基础布置与基础剖面位置的关系。

4）从基础详图中查取基础立面尺寸、设计标高、基础边线与定位轴线的尺寸等数据，这是基础施工中标高放样的依据。

5）在建筑立面图和剖面图中，可以查出室外地坪、出入口、门窗、楼板、屋架和屋面等处的标高，是标高放样的主要依据。

11.2　建筑物的定位与放线

11.2.1　建筑物的定位

如图 11.1 所示，建筑物的墙基础或柱基础在平面上投影的中心线或边线称为建筑物轴线，将其中能控制建筑物整体形状或起定位作用的轴线称为定位轴线。定位轴线上的点称为定位点。只要定位轴线一经确定，建筑物的位置也即确定下来。因而，建筑物的定位就是根据设计总图和平面图将定位点测设在地面上，然后再根据这些点进行细部放样。

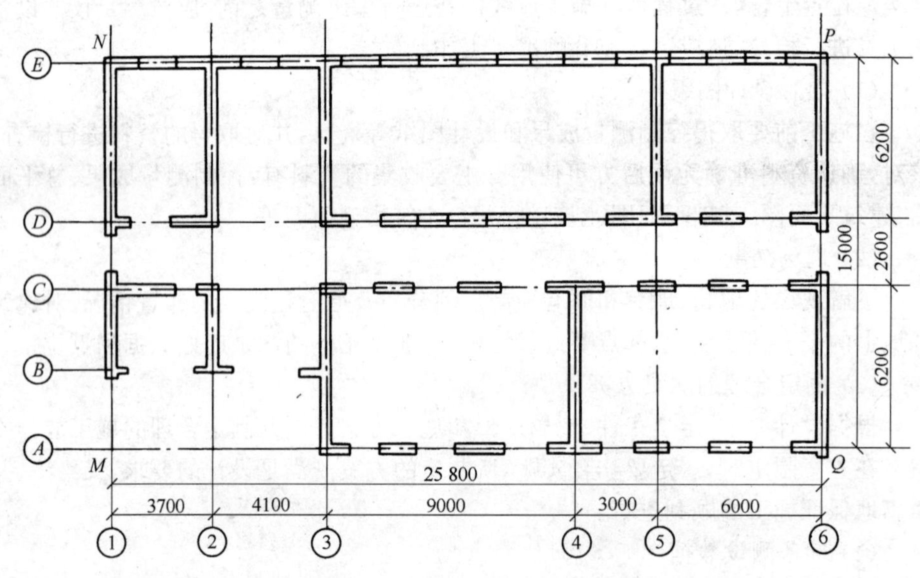

图 11.1　建筑物轴线示意图

综上所述，建筑物的定位应根据建筑总平面图上给定的定位条件不同，应采用不同的方法，这些方法有：直角坐标法、极坐标法、角度交会法和距离交会法。如图 11.2 所示，下面介绍依据原有建筑物测设拟建建筑物的方法。

在图中，画有斜线的建筑物为原有建筑物，未画斜线的为拟建建筑物。沿原有建筑物的 *BA*、*DC* 线向南标定出一段距离得到 *a*、*c* 点，在地面上用木桩（或标志）

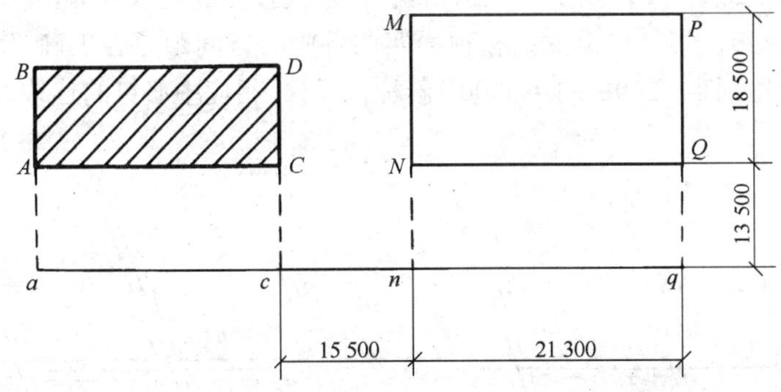

图 11.2　以原有建筑物为依据进行放样

固定。在 a 点上安置经纬仪，瞄准 c 点，并从 c 点沿 ac 方向量出 15.50m 得到 n 点，再沿 an 方向量出 21.30m，可得到 q 点。此时，nq 线就是用于测设拟建建筑物的建筑基线。然后将经纬仪分别安置在 n、q 点，并瞄准 a 点，转角 90°，可分别得到 nM 和 qP 方向。沿得到的方向线 nM 和 qP，分别从 n、q 点量出 13.50m，得到 N、Q 点，量出 32.00m(13.50m+18.50m)得到 M、P 点。N、M、P、Q 四点即为拟建建筑物的定位轴线点。最后检查 MP 的距离是否等于 21.30m，$\angle M$ 和 $\angle P$ 是否等于 90°。如果这些误差在规定的范围内，即满足要求。否则，重新进行测设，直到满足要求为止。

11.2.2　建筑物的放线

建筑物定位轴线测设出来后，即可根据定位轴线放样建筑物的各细部轴线，这项工作称为建筑物放线。在放线时，根据定位轴线与各轴线间的尺寸关系将各轴线的交点放样于地面上，并钉上木桩，称为中心桩。然后根据中心桩用白灰撒出基槽开挖边界线。若为桩基工程，则应钉出钻孔中心位置。

由于施工挖槽时，中心桩要被挖掉，因此，在挖槽前要把各轴线延长到挖槽范围以外，做好标志，作为挖槽后各阶段施工中恢复轴线的依据。延长轴线常用的方法有：放样龙门板法、放样轴线控制桩法及放样距离指标桩法。

1. 放样龙门板

如图 11.3 所示，在建筑物的基槽外，于各轴线两端打上木桩，并在上面钉设水平木板，分别称为龙门桩和龙门板。龙门板放样的步骤如下：

1）在建筑物各轴线两端基槽外 1.5～2.0m 处钉设龙门桩，桩要竖直、牢固，桩外侧面与基槽平行。

2）根据建筑场地附近的水准点，用水准仪将±0.000 高程测设在龙门桩上，并将龙门板的上边缘对准桩上的±0.000 线，把龙门板钉在龙门桩上。若因施工条件限制，可放样比±0.000 标高线低或高某一整数的标高线，并在龙门板上写明。以此控制挖槽深度。

3）分别在 M 点和 P 点安置经纬仪，将各轴线投测到龙门板上，并以小钉作标志（俗称中心钉）。用钢尺沿龙门板顶面实测各中心钉间距是否正确，作为放样检核，其精度应达到 1∶2000～1∶5000。若检核无误，相应中心钉的连线即为轴线的位置。

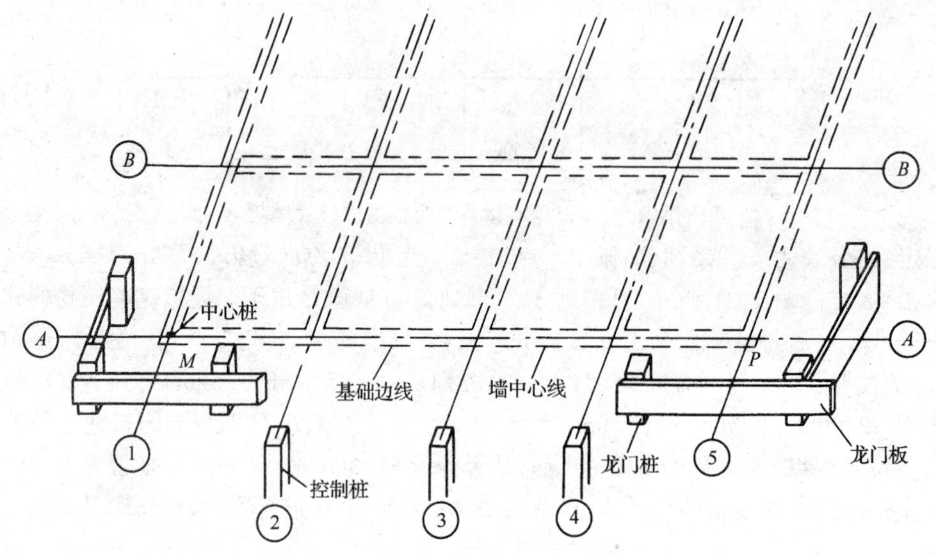

图 11.3　测设龙门板

2. 设置轴线控制桩

在轴线放样时，轴线控制桩设置在基槽外基础轴线的延长线上，作为开槽后各施工阶段确立轴线位置的依据，轴线控制桩放样好后，可用混凝土固定，如图 11.4 所示。轴线控制桩离基槽外边线的距离根据施工场地的条件而定。如果场地附近有已建的建筑物，可将轴线投测到建筑物的墙上。为了保证控制桩的精度，施工中将控制与定位桩一起测设，有时先测设控制桩，再测设定位桩。

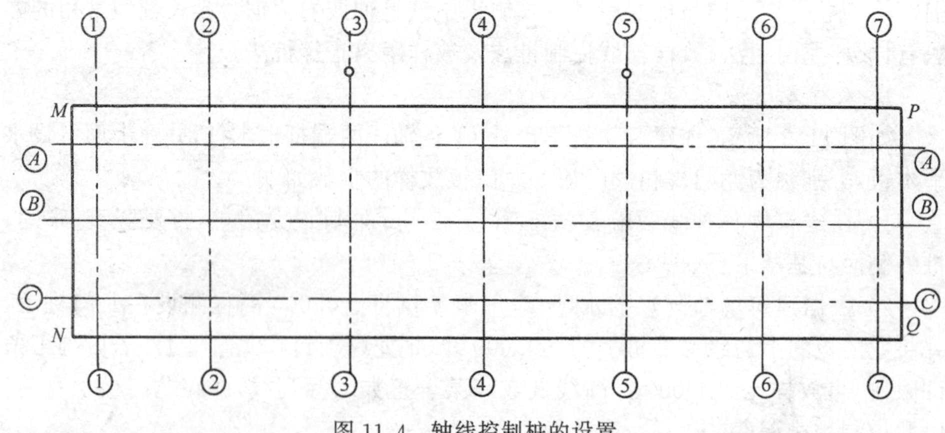

图 11.4　轴线控制桩的设置

3. 放样距离指标桩

在工业建筑工程施工中，由于其规模较大，设备复杂，多为柱基础和预制构件的安装。为了保证施工设计的要求，对测量工作要求较为严格。因此，对于大型或设备基础复杂的建筑工程，一般是在建筑方格网的基础上，建立厂房控制网，作为施工的基本控制，用来放样基础位置和内部构件的详细位置。厂房控制网一般由主轴点、四角控制点和距离指标桩组成，其中距离指标桩是确定各轴线的基础。

11.3 建筑物基础施工测量

11.3.1 一般基础施工

在上述工作完成后，即可根据龙门板或轴线控制桩或距离指标桩在地面上标出轴线和基础位置，并按灰线的位置进行开挖。为控制基础槽的开挖深度，当基础槽开挖快到底时，可用水准仪根据地面上的±0.000点，在槽壁上每隔3～4m及拐角处测设水平控制桩，使桩顶距基底为一整数(一般为0.500m)，如图11.5所示。在桩顶面上拉上线绳，即可作为清底和垫层标高控制的依据。根据水平控制桩控制基槽开挖到设计深度，并按要求打好垫层。

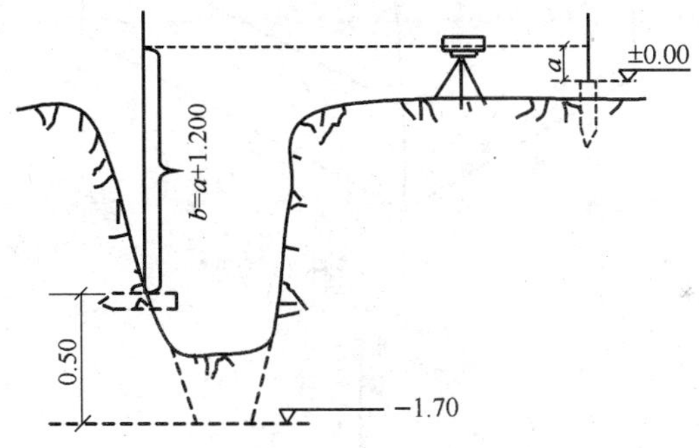

图11.5 水平控制桩的测设

当垫层打好后，在龙门板上的轴线钉之间拉上线绳，用锤球线将基础轴线投设在垫层上，如图11.6所示。并用墨线弹出墙中心线、基础边线，作为基础施工的依据。

11.3.2 杯形基础施工

杯形基础是装配式柱子基础的一种形式，如图11.7所示。装配式柱子一般由柱身和基础两部分构成，通常分别制作，现场装配。因此，对基础部分的施工要求较为严格。

在柱基施工时，首先进行柱基定位，即根据轴线延长线标志，如图11.8所示，

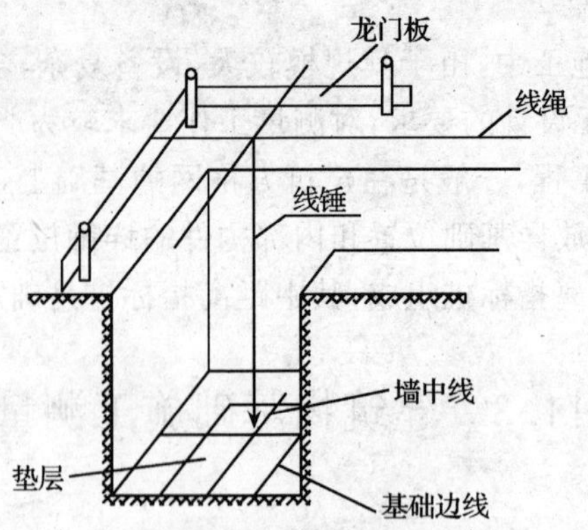

图 11.6　轴线点的投设

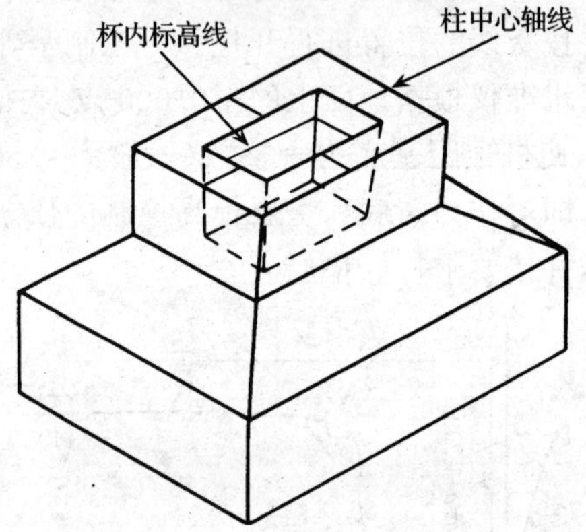

图 11.7　柱子杯形基础

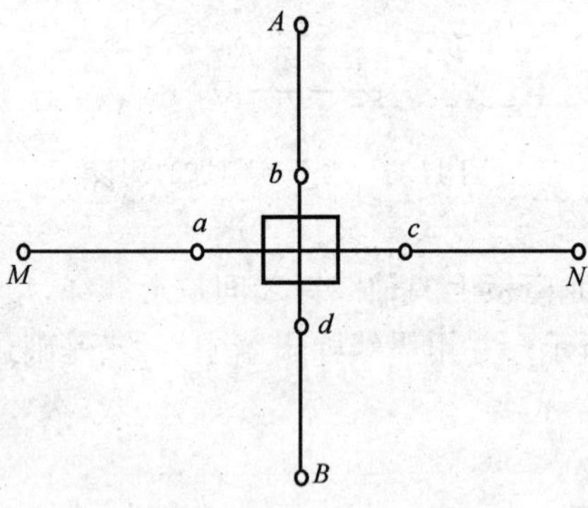

图 11.8　柱基础的测设

在距离柱基开口处 0.5～1.0m 的地方，沿柱子中线打入四个定位木桩 a、b、c、d，并在木桩顶面钉小钉作为中线标志。各基础有了定位桩后，即可破土开挖。当柱子基础将挖到设计深度时，用水准仪在基坑四壁上放出距坑底设计标高为某一常数的标高，并用木桩标出(图 11.5)，以控制坑底修整，达到设计深度。在基础浇灌好后，如图 11.7 所示，对杯口进行抄平，在杯口内壁测设一条高程线，从高程线起向下量取一个分米数即到杯底的设计高程。最后，将轴线精确投测到埋设在杯口顶面的中心标板上，并刻以“十”字线。所有中心标板投点均需独立作两次，其投点误差不得大于±2mm。

11.4 安装测量

在工业厂房的施工中，多采用预制构件，现场安装的办法，特别是大型工业设备的安装。在安装时，由于构件或设备都是按尺寸设计或制作，施工时必须按设计要求的位置和相互关系进行安装。因此，测量工程技术人员应保证各构件的位置和相互间的几何关系符合设计要求，使安装工作顺利进行。

安装工作是在基础浇灌好以后进行的。在安装之前，要进行平面控制及高程控制的检查验收、各种中心线的检查验收。

11.4.1 柱子安装测量

安装柱子的测量工作是使柱子位置正确、柱身竖直、各柱子的牛腿面位于同一设计高程面上。因此，安装之前，如图 11.9 所示，在柱子的三个面上用墨线分别弹出三面的中心线，由牛腿面按牛腿面的设计高程沿柱身向下量出“±0”标高位置。根据“±0”的位置沿四边量至柱底，得到的长度与设计值进行比较，其差值作为修整杯底的依据。

在上述工作完成以后，可将柱子吊起，插入基础杯口中，使柱身中心线与杯口中心线对齐，四周用钢丝缆绳拉紧，并在四周塞上木(铁)楔子，使柱子竖直。如有偏差可锤打木(铁)楔子直至各面中心线与杯口中心线吻合，其偏差值不超过±5mm。同时还应使柱身“±0”标志与现场实地测设出的“±0”标高标志对齐，其偏差不应超过±3mm。

为了使柱身严格竖直，将两台经纬仪分别安置在相互垂直的两条轴线上，离开柱子的距离约为柱高的 1.5 倍。如图 11.9 所示，照准柱身底部的中心线，然后逐渐抬高望远镜，观测柱身中心线是否偏离望远镜中的十字线。如果偏离，则说明柱子不垂直，可调节缆绳或用千斤顶进行调整，直到两个方向都符合要求为止。此项工作应正、倒镜进行观测，直到满足要求。

在实际工作中，当柱身中心线均在同一竖直面上时，即把成排的柱子都竖起来，然后进行校正。此时，可把两台经纬仪分别安置在纵横轴线的一侧，如图 11.10 所示，同时校正几根柱子。

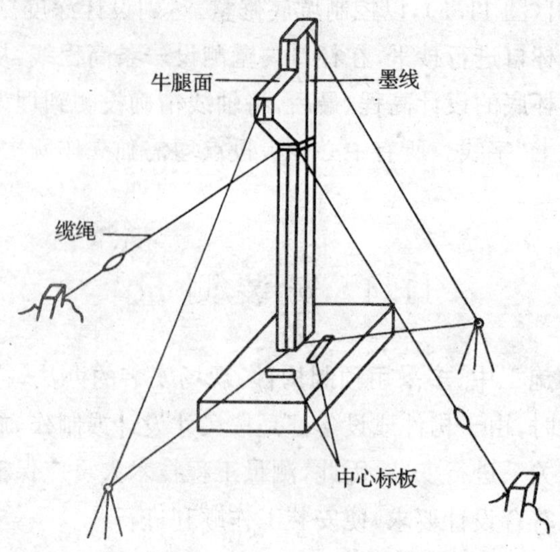

图 11.9 柱子的安装测设

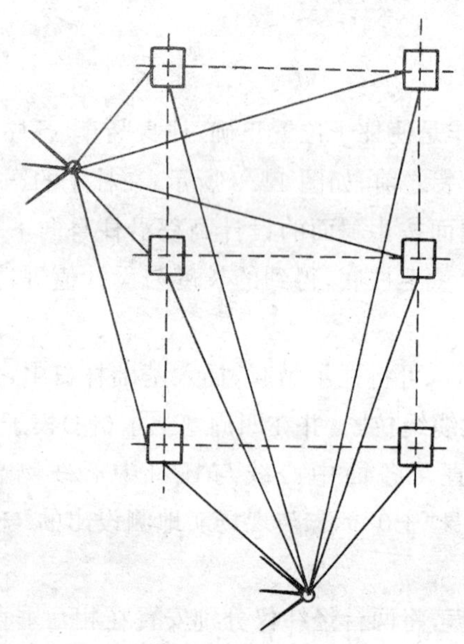

图 11.10 柱子的校正

11.4.2 吊车梁及吊车轨道的安装测量

吊车梁及吊车轨道安装测量的主要任务是使吊车梁及吊车轨道安装在设计的空间位置上，即把吊车梁及吊车轨道按设计的平面位置和高程位置准确地安装在牛腿上。

如图 11.11 所示，在吊车梁安装前，先弹出吊车梁顶面中心线和吊车梁两端中

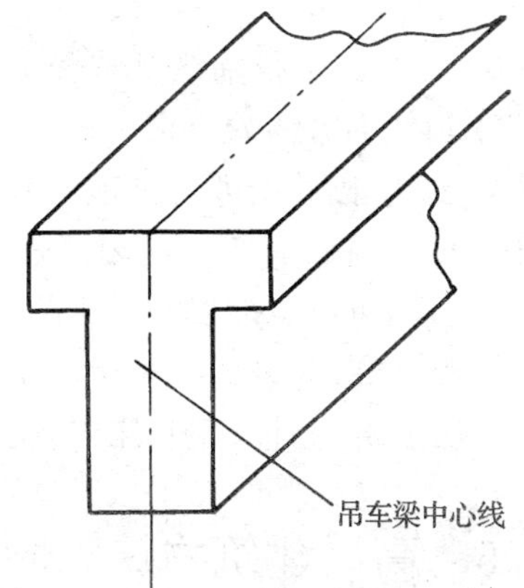

图 11.11　测设吊车梁中心线

心线。同时，要将吊车轨道中心线投到牛腿面上。具体方法如下：根据厂房定位时的控制桩点，如图 11.12(a)中的厂房中心线 A_1A_2，根据设计轨距在地面上测设出吊车轨道中心线 $A'A'$和 $B'B'$。然后，分别安置经纬仪于吊车轨中线的一个端点 A'，瞄准另一个端点 A'，仰起望远镜，即可将吊车轨中心线投测到每根柱子的牛腿面上并弹出墨线。安装时，根据牛腿面上的中心线和梁端中心线，使梁端中心线与牛腿面上的中心线相重合，将吊车梁安装在牛腿上。吊车梁安装完后，应检查吊车梁的高程，可将水准仪安置在地面上，在柱子的侧面上测设一个整分米数的标高线，再用钢尺从该标高线沿柱子面向上量出至梁面的高度，以检查梁面标高是否正确，如有不符，可在梁下用铁垫板调整梁的高度，直到符合设计要求。

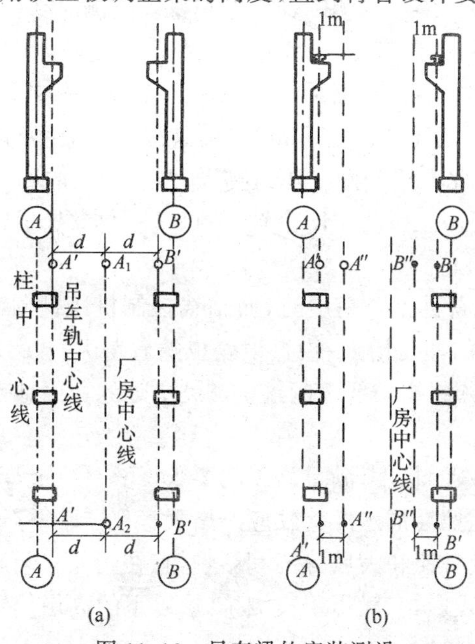

图 11.12　吊车梁的安装测设

安装吊车轨道前，必须重新恢复吊车梁中心线。如图 11.12(b)所示，在地面上标定出和吊车轨中心线间距为 1m 的平行轴线 $A''A''$和 $B''B''$，分别在 $A''A''$和 $B''B''$上安置经纬仪，在梁面上垂直于轴线的方向放一根木尺，使尺上 1m 处的刻度位于望远镜的视准面内，在尺的零端划线，则此线即为吊车轨中心线，如不重合，可用撬扛移动吊车轨道，使吊车轨中心线至 $A''A''$和 $B''B''$的距离等于 1m 为止。

吊车轨按中心线安装到位后，可将水准仪安置在吊车梁上，水准尺直接放在轨顶上进行检测，每隔 3m 测一点标高，与设计标高相比，误差应在±3mm 以内。同时用钢尺悬空丈量吊车轨间跨距，与设计跨距相比，其误差不得超过±10mm。

11.5 高层建筑物施工测量

高层建筑物的特点是层数多、高度高、建筑结构复杂、设备和装修标准较高。因此，高层建筑物施工测量中的主要问题是控制竖向偏差。

11.5.1 轴线投测

在高层建筑物的墙身砌筑过程中，为了保证各层建筑物轴线位置的正确，一般采用经纬仪引桩投测法或激光铅垂仪投测法将建筑物主轴线精确地投测到各层楼板的边缘或柱顶上，并测设出每层楼板中的中心线。

1. 经纬仪引桩投测法

在高层建筑物定位之后，用经纬仪(或全站仪)将建筑物的主轴线精确地投测到地面上，作为以后各层施工投测的轴线控制桩。投测时，将经纬仪(或全站仪)安置在远离建筑物的轴线控制桩上，分别以正、倒镜两个盘位照准建筑物底部所设的轴线标志，向上投测到每层楼面上，取正、倒镜两投测点的中点，即可得到投测在该层上的轴线点，投点容许误差为±5mm，并量取所投测轴线间的距离，其相对误差不得大于 1/2000。按此方法分别在建筑物纵、横主轴线的四个轴线控制桩上架设经纬仪，可在同一层楼面上投测出四个轴线点。楼面上纵、横轴线点连线的交点即为该层楼面的投测中心。

当建筑物逐渐增高至相当高度时，而轴线控制桩距建筑物又较近时，经纬仪(或全站仪)向上投测的仰角增大，投点误差也随着增大，投点精度降低，而且观测操作不方便。因此，必须将主轴线控制桩引测到更远的稳固地点或附近大楼的屋顶面上，以减小仰角。

为了保证投测轴线的精度，满足施工的要求，经纬仪(或全站仪)一定要经过严格的检验校正，尤其是照准部水准管轴应严格垂直仪器轴并严格整平。为了减小外界条件的影响，如避免日照和大风等不利影响，宜在阴天和无风时进行投测。用经纬仪作控制点的垂直投影，一般用于投测 10 层以下的高层建筑。

2. 激光投测法

激光铅垂仪是一种供铅垂定位的专用仪器，适用于高层建筑、烟囱和高塔架的铅垂定位测量。主要由氦氖激光器、竖轴、发射望远镜、管水准器和基座等部件组成，基本构造如图 11.13 所示。

激光投测法是将激光铅垂仪安置在轴线控制点上，并进行严格整平和对中，为了使激光束能进行投射，应在施工层预留孔洞。开机后，仪器所发射的垂直激光束所形成的光斑即为轴线控制点的投测点。使用激光准直仪器具有轴线的投测精度高，大大地提高工作效率等特点。

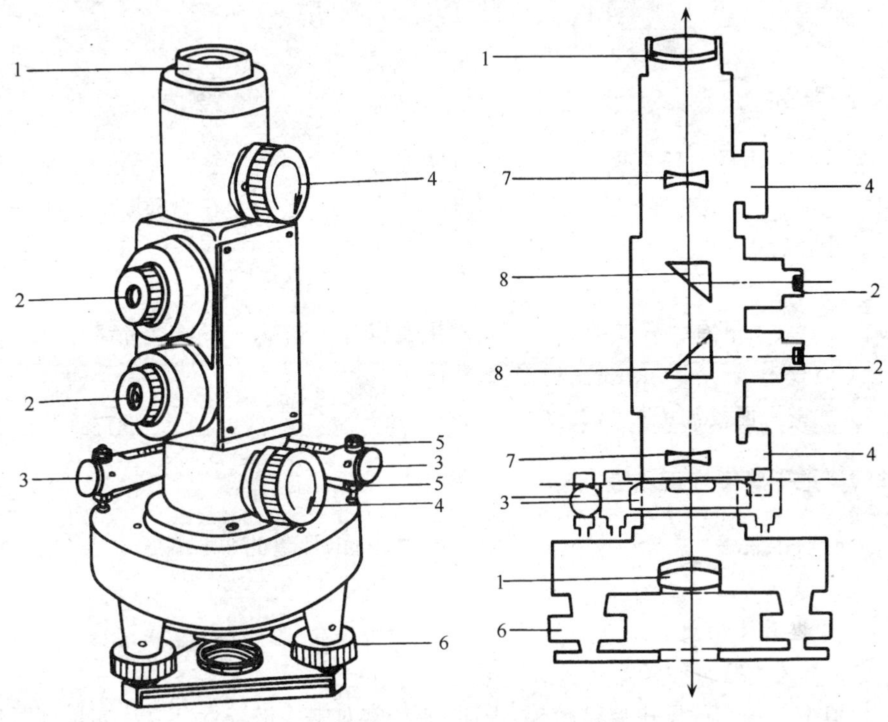

图 11.13 PD3 型垂准仪

1. 物镜；2. 目镜；3. 水准管；4. 物镜调焦螺旋；5. 水准管校正螺旋；6. 脚螺旋；7. 调焦透镜；8. 直角反射棱镜

11.5.2 高程传递

高层建筑物施工中，要由下层楼面向上层传递高程，以使上层楼板、门窗口、室内装修等工程的标高符合设计要求。高程建筑物底层的±0.000 标高可利用施工场地内的水准点进行测设。高程的传递方法如下：

1. 利用钢尺直接丈量

在标高精度要求较高时，可用钢尺沿某一墙角自±0.000 标高处起向上直接丈量，把高程传递上去。然后根据由下面传递上来的高程立皮数杆，作为第二层墙身砌筑和安装门窗、过梁及室内装修，地平抹灰时控制标高的依据。

2. 悬吊钢尺法

在楼梯间悬吊钢尺，钢尺下端挂悬一重锤，在观测时为了使钢尺比较稳定，可将重锤浸于一盛满油的容器中，用水准仪在下面与上面楼层分别读数，按几何水准测量的方法一站一站地把下层标高传递到上层。具体测量方法见第九章中所述的空间点的高程测设与传递，这里不再过多讲述。

11.6 管道施工测量

11.6.1 概述

管道施工测量的任务是按照设计图纸及施工要求，将管道的实际位置（平面位置和高程位置）测设在地面上，指导并保证施工的顺利进行。在纵横断面图上完成管道设计之后，并可进行管道的施工测量。在破土动工之前，应作好有关的准备工作。

1）收集、了解有关管道的设计资料和测量资料，熟悉图纸和现场情况。

2）检查中线并钉设中线控制桩。

3）加密平面及高程控制点。

11.6.2 地下管道施工测量

给（排）水管道、煤气管道及城市中的电力、通讯管道的工程施工，大多属于地下工程。

1. 管道放线测量

（1）管道中线桩的恢复

管道中线桩在施工中要被挖掉，因而，要经常对中线桩进行恢复。如果施工现场有全站仪，则中线桩的恢复较为方便。恢复时，在已知的测量控制点上安置全站仪，并用另一个测量控制点进行定向，由于中线桩的设计坐标是已知的，因此利用全站仪的坐标放样法即可立即恢复；如果施工现场没有全站仪，则可首先测设施工控制桩，其方法是利用经纬仪将中线桩引测到其开挖范围以外一定距离的方向延长线上，井位控制桩测设在管道中线的垂直方向上，离中线最好是一个整米数，选用木桩固定。

（2）槽口放线

在管道中线桩恢复后，管道破土开槽前，应根据管径的大小、埋设深度及地形土质情况，决定开槽宽度，在地面上定出槽边线的位置，并地面上钉上边桩，沿边桩线撒出白灰线，作为指导施工开挖的边界，如图 11.14 所示。

若管道的横向地表地形坡度变化比较平缓时[图 11.14(a)],半槽口开挖宽度为:

$$\frac{D}{2}=\frac{d}{2}+h\cdot m \tag{11.1}$$

式中:D —— 槽口宽度;

h —— 管道埋设深度,即管道中线上的挖土深度;

d —— 槽底宽度,也即管径;

m —— 管槽边坡系数(放坡系数)。

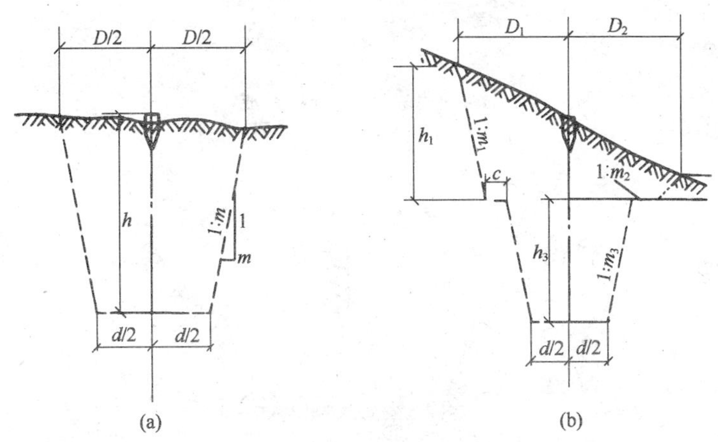

图 11.14　槽口的开挖宽度

若管道的横向地面坡度比较陡时,如图 11.14(b)所示,中线两侧开挖宽度可按下式计算:

$$D_1=\frac{d}{2}+c+h_1\cdot m_1+h_3\cdot m_3 \tag{11.2}$$

$$D_2=\frac{d}{2}+c+h_2\cdot m_2+h_3\cdot m_3 \tag{11.3}$$

式中:D_i—— 以中线为界的左、右槽口宽度;

h_i—— 管道埋设深度,即管道中线上的挖土深度;

c—— 槽肩宽度;

m_i—— 管槽边坡系数(放坡系数)。

若埋设深度较浅,土质坚实,管槽可垂直开挖。

2. 管道施工中的测量工作

管道的埋设按照设计的中线和坡度进行。因此,在开槽前应设置施工测量标志,用于控制管道的中线和高程。施工中通通常用采用龙门板法。

1) 龙门板法。

龙门板是由坡度板和高程板组成,如图 11.15 所示。沿中线每隔 10～15m 和检查井处设置龙门板。坡度板埋设好后,中线测设时,把经纬仪安置在中线控制桩上,瞄准远处的中线控制桩点把管道中线投影到坡度板上,并用小钉标定其位置(图 11.15 中的中线钉),各龙门板上中线钉的连线即为管道的中心线方向。在连线上吊锤球,可将中线位置投影到管槽内,以控制管道中线。

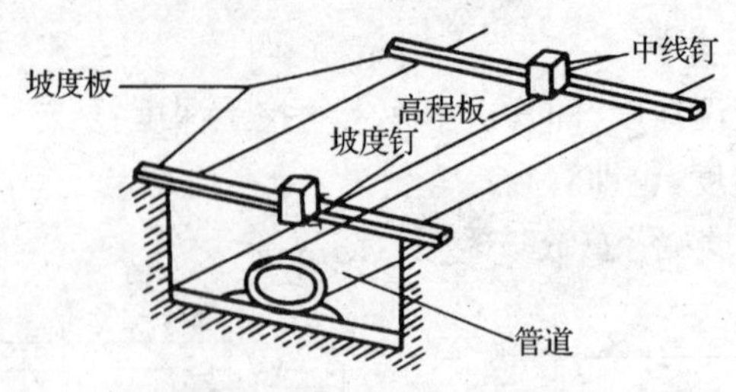

图 11.15　龙门板的组成

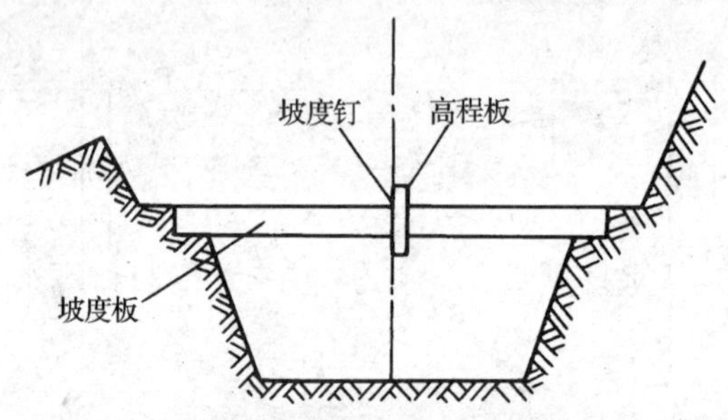

图 11.16　坡度钉的测设

地下管道要求有一定的高程和坡度。为了控制管道槽的开挖深度,在施工中通常用坡度钉来进行控制。根据附近的水准点,用水准仪测出各坡度板顶高程,则坡度板顶与管道设计高程之差即为由坡度板顶往下开挖的深度(实际上管槽开挖深度还应加上管壁和垫层的高度),通常称之为下返数。由于各坡度板的下返数都不一致,施工时检查起来不方便。为此,按下列公式计算出每一块坡度顶应向上或向下的调整数 δ,使下返数为预先确定的下一个整数 C。

$$\delta = C - (H_{板顶} - H_{管底}) \tag{11.4}$$

式中:$H_{板顶}$—— 坡度板顶高程;

$H_{管底}$—— 管底设计高程。

根据计算出的调整数,在坡度板中心线的一侧钉上一块高程板,在高程板上测设一点,钉上铁钉,称为坡度钉,如图 11.16 所示。使各坡度钉的连线平行于管道设计坡度线,并距离管道底设计高程为 C,利用这条平行线来控制管道坡度和高程。

测设坡度钉的方法较多,现以图 11.17 中的 $K1+000 \sim K1+010$ 段管道和表 11.1 为例,说明坡度钉施工测设的方法。

2) 后视水准点 BMO,求出视线高。

$$H_{视} = 156.800 + 1.357 = 158.157(\text{m})$$

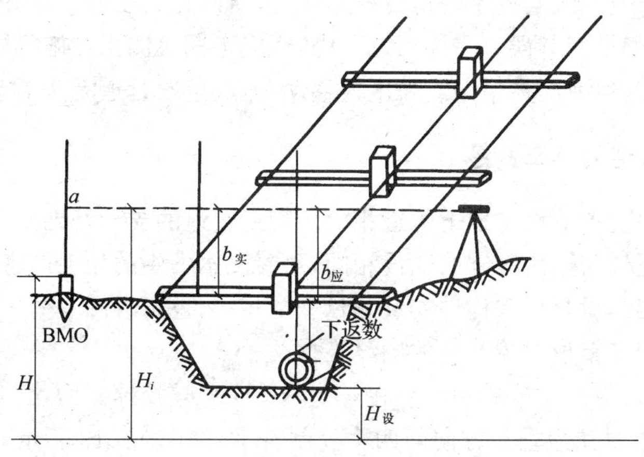

图 11.17 坡度钉的施工测设

分别填入表中 2、3 栏内。

3）根据设计坡度计算各桩点的管底设计高程，填入表 11.1 的第 4 栏中。本例中设计坡度为 5‰。

表 11.1 坡度钉的计算数据表

测 点 （板号）	后 视 /m	视线高 /m	管底设计 高程 /m	坡度钉 下返数 /m	坡 度 板 实读数 /m	坡 度 板 应读数 /m	改正数 ΔH/m
1	2	3	4	5	6	7	8
BMO	1.357	158.157					
K1＋000			153.31	2.000	2.777	2.847	－0.070
K1＋010			153.36	2.000	2.815	2.797	＋0.018
K1＋020			153.41	2.000	2.871	2.747	＋0.124

4）根据实际情况选择下返数，填入第 5 栏中，下返数的选择，应使坡度钉在不妨碍施工，并且使用方便的高度上。在本例中下返数选择为 2.000m。地面起伏较大时，可分段选取下返数。

5）计算各坡度钉的前视应读数 $b_{应}$，填入第 7 栏中。

$$b_{应} = 视线高 - (管底设计高程 + 下返数) \tag{11.5}$$

6）计算各坡度板顶改正数 ΔH。将水准尺立于坡度板顶，分别读取各板顶的实际读数 $b_{实}$，填入表中的第 6 栏，改正数为

$$\Delta H = b_{实} - b_{应} \tag{11.6}$$

例如，K1＋010 坡度板顶的改正数为 $\Delta H = 2.815 - 2.797 = +0.018$(m)，将数据 ΔH 填入第 8 栏中。若 ΔH 为“－”时，则坡度板应向下改正，若为“＋”时，则应向上改正。

高程板上的坡度钉是控制管道高程的标志，所以在坡度钉钉设好后，应重新进行水准测量，检查是否有误。在施工过程中，还应定期检测正在施工段和已完成段坡度钉的高程，以免因测量错误或坡度板移动，造成各段管道无法衔接。

11.6.3 架空管道的施工测量

架空管道的主点测设与地下管道相同。架空管道的支架基础开挖中的测量工作和基础模板空位与厂房基础的测设相同，可参阅本书中的相关内容。同样，架空管道的支架安装测量与厂房构件安装测量基本相同，也可参阅本书中的相关内容。在这里重点介绍支架位置控制桩的测设工作。

架空管线上，每个支架的中心桩在开挖基础时均被挖掉。为此，必须将支架的中心桩位置引测到互为垂直方向的四个控制桩上，如图 11.18 所示。有了控制桩后，就可确定开挖边线(如图 11.18 中的虚线)，并进行基础施工。

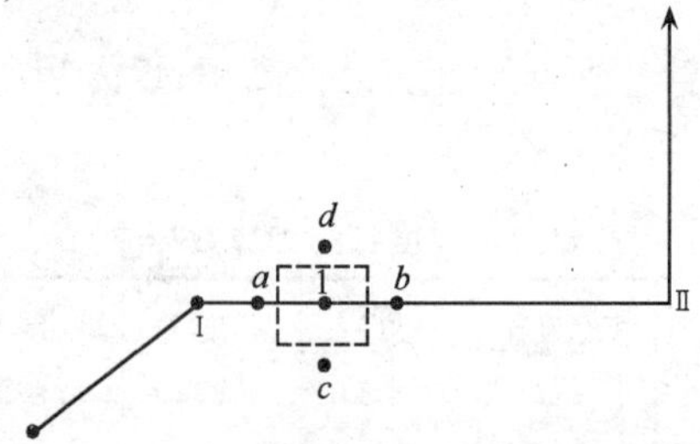

图 11.18　架空管道的支架开挖边线测设

在全站仪普及的情况下，也可以在中心桩被挖的情况下，在需要时，利用全站仪的坐标放样法随时恢复其位置，指导支架基础开挖的进行。

11.6.4 顶管施工测量

当地下管道穿越铁路、公路、河流或重要建筑物时，特别是在城市的市政工程管道施工中，为了保证正常的交通运输和避免大量的折迁工作和道路路面开挖，往往不允许从地面开挖沟槽，而采用顶管施工的方法.这种方法是在管线一端或两端事先挖好工作坑，在坑内安置导轨，管材放在导轨上，用顶镐将管材沿中线方向顶入土中，然后将管内的土挖出来。因此，顶管施工测量的主要任务是控制管道顶进的中线方向、管底高程和坡度。

1. 顶管中线定线测量

常规方法是在坑内两个顶管中线桩之间拉紧一条细线，并在细线上挂两个锤球，两锤球的连线即为顶管中线方向。为了保证测量精度，两锤球间的距离应尽量远些。在管内设置一把横放水平尺，尺寸略小于管子的管径，尺子的分划是中央为零向两端增加的。顶管时，将尺子在管内放平，通过管外两锤球投入管内一条线与水平尺上的中央刻划比较，如果重合，则说明顶管中心在设计管线方向上；如不重合，则顶管有偏差。其偏差值可接直在尺子上读出，若偏差超过±1.5cm，则需要校正管子。

2. 管底高程测量

如图 11.19 所示，将水准仪安置在坑内，以临时水准点作为后视点，以顶管内待测点为前视点，使用一根略小于管径的水准标尺，利用几何水准测量的方法即可求得待测点的高程。将测得的高程与管底的设计高程进行比较，如果其差数超过±1.0cm，则需要校正。

在顶进过程中，每隔 0.5～1.0m 进行一次中线测量和高程测量，以保证施工质量。测量时应作相应的手簿记录。当顶管距离较长时，需要分段施工，每一百米设一个工作坑。采用对向顶管施工方法，在贯通时，管道错口不得超过±3cm。

图 11.19 管底水准测量

思 考 题

11.1 建筑物施工测量的任务是什么？

11.2 建筑物施工测量包括哪些主要工作？

11.3 如何测设建筑物轴线？如何测设龙门桩和龙门板？

11.4 在高层建筑物中如何进行轴线的引测和高程的传递？

11.5 简述工业厂房施工测量中，建筑方格网的建立方法。

11.6 简述基础施工测量的测量方法。如何控制基础的开挖深度？

11.7 简述柱子的安装测量方法。

11.8 简述吊车梁及吊车轨道的安装测量方法。

11.9 如图 11.20 所示，图中已经给出了新建筑物与原建筑物的相对关系(墙厚 37cm，轴线偏里)，试述测设新建筑物的方法和步骤。

11.10 如何进行管道中线测量？

11.11 如何进行管道的施工放样？

11.12 简述顶管施工中的测量工作。如何进行顶管的中线定线和高程测量？

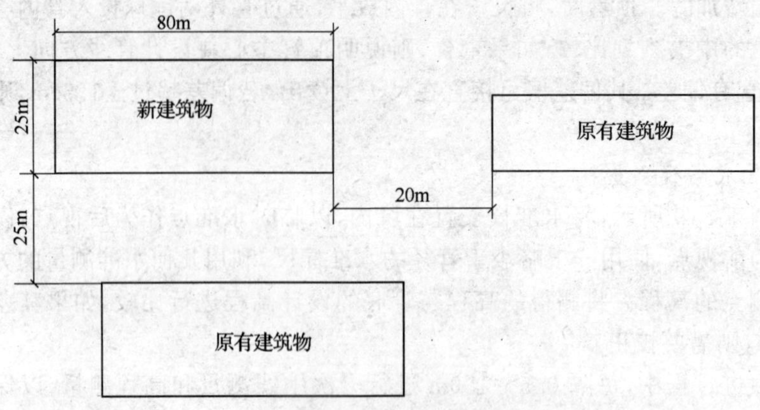

图 11.20　根据原有建筑物进行放样

第十二章　建筑物变形观测和竣工测量

本章主要讲述房屋建筑沉降、水平位移、倾斜、裂缝观测方法，以及竣工测量的内容和竣工总平面图编绘的基本要求。

12.1　概　　述

在房屋建筑施工过程中，随着荷载的不断增加，会产生一定量的沉降。沉降量在一定范围内认为是正常的，超过一定范围即属于沉降异常。其一般表现形式为：①沉降不均匀；②沉降速率过快；③累计沉降量过大。

建筑物沉降异常是地基基础异常变形的反映，会对建筑物的安全产生严重影响，或使建筑物产生倾斜；或造成建筑物开裂，甚至造成建筑物整体坍塌。因此，在房屋建筑施工过程中和最初的使用阶段，定期观测其沉降变化是非常重要的。建筑物主体结构差异沉降过大时，还要对其进行倾斜观测和挠度观测。

所谓变形观测是对建筑物(构筑物)及其地基或一定范围内岩体和土体的变形(包括水平位移、沉降、倾斜、裂缝等)进行的测量工作。其特点是通过对变形体的动态监测，获得精确的观测数据，并对监测数据进行综合分析、及时对基坑或建筑物施工过程中的异常变形可能造成的危害做出预报，以便采取必要的技术措施，避免造成严重后果。

此外，通过变形观测还可获得地基设计计算数据、研究各种情况下地基和建筑物的变形规律，从而为制定预估地基变形的方法、确定各类建筑物的地基容许变形值等提供必要的资料。

12.2　建筑物的沉降观测

沉降观测是根据水准基点定期测出变形体上设置的观测点的高程变化，从而得到其下沉量。通常用几何水准测量的方法，也可采用液体静力水准测量的方法。

12.2.1　水准基点的布设和监测网的建立

水准基点是确认固定不动且作为沉降观测高程基点的水准点。水准基点应埋设在建筑物变形影响范围之外，一般距沉降观测点 20～100m 左右，选在不受施工影响的地方。可按二、三等水准点标石规格埋设标志，也可在稳固的建筑物上设立墙上水准点，点的个数不少于 3 个。图 12.1 是水准点的一种形式。

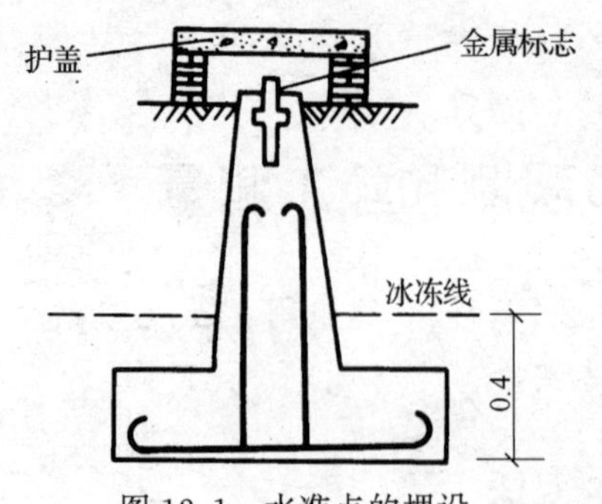

图 12.1　水准点的埋设

沉降监测网一般是将水准基点布设成闭合水准路线，采用独立高程系，按国家二等水准测量技术要求施测。对精度要求较低的建筑物也可按三等水准施测。监测网应经常进行检核。

1. 观测点的布设

观测点是设立在变形体上、能反映其变形特征的点。点的位置和数量应根据地质情况、支护结构形式、基坑周边环境和建筑物(或构筑物)荷载等情况而定。点位埋设合理，就可全面、准确地反映出变形体的沉降情况。

建筑物上的观测点可设在建筑物四角，或沿外墙间隔 10～20m 布设，或在柱上布点，每隔 2～3 根柱设一点。烟囱、水塔、电视塔、工业高炉、大型储藏罐等高耸构筑物可在基础轴线对称部位设点，每一构筑物不得少于 4 个点。此外，在建筑物不同结构的分界处、人工地基和天然地基的接壤处，裂缝或沉降缝、伸缩缝两侧，新、旧建筑物或高、低建筑物的交接处以及大型设备基础等也应设立观测点。观测点应埋设稳固，不易被破坏，能长期保存。点的高度、朝向等要便于立尺和观测。

沉降观测点的埋设形式如图 12.2 和图 12.3 所示。

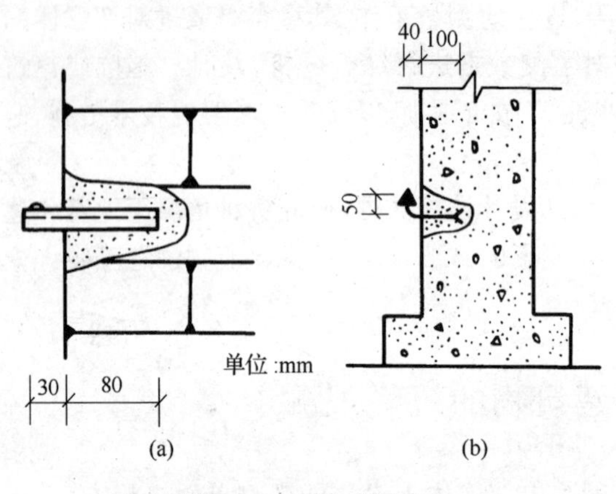

图 12.2　墙上水准点

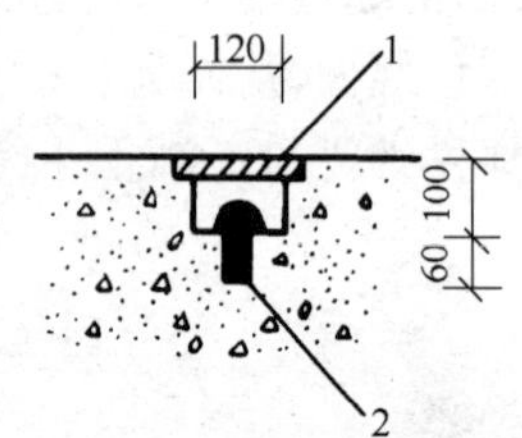

图 12.3　地面上水准点

2. 沉降观测

(1)观测周期的确定

沉降观测的周期应根据建筑物(构筑物)的特征、变形速率、观测精度和工程地质条件等因素综合考虑，并根据沉降量的变化情况适当调整。

建筑物主体结构施工期间，每 1～2 层楼面结构浇筑完成后观测一次；结构封顶后每两个月左右观测一次；如中途停工时间较长，应在停工时和复工前各观测一次。建筑物竣工投入使用后，观测周期视沉降量大小而定，开始时可隔1～2个月观测一次，以每次沉降量在5～10mm为限，否则要增加观测次数。以后随着沉降量的减少，再逐渐延长观测周期，直至沉降稳定。无论何种建筑物，沉降观测次数不能少于5次。

(2) 沉降观测方法

一般性高层建筑的沉降观测，通常用精密水准仪，按国家二等水准技术要求施测，将各观测点布设成闭合环或附合水准路线联测到水准基点上。为提高观测精度，观测时前、后视宜使用同一根水准尺，视线长度一般不大于25m，前、后视距大致相等。每次观测宜采用相同的观测路线，使用同一台仪器和水准尺、固定观测人员。由于观测水准路线较短，其闭合差一般不会超过1～2mm，闭合差可按测站平均分配。

(3) 成果整理

每次观测结束后，应及时整理观测记录。先根据基准点高程计算出各观测点高程，然后分别计算各观测点相邻两次观测的沉降量(本次观测高程减上次观测高程)和累计沉降量(本次观测高程减第一次观测高程)，并将计算结果填入成果表中(表12.1)。为了更形象地表示沉降、荷重和时间之间的相互关系，可绘制荷重、时间沉降量关系曲线图，简称沉降曲线图，如图12.4所示。

表12.1 沉降量观测记录表

观测次数	观测时间	各观测点的沉降情况							施工进展情况	荷载情况 /(t/m²)
		1			2			3…		
		高程 /m	本次下沉 /mm	累计下沉 /mm	高程 /m	本次下沉 /mm	累计下沉 /mm	…		
1	1985.1.10	50.454	0	0	50.473	0	0	…	一层平口	
2	1985.2.23	50.448	−6	−6	50.467	−6	−6		三层平口	40
3	1985.3.16	50.443	−5	−11	50.462	−5	−11		五层平口	60
4	1985.4.14	50.440	−3	−14	50.459	−3	−14		七层平口	70
5	1985.5.14	50.438	−2	−16	50.456	−3	−17		九层平口	80
6	1985.6.4	50.434	−4	−20	50.452	−4	−21		主体完	110
7	1985.8.30	50.429	−5	−25	50.447	−5	−26		竣工	
8	1985.11.6	50.425	−4	−29	50.445	−2	−28		使用	
9	1986.2.28	50.423	−2	−31	50.444	−1	−29			
10	1986.5.6	50.422	−1	−32	50.443	−1	−30			
11	1986.8.5	50.421	−1	−33	50.443	0	−30			
12	1986.12.25	50.421	0	−33	50.443	0	−30			

注：水准点的高程 *BM*1：49.538m；

*BM*2：50.132m；

*BM*3：49.776m。

对观测成果的综合分析评价是沉降监测中十分重要的工作。在建筑施工中，引

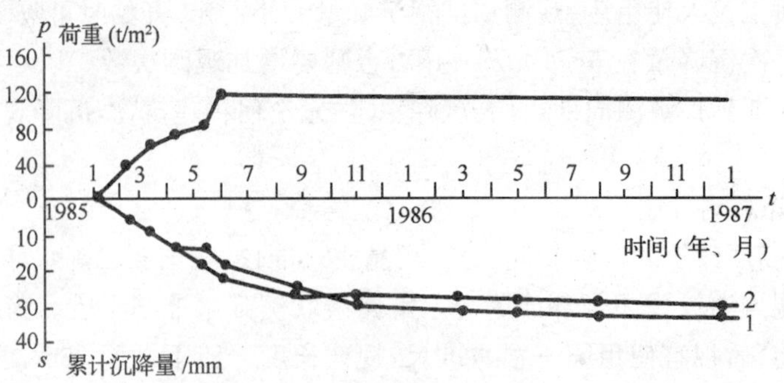

图 12.4 沉降曲线图

起其沉降异常的因素较为复杂，如勘察提供的地基承载力过高，导致地基剪切破坏；施工中人工降水或建筑物使用后大量抽取地下水，地质土层不均匀或地基土层厚薄不均，压缩变形差大，以及设计错误或打桩方法、工艺不当等都可能导致建筑物异常沉降。

由于观测存在误差，有时会使沉降量出现正值，应正确分析原因，判断沉降是否稳定，通常当三个观测周期的累计沉降量小于观测精度时，可作为沉降稳定的限值。

12.2.2 液体静力水准测量法

在高精度的沉降观测中，还广泛采用液体静力水准测量的方法，它是利用静力水准仪，根据静止的液体在重力作用下保持同一水准面的基本原理，来测定观测点的高程变化，从而得到沉降量。其测量精度不低于国家二等水准。

观测时，将测高仪、观测器和控制系统安置在沉降观测点附近，将与连通管相连的溢水器 C_1、C_2、C_3 挂置在沉降观测点标志上。向观测器注水，打开溢水器 C_1 的阀门，其他溢水器阀门关闭，待 C_1 中水溢出时停止供水。这时观测器中的水位和溢水器 C_1 的水位相同。打开控制系统的探测开关，测高仪内装置的电动机便驱使探针下降，至接触水面时立即自动停止。在读数表盘上即可读得水位量程值，估读到 0.1mm。通过前后两次量程值的比较，便可得出 C_1 的沉降量。如此逐点加水、逐点观测。为保证观测精度，观测时要将连通管内的空气排尽，保持水罐和水质干净。

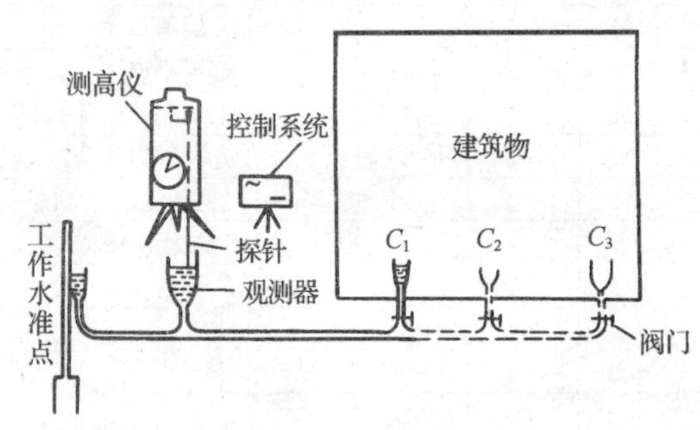

图 12.5 静力水准仪

图 12.5 为组合式遥测静力水准仪的示意图，它由测高仪、观测器、控制系统、溢水器、连通管等构成。

12.3 建筑物的倾斜观测

12.3.1 房屋建筑的倾斜观测

基础的不均匀沉降会导致建筑物倾斜。房屋建筑的倾斜观测可采用经纬仪投点的方法进行。如图12.6所示，在房屋顶部设置观测点 M，在离房屋建筑墙面大于其高度的 A 点(设一标志)安置经纬仪(AM 应基本上与被观测的墙面平行)，用正、倒镜法将 M 点向下投影，得 N 点，作一标志。当建筑物发生倾斜时，设房顶角 P 点偏到了 P' 点的位置，则 M 点也向同方向偏到了 M' 点的位置，这时，经纬仪安置在 A 点将 M' 点(标志仍为 M 点)向下投影得 N' 点。N' 与 N 不重合，两点的水平距离 a 表示建筑物在该垂直方向上产生的倾斜量。用 H 表示墙的高度，则倾斜度为

$$i=\frac{a}{H} \tag{12.1}$$

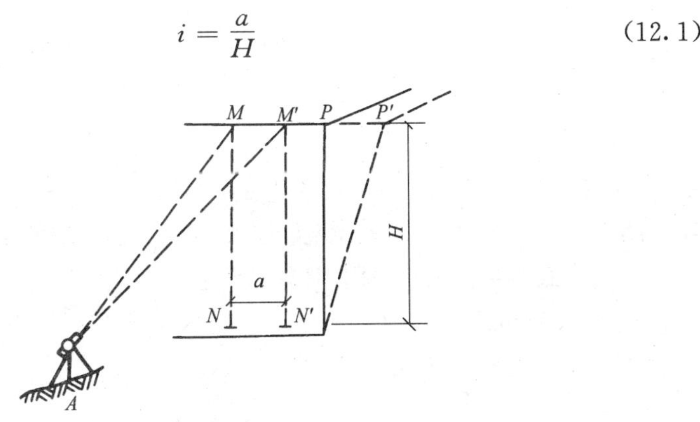

图12.6 房屋倾斜观测

12.3.2 塔式构筑物的倾斜观测

水塔、电视塔、烟囱等高耸构筑物的倾斜观测是测定其顶部中心与底部中心的偏心位移量，为其倾斜量。

如图12.7(a)所示，欲测烟囱的倾斜量 OO'，在烟囱附近选两测站 A 和 B，要求 AO 与 BO 大致垂直，且距烟囱的距离尽可能大于烟囱高度 H 的1.5倍。将经纬仪安置在 A 站，用方向观测法观测与烟囱底部断面相切的两方向 $A1$、$A2$ 和与顶部断面相切的两方向 $A3$、$A4$，得方向观测值分别为 a_1、a_2、a_3、a_4，则 $\angle 1A2$ 的角平分线与 $\angle 3A4$ 的角平分线的夹角为

$$\delta_A=\frac{(a_1+a_2)-(a_3+a_4)}{2} \tag{12.2}$$

δ_A 即为 AO 与 AO' 两方向的水平角，则 O' 点对 O 点倾斜位移分量为

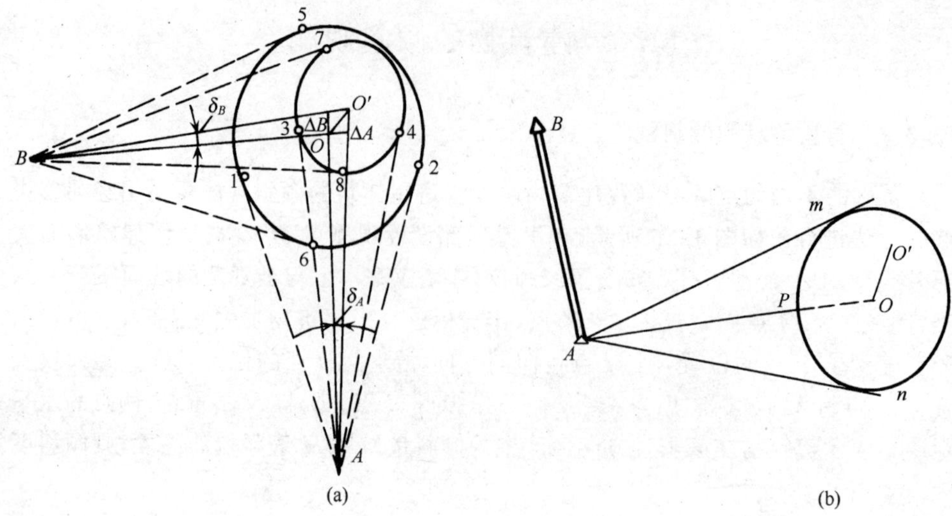

图 12.7　烟囱倾斜观测

$$\Delta_A = \frac{\delta_A(D_A + R)}{\rho} \tag{12.3}$$

$$\Delta_B = \frac{\delta_B(D_B + R)}{\rho} \tag{12.4}$$

式中：D_A，D_B——分别为 AO、BO 方向 A、B 至烟囱外墙的水平距离；

R——底座半径，由其周长计算得到；

ρ——206265″。

烟囱的倾斜量为

$$\Delta = \sqrt{\Delta_A^2 + \Delta_B^2}$$

烟囱的倾斜度为

$$i = \frac{\Delta}{H}$$

O'的倾斜方向由 δ_A 和 δ_B 的正负号确定。当 δ_A 或 δ_B 为正时，O'偏向 AO 或 BO 的左侧；当 δ_A 或 δ_B 为负时，O'偏向 AO 或 BO 的右侧。

当塔形构筑物顶部中心能设立观测标志时（如水塔避雷针、电视塔尖顶，或在施工过程需进行倾斜度观测时），因受场地限制，设立测站点 A、B 有困难时，也可测定 O 与 O'的坐标来求倾斜量。

如图 12.7(b)所示，在烟囱附近确定两个控制点 A、B，可采用独立坐标系，但应使$\angle AOB$ 在 60°～120°之间，且两点通视（A、B 也可设在屋顶上），并有一控制点能观测到烟囱底座（如 A 点）。O'坐标可用前方交会法求得，O 点坐标可用下列方法求得：

在测站 A 安置经纬仪，瞄准烟囱底部切线方向 Am 和 An，测得水平角$\angle BAm$

和$\angle BAn$。将水平度盘读数置于$(\angle BAm+\angle BAn)/2$的位置，得$AO$方向。沿此方向在烟囱上标出$P$点的位置（$P$点与$m$和$n$点等高），测出$AP$的水平距离为$D_A$。

AO的方位角为：$\alpha_{AO}=\alpha_{AB}+\dfrac{\angle BAm+\angle BAn}{2}$

O点的坐标为：$\begin{cases} x_O=x_A+(D_A+R)\cdot\cos\alpha_{AO} \\ y_O=y_A+(D_A+R)\cdot\sin\alpha_{AO} \end{cases}$

由O点和O'点坐标可求出烟囱的倾斜量。

12.3.3 测斜仪观测

倾斜仪一般能连续读数、自动记录和数字传输，又有较高的精度，故在倾斜观测中应用较多。常见的倾斜仪有水管式倾斜仪、水平摆倾斜仪、气泡式倾斜仪和电子倾斜仪四种，下面仅以气泡式倾斜仪为例作简单介绍。

如图12.8所示，气泡式倾斜仪由一个高灵敏度的气泡水准管e和一套精密的测微器组成。测微器中包括测微杆g、读数盘h和指标k。气泡水准管e固定在支架a上，a可绕c点转动。支架a下装一弹簧片d，在底板b下为置放装置m。将倾斜仪安置在需要的位置上，转动读数盘，使测微杆向上（向下）移动，直至水准管气泡居中为止。此时在读数盘上读数，即可得出该处的倾斜度。

我国制造的气泡式倾斜仪灵敏度为2″，总的观测范围为1°。气泡式倾斜仪适用于观测较大的倾斜角或量测局部地区的变形，例如测定设备基础和平台的倾斜。

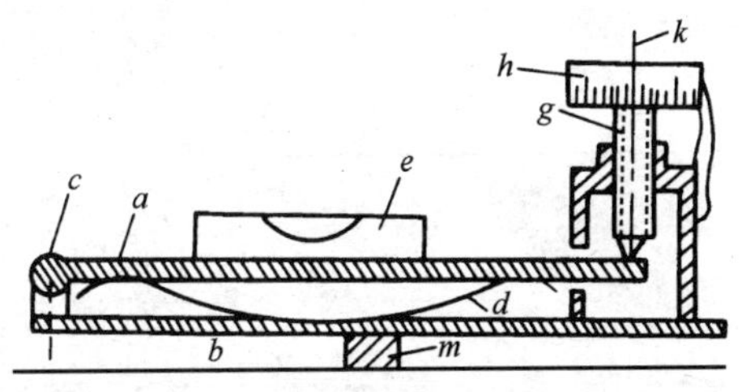

图12.8 气泡式倾斜仪

为了实现倾斜观测的自动化，可采用如图12.9所示的电子水准器。它是在普通的玻璃管水准器的上、下方装三个电极1、2、3，形成差动电容器。此电容器的差动桥式电路如图12.10所示，u_0为输入的高频交流电压，差动电容器C_1与C_2构成桥路的两臂，Z_1和Z_2为阻抗，$R_{载}$为负载电阻。电子水准器的工作原理是当玻璃管水准器倾斜时，气泡向旁边移动x，使C_1与C_2中介质的介电常数发生变化，引起桥路两臂的电抗发生变化，因而桥路失去平衡，可用测量装置将其记录下来。

这种电子水准器可固定安置在建筑物或设备的适当位置上，能自动进行动态的倾斜观测。当测量范围在200″以内时，测定倾斜值的中误差在±0.2″以下。

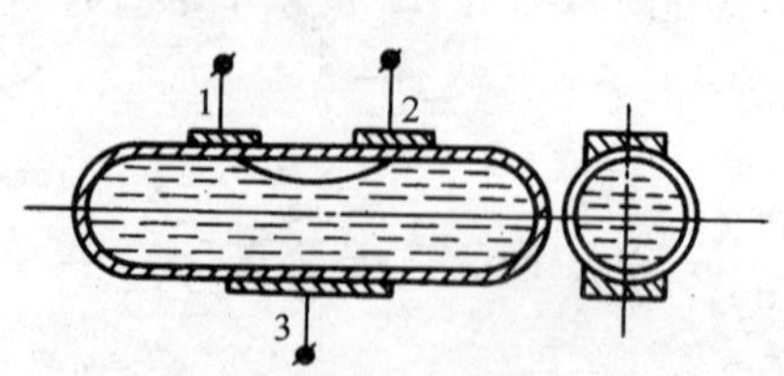

图 12.9 电子水准器

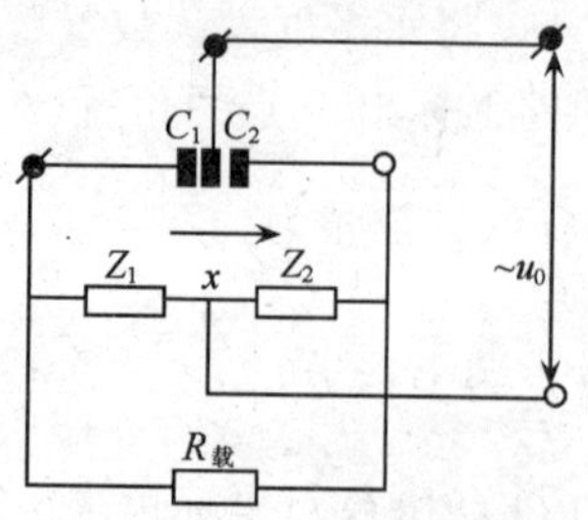

图 12.10 差动桥式电路

12.4 建筑物的位移观测

位移观测是根据平面控制点测定建筑物(构筑物)的平面位置随时间而移动的大小和方向。对建筑物进行位移观测,首先要在建筑物互相垂直的两墙面上布设观测点,在地面上至少布置三个控制点,如图 12.11 所示。1、2 点为观测点,O、P、Q、R 为控制点,经纬仪安置在 O、P 两站点上,开始分别测得控制点与观测点的夹角为 β_1、β_1';过一段时间之后,再测控制点与观测点的夹角分别为 β_2、β_2',两次观测角度差为 $\Delta\beta=\beta_2-\beta_1$,$\Delta\beta'=\beta_1'-\beta_2'$,则建筑物的纵横方向的位移值为

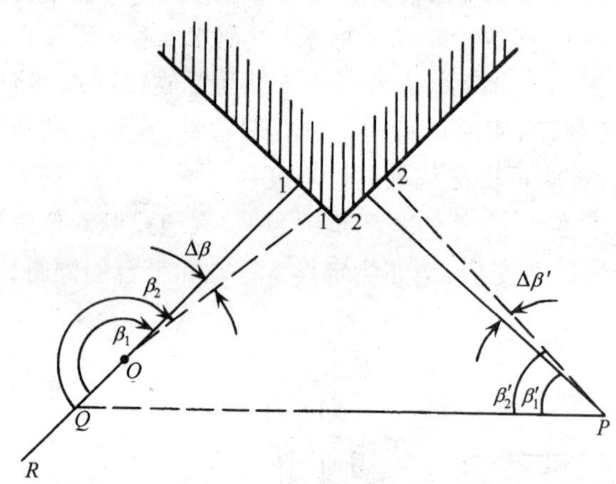

图 12.11 水平位移观测

$$e_O=\frac{\Delta\beta}{\rho''}\cdot O1 \tag{12.5}$$

$$e_P=\frac{\Delta\beta'}{\rho''}\cdot P2 \tag{12.6}$$

式中:$\rho''=206265''$;

$\Delta\beta$、$\Delta\beta'$——为角度差,以秒(s)为单位。

建筑物的总位移量为

$$e=\sqrt{e_O^2+e_P^2}$$

观测精度视需要而定,通常观测误差的容许值为±3mm。

随着 GPS 接收机性能的提高,以及数据处理技术的进步,GPS 的定位精度也

能满足变形监测的需要。在特殊情况下，可采用GPS卫星定位测量方法来观测点位坐标的变化，从而求出水平位移值。还可采用地面摄影测量的方法求取水平位移值。但这两种方法成本较高，一般情况下较少采用。

12.5 建筑物的裂缝观测

裂缝是在建筑物不均匀沉降情况下产生不容许应力及变形的结果。当建筑物出现裂缝时，除了要增加沉降观测的次数外，还应立即进行裂缝观测，以掌握裂缝发展情况。

裂缝观测方法如图12.12(a)所示。用两块白铁片，一片约150mm×150mm，固定在裂缝一侧，另一片(50mm×200mm)固定在裂缝另一侧，并使其中一部分紧贴在相邻的正方形白铁之上，然后在两块白铁片表面均涂上红色油漆。当裂缝继续发展时，两块白铁片将逐渐拉开，正方形白铁片上便露出原被上面一块白铁片覆盖着没有涂油漆的部分，其宽度即为裂缝增大的宽度，可用尺子直接量出。

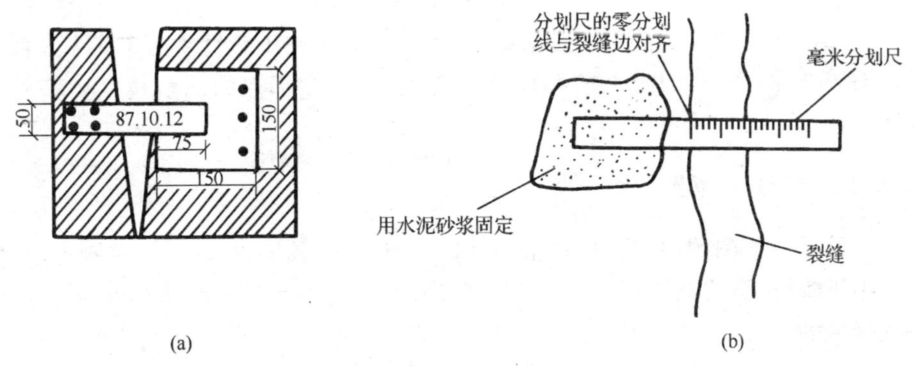

图12.12 裂缝观测

观测装置也可沿裂缝布置成如图12.12(b)所示的测标，随时检查裂缝发展的程度。有时也可采用直接在裂缝两侧墙面分别作标志(画细“＋”字线)，然后用尺子量测两侧“＋”字标志的距离变化，得到裂缝的变化。

12.6 竣工测量与竣工总平面图的编绘

土木工程竣工时，为了反映主要结构物、道路和地下管线等位置的工程实际状况、为将来工程交付使用后进行检修、改建或扩建等提供实际资料，应进行竣工测量以便编绘竣工总平面图。

12.6.1 竣工测量

竣工测量主要是对施工过程中设计有所更改的部分，直接在现场指定施工的部分，以及资料不完整无法查对的部分，根据施工控制网进行现场实测，或加以补测。其内容包括：

1）工业厂房及一般建筑物：各房角坐标、几何尺寸，地坪及房角标高，附注房屋结构层数、面积和竣工时间等。

2）地下管线：测定检修井、转折点、起点终点的坐标，井盖、井底、沟槽和管顶等的高程，附注管道及检修井的编号、名称、管径、管材、间距、坡度和流向等。

3）架空管线：测定转折点、结点、交叉点和支点的坐标，支架间距、基础标高。

4）特种构筑物：测定沉淀池、烟囱、煤气罐等及其附属构筑物的外形和四角坐标，圆形构筑物的中心坐标，基础面标高，烟囱高度和沉淀池深度等。

5）交通线路：测定线路起点终点、交叉点和转折点坐标，曲线元素，路面、人行道、绿化带界线等。

6）室外场地：测定围墙拐点坐标，绿化地边界等。

竣工测量与地形图测量的方法相似，不同之处是竣工测量要测定许多细部点的坐标和高程，因此图根点的布设密度要大一些，细部点的测量精度要精确至厘米。

12.6.2 竣工总平面图的编绘

竣工总平面图的内容主要包括测量控制点、厂房辅助设施、生活福利设施、架空及地下管线、道路的转折点等建筑物或构筑物的坐标（或尺寸）和高程、以及留置空地区域的地形。

编绘竣工图是根据竣工测量资料，在设计总平面图的基础上进行的，比例尺一般采用1∶1000或1∶500。编绘时，先在图纸上绘制坐标格网，将设计总平面图中在施工中未更改的内容按其坐标和尺寸展绘在图上，然后把竣工测量获得的竣工资料补充到图上去，即获得竣工总平面图。随着计算机的应用普及，总平面图的编绘可在AutoCAD中直接完成。

竣工总平面图一般尽可能编绘在一张图纸上，但对较复杂的工程可能会使图面线条太密集，不便识图，这时可分类编图，如房屋建筑竣工总平面图，道路及管网竣工总平面图等。

思 考 题

12.1 什么是变形观测？其工作特点是什么？有哪些项目？

12.2 变形观测资料说明什么问题？如何分析这种资料？

12.3 制定沉降观测周期的依据是什么？

12.4　试述建筑物(构筑物)倾斜观测和位移观测方法有何异同点?

12.5　试述裂缝观测方法。

12.6　编绘竣工图的目的是什么?如何编绘竣工图?

第十三章　测绘新技术简介

本章主要介绍3S技术(包括GPS、RS、GIS)的基本概念、组成、发展及其应用,简单介绍了其基本原理及相关软件知识;数字测图系统的数据采集及其特点。

13.1　概　　述

随着国家经济建设的蓬勃发展,测绘新技术也迅速发展起来,特别是“数字地球”、“数字城市”的提出,以3S为代表的测绘新技术得到了充分发展和应用,包括全球卫星定位系统(GPS)、遥感(RS)和地理信息系统(GIS)。3S集成技术,是20世纪90年代兴起的集空间科技、计算机技术、电子技术、无线电传输技术与地理科学、信息科技、环境科技、资源科技、管理科技以及与地学相关的一切学科于一体,对与地学相关问题从整体上优化、系统、及时、自动解决,并实现预测与科学决策一体化。

目前,以GPS为代表的全新的空间定位方法,已逐渐在越来越多的领域取代传统的空间定位方法。其主要特点是:全球无缝连续覆盖、精度高、实时定位速度快、抗干扰性能好、保密性强。

航空航天遥感(RS)是空中获取地理信息的最重要、最理想的技术手段。其主要特点是:地面几何分辨率约为0.1～4000m,穿透能力可以达若干厘米到数十米甚至可达100m。超长波可达10000m的深度。微波遥感技术具有全天候的探测能力,不论刮风、下雨、有云、有雾都能进行观测。RS技术的最终成果是经过一系列处理过程的数字摸拟产品,包括数字正射影像数据、数字高程模型数据、正射影像地图、线划地图等。

地理信息系统(GIS)是对空间数据进行管理、分析和统计的技术工具,以1∶1000或1∶500大比例尺为主的多尺度、多分辨率数字矢量地图、数字正射影像图是地理信息系统(GIS)的基础数据源。全野外数字化测图、航测数字化测图、扫描矢量地形图等数字测图手段也在逐渐取代传统手工测图。

13.2　GPS基本知识

13.2.1　GPS定位系统的概念及组成

全球定位系统(GPS, Global Positioning System)是利用人造地球卫星进行点位测量导航技术的一种,其他的卫星定位导航系统有俄罗斯的GLONASS,欧洲空间局的NAVSAT,国际移动卫星组织的INMARSAT等。GPS全称是NAVSTAR(NAVigation Satellite Timing And Ranging)/GPS,由美国军方组织研制建立,从1973年开始实施,到20世纪90年代初完成。

GPS系统包括三大部分:空间部分——GPS卫星星座;地面控制部分——地面监控系统;用户设备部分——GPS信号接收机,如图13.1所示。

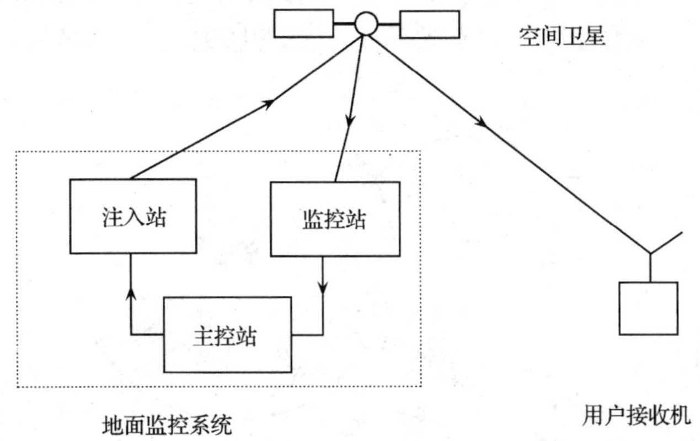

图13.1 GPS系统组成

GPS全球定位系统的空间卫星星座由21颗工作卫星和3颗随时可以启用的备用卫星所组成。地面监控系统的主要任务是监视卫星的运行,包括一个主控站、三个注入站和五个监测站。用户设备部分主要包括GPS接收机、数据处理软件、天线微处理器及其终端设备以及电源等。

GPS接收机种类很多,按用途可分为:

导航型:定位精度较低,用于船舶、车辆、飞机等实时定位及导航。

大地型:定位精度高,用于大地测量、工程测量、变形观测等。大地型GPS接收机又分单频接收机和双频接收机,后者精度高,测量距离可达几百公里以上。

授时型:用于提供精密时标,如天文台授时或一些工业系统的时间同步控制等。

13.2.2 GPS定位的基本原理

GPS进行定位的方法,根据用户接收机天线在测量中所处的状态来分,可分为静态定位和动态定位;若按定位的结果进行分类,可分为绝对定位和相对定位。

所谓静态定位,指的是将接收机静置于测站上数分钟至1小时或更长的时间进行观测。以确定一个点在WGS-84坐标系中的三维坐标(绝对定位),或两个点之间的相对位置(相对定位)。由此可见,GPS定位的基本原理,是以GPS卫星和用户接收机天线之间距离(或距离差)的观测量为基础,其关键在于如何测定GPS卫星至用户接收机天线之间的距离。GPS静态定位的方法有:伪距法和载波相位测量法等。

GPS 定位的基本原理是利用测距交会确定点位。如图 13.2 所示，一颗卫星信号传播到接收机的时间只能决定该卫星到接收机的距离，但并不能确定接收机相对于卫星的方向，在三维空间中，GPS 接收机的位置在测到与三颗卫星的距离后即可定位；实际上需要求算卫星和接收机的时钟差才能求出距离，因而需要对第四颗卫星进行观测。因此，如果接收机能够得到四颗卫星的信号，就可以进行定位。当接收到信号的卫星数目多于四个时，可以优选四颗卫星计算位置。

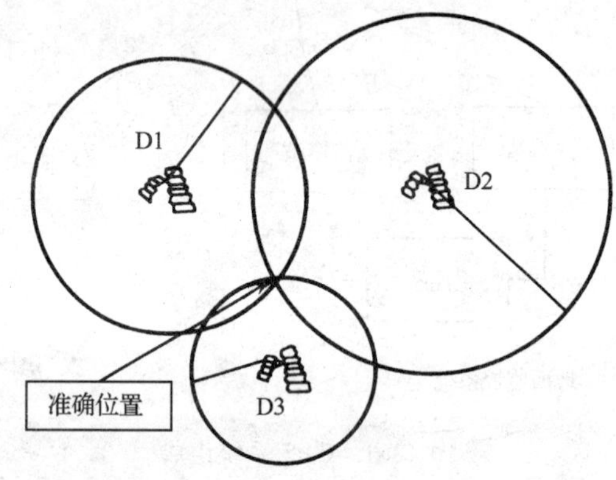

图 13.2　测距交会定位示意图

为了实时得到 GPS 的定位数据，提高定位精度，可以通过差分技术来实现。差分技术是通过两个或者更多的 GPS 接收机来完成的，其方法是在某一已知位置，安置一台接收机作为基准站接收卫星信号，然后在其他位置用另一台接收机接收信号，由前者可以确定卫星信号中包含的人为干扰信号，而在后者接收到的信号中减去这些干扰，即可以大大降低 GPS 的定位误差。

13.2.3　GPS 定位系统的特点

GPS 作为一种导航和定位系统，以其高精度、全天候、高效率、多功能、易操作、应用广等特点著称。

1. 定位精度高

用载波相位观测量进行静态相对定位，目前定位精度可达到厘米级。随着观测技术与数据处理方法的不断优化，在大于 1000km 的距离以上，相对定位精度可达到 1.0×10^{-8}。在实时动态定位(RTK)和实时差分定位(RTD)方面，目前可分别达到厘米级和分米级的定位精度，能满足各种工程测量的要求。

2. 观测时间短

随着 GPS 系统的不断完善，软件水平的不断提高，观测时间已由以前的几小时缩短至现在的几十分钟，甚至几分钟。因而用 GPS 技术建立控制网，可以大大提高作业效率。

3. 测站间无需通视

经典测量技术有严格的通视要求，GPS测量只要求测站上空开阔，与卫星之间保持通视即可，不要求测站之间互相通视，不需要建造觇标。因此减少了测量工作的经费和时间，选点灵活。

4. 仪器操作简便

在利用GPS观测中，测量员的主要任务只是安置仪器，连接电缆线，量取天线高和气象数据，监视仪器的工作状态。结束测量时，仅需关闭电源，收好接收机便完成了野外数据采集任务。在一个测站上若需作较长时间的连续观测，有的接收机还可以实行无人值守的数据采集。通过数据通讯方式，将所采集的数据传送到数据处理中心，实现全自动化的数据采集与处理。

5. 全球全天候定位

GPS卫星的数目较多，且分布均匀，保证了全球地面被连续覆盖，使得地球上任何地方的用户在任何时间至少可以同时观测到4颗GPS卫星，可以随时进行全球全天候的各项观测工作。除打雷、闪电不宜观测外，其他天气均不受影响。

6. 可提供全球统一的三维地心坐标

GPS测量可同时精确测定观测站平面位置和大地高程，并可满足四等水准测量的精度要求。另外，GPS定位是在全球统一的WGS-84坐标系统中计算的，因此全球不同地点的测量成果是相互关联的。

7. 应用广泛

GPS定位技术在导航方面广泛应用于海上、空中和陆地运动目标的导航、监控与管理等；在测量方面普遍应用于大地测量、工程测量与变形监测、地籍测量、航空摄影测量和海洋测绘等各个领域；另外，还广泛用于交通、气象、农林等众多相关领域。

13.2.4 GPS在我国测绘行业中的应用

在大地测量方面，利用GPS技术开展国际联测，建立全球或全国性大地控制网，提供高精度的地心坐标，测定和精化大地水准面。1992年组织全国10多家单位参加“中国’92GPS会战”，建成了由28个点组成的平均边长约100km的GPS国家A级网，提供了亚米级精度的地心坐标基准。此后，在A级网的基础上，我国又布设了平均边长为50～150km的B级网，总点数约800个，两级网均联测了几何水准，A、B级网的建成为我国各部门的测绘工作提供了高精度的平面和高程三维基准。而全国范围的C级网也正在实施之中。另外我国还完成了西沙、南沙群岛各岛屿与大陆的GPS联测，使海岛与全国大地网联成整体。同时还参加了1991年和1992年的两期国际GPS联测(IGS)会战，首次进入了国际全球GPS联测计划，为精化我国地心坐标起到了一定的作用。

在工程测量方面，应用GPS静态相对定位技术，布设精密工程控制网，用于桥梁工程、隧道与管道工程、海峡与地铁贯通工程以及精密设备安装工程等；布设变形监测控制网，用于城市和矿区油田地面沉降监测、大坝变形监测、高层建筑物变形监测等；应用GPS实时动态定位技术加密测图控制点，用于测绘地形图和施工放样。

在航空摄影测量方面，应用GPS技术进行航测外业像片控制测量、航摄飞行导航、机载GPS航测等航测成图的各个阶段。

在地球动力学方面，由于高精度的GPS定位技术可以精确提供有关板块运动的四维信息，因而被用于监测全球板块运动和区域性板块运动以及板块内的地壳变形。我国已开始用GPS技术监测南极洲板块运动、青藏高原地壳运动、四川鲜水河地壳断裂运动，建立了中国地壳形变监测网、三峡库区形变监测网、首都圈GPS形变监测网等。地震部门也已开始在我国多地震活动断裂带布设规模较大的地壳形变GPS监测网。

13.3 RS基本知识

13.3.1 RS的基本概念

RS是遥感(Remote Sensing)的简称，是一种远距离的、非接触的目标探测技术和方法。通过对目标进行探测，获取目标的信息。然后对所获取的信息进行加工处理，从而实现对目标进行定位、定性或定量的描述。目标信息的获取主要是利用从目标反射和辐射来的电磁波。接收从目标反射和辐射来的电磁波信息的设备称之为传感器，如扫描仪、雷达、摄影机、摄像机、辐射计等。装载这些传感器的载体称之为遥感平台，主要有地面平台(如遥感车、手提平台、地面观测台等)、空中平台(如飞机、气球、其他航空器等)、空间平台(如火箭、人造卫星、宇宙飞船、空间实验室、航天飞机等)。

由于地面目标的种类及其所处环境条件的差异，地面目标具有反射或辐射不同波长电磁波信息的特性，遥感正是利用地面目标反射或辐射电磁波的固有特性，通过观察目标的电磁波信息以达到获取目标的几何信息和物理特性的目的。

13.3.2 RS系统的组成

RS遥感系统包括：被测目标的信息特征、信息的获取、信息的传输与记录、信息的处理和信息的应用五大部分，如图13.3所示。

任何目标物都具有发射、反射和吸收电磁波的性质，这是遥感的信息源。目标物与电磁波的相互作用，构成了目标物的电磁波特性，传感器接收到目标物的电磁波信息，并将其记录在数字磁介质或胶片上。胶片是由人或回收舱送至地面回收，

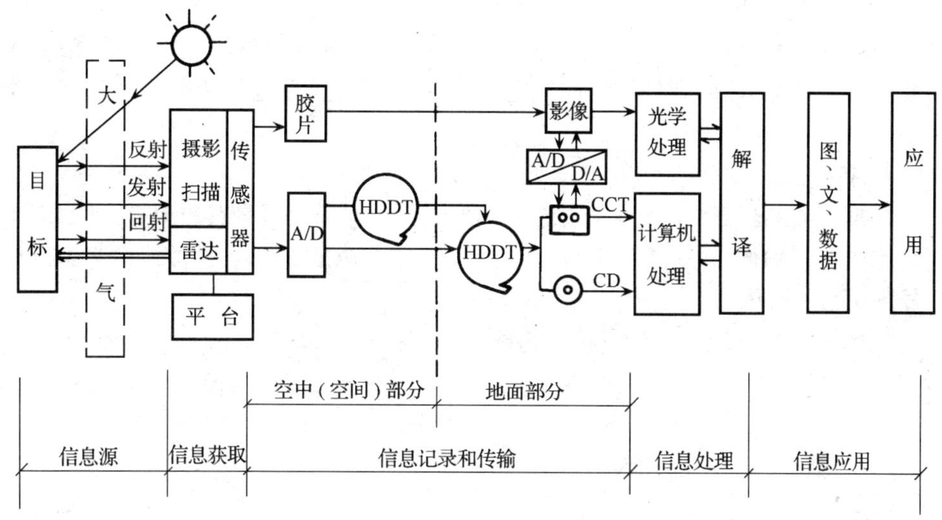

图 13.3　遥感系统的组成

而数字磁介质上记录的信息则可通过卫星上的微波无线传输给地面的卫星接收站。地面站接收到遥感卫星发送来的数字信息，记录在高密度的磁介质上(如高密度磁带 HDDT 或光盘等)，并进行一系列的处理，如信息恢复、辐射校正、卫星姿态校正、投影变换等，再转换为用户可以使用的通用数据格式，或转换成模拟信号(记录在胶片上)，才能被用户使用。地面站或用户还可根据需要进行精校正处理和专题信息处理、分类等。在应用过程中，也需要大量的信息处理和分析，如不同遥感信息的融合及遥感与非遥感信息的复合等。

总之，遥感技术是一个综合性的系统，它涉及到航空、航天、光电、物理、计算机和信息科学以及诸多的应用领域，它的发展与这些学科紧密相关。

13.3.3　RS 的特点

1. 可获取大范围数据资料

遥感用的航摄飞机飞行高度为 10km 左右，陆地卫星的卫星轨道高度达 910km 左右，从而可及时获取大范围的信息。例如，一张陆地卫星图像，其覆盖面积可达 3 万多 km^2。这种展示宏观景象的图像，对地球资源和环境分析极为重要。

2. 获取信息的速度快、周期短

由于卫星围绕地球运转，从而能及时获取所经地区的各种自然现象的最新资料，以便更新原有资料，或根据新旧资料变化进行动态监测，这是人工实地测量和航空摄影测量无法比拟的。例如，LANDSAT-4、LANDSAT-5 卫星每 16 天可覆盖地球一遍，NOAA 气象卫星每天能收到两次图像。METEOSAT 每 30 分钟获得同一地区的图像。

3. 获取信息受条件限制少

在地球上有很多地方,自然条件极为恶劣,人类难以到达,如沙漠、沼泽、高山峻岭等。采用不受地面条件限制的遥感技术,特别是航天遥感可方便及时地获取各种宝贵资料。

4. 获取信息的手段多、信息量大

根据不同的任务,遥感技术可选用不同波段和遥感仪器来获取信息。例如可采用可见光探测物体,也可采用紫外线、红外线和微波探测物体。微波波段还可以全天候的工作。

遥感技术所获取的信息量极大,其处理手段是人力难以胜任的。例如 LANDSAT 卫星的 TM 图像,一幅覆盖 185km×185km 地面面积,像元空间分辨率为 30m,像元光谱分辨率为 2^8 位的图像,其数据量约为 6000×6000=36Mb。若将 6 个波段全部送入计算机,其数据量为 216Mb。

13.3.4 遥感技术的发展及应用

遥感作为一门综合性的技术是 20 世纪 60 年代提出来的。1920 年以后航空摄影方法开始在地质、土木工程中的勘察和制图、农业中的牧场土地调查等民用领域获得应用。第二次世界大战中,随着伪装技术的不断改进,普通的航空照相技术已不能完全准确地获取敌方目标的信息,因此出现了彩色、红外和光谱带照相技术。20 世纪 60 年代,科学家们先后采用多相机型和多镜头型传感器获得多光谱图像,成功研制了多波段彩色合成系统,多光谱空中摄影技术是航空遥感技术的重要发展。

卫星遥感技术的广泛应用始于 20 世纪 70 年代。美国于 1967 年制定了地球资源技术卫星(ERTS)计划,后更名为陆地卫星(LANDSAT)计划。1972 年发射了第 1 颗地球资源技术卫星 ERTS-1(后称 LANDSAT-1),到 1999 年该计划共发射了 7 颗卫星,LANDSAT-4、5 上载有多光谱扫描仪(MSS)和专题成图仪(TM)两种传感器,LANDSAT 的数据主要用于陆地资源调查和环境监测等领域。20 世纪 80 年代后,法国、日本、印度、俄罗斯、加拿大相继发射了多种系列卫星,这些卫星多数已进入商业运行阶段,众多商业遥感卫星的应用使航天遥感技术进入了全面发展和应用的新阶段。

近十几年来发展了热红外成像技术和微波遥感技术。利用热红外成像技术可以探测到地球表面的温度变化情况,而地球表面的温度又和地表层中热辐射有关,由于热红外成像技术主要是利用地面目标的热辐射信息来成像的,因此可以日夜获得目标数据,是一种全天时的遥感技术。微波遥感技术是靠地面目标反射从雷达发射来的电磁波成像,由于它采用主动式向目标发射电磁波的探测方法,因此可以在阴雨天和夜晚成像,是一种全天候的遥感技术。

随着传感器技术、航空和航天平台技术、数据通讯技术的发展,现代遥感技术已经进入一个能够动态、快速、准确、多手段提供多种对地观测数据的新阶段。新型传感器不断出现，已从过去的单一传感器发展到现在的多种类型的传感器，并能在不同的航天、航空遥感平台上获得不同空间分辨率、时间分辨率和光谱分辨率的遥感影像。现代遥感技术的显著特点是尽可能地集多种传感器、多级分辨率、多谱段和多时相技术于一身，并与全球定位系统(GPS)、地理信息系统(GIS)、惯性导航系统(INS)等高技术系统相结合以形成智能型传感器。

我国在航空、航天遥感领域也有了重要的发展。20 世纪 70 年代以来，我国先后发射了一系列返回式遥感卫星，如“风云 1 号”、“风云 2 号”、中国-巴西地球资源遥感卫星等，研制了包括成像光谱仪和多极化合成孔径雷达在内的多种传感器。还发展了高空机载遥感系统和洪水监测遥感系统。在我国的资源环境调查、城市监测、工程规划、地质找矿、海岸调查和灾害监测等领域发挥了积极的作用。

利用遥感技术可以作为地理信息系统的一个重要的数据源，以实时更新空间数据库，以实现测绘技术中的大范围、海量数据的采集和更新。

13.4 GIS 基本知识

13.4.1 GIS 的基本概念

GIS 是地理信息系统(Geographical Information System)的简称。它是在计算机硬件与软件支持下，运用系统工程和信息科学的理论，科学管理和综合分析具有空间内涵的地理数据，以提供对规划、管理、决策和研究所需信息的空间信息系统。同时，它又是一门多技术交叉的空间信息科学，依赖于地理学、测绘学、统计学等基础性学科，又取决于计算机硬件与软件技术、航天技术、遥感技术和人工智能与专家系统技术的进步与成就。

地理信息系统(GIS)的发展是与地理学、地图学、摄影测量学、遥感技术、数学和统计科学、计算机科学以及一切与处理和分析空间数据有关的学科发展分不开的。1963 年加拿大测量学家 RF. Tolnlinson 提出并建立了世界上第一个地理信息系统，称为加拿大地理信息系统(CGIS)，主要用于自然资源的管理和规划。之后，很多 GIS 研究组织和机构纷纷成立。1980 年中国科学院遥感应用研究所成立了全国第一个地理信息系统研究室。1985 年开始筹建国家资源与环境系统实验室，它是一个新型的开放性研究实验室。

20 世纪 90 年代，随着地理信息产品的建立和数字化信息产品在全世界的普及，GIS 已成为确定性的产业，并渗透到各行各业乃至千家万户，成为人们生产、生活、学习和工作中不可缺少的工具和助手。随着地理信息系统的应用，而产生了多种相应系统。如自然资源管理信息系统、资源与环境信息系统、土地资源信息系统、空间数据处理系统等。

13.4.2 GIS 的组成

完整的 GIS 主要由四部分构成，即计算机硬件系统、计算机软件系统、地理空间数据和系统开发、管理与使用人员。

1. 计算机硬件系统

计算机硬件系统包括计算机主机、输入设备、存储设备和输出设备。主要的输入设备有图形跟踪数字化仪、图形扫描仪、解析和数字摄影测量设备等。主要的输出设备有各种绘图仪、图形显示终端和打印机等。

2. 计算机软件系统

计算机软件系统是地理信息系统运行时所必需的各种程序。包括：

1）计算机系统软件。主要指计算机操作系统，如 Windows98/2000/XP、Windows NT、UNIX、VMS 等。

2）GIS 专业软件。其主要核心模块包括数据的输入与编辑、空间数据库管理、空间查询与分析、数据输出和应用模型。其代表产品有：ARC/INFO、MapInfo、MGE、Mapgis、Geostar 等。

3）应用程序。应用程序作用于地理专题数据或区域数据，构成专题地理信息系统的具体内容。

3. 空间数据

空间数据是地理信息系统的重要组成部分，是系统分析加工的对象，是地理信息系统表达现实世界的经过抽象的实质性内容。它一般包括三个方面的内容：即空间位置坐标数据，地理实体之间的空间拓扑关系以及相应空间位置的属性数据。

4. 系统开发、管理和使用人员

包括具有地理信息系统知识和专业知识的高级应用人才；具有计算机知识和专业知识的软件应用人才以及具有较强实际操作能力的硬软件维护人才。

13.4.3 GIS 的功能

1. 数据的输入与编辑

(1) 数据输入

地理信息系统的数据通常抽象为不同的专题或层，如图 13.4 所示。数据输入与编辑功能就是保证各层实体的地物要素按顺序转化为 X、Y 坐标及将对应的代码输入到计算机中。目前，各类数据的转化与输入的方法很多，如图 13.5 所示。

(2) 数据编辑

数据编辑是指对地理信息系统中的空间数据和属性数据进行数据组织、修改等。针对数据的不同，可分为空间数据编辑和属性数据编辑。

2. 空间数据库管理

同一般的数据库相比，地理信息系统数据库不仅要管理属性数据，还要管理大

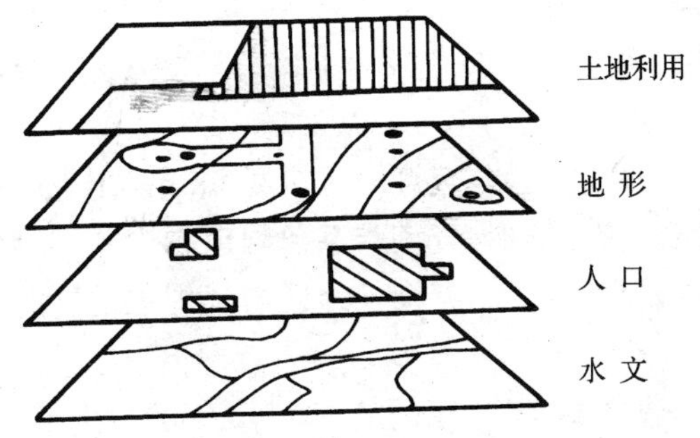

图 13.4　GIS 数据分层概念

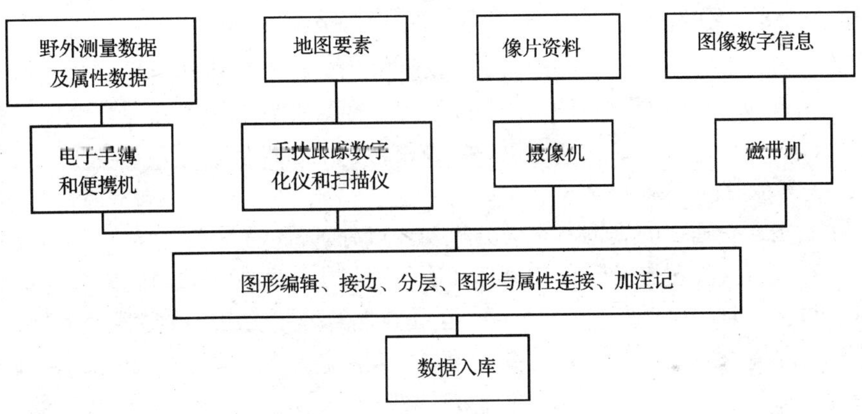

图 13.5　GIS 数据输入流程图

量图形数据，以描述空间位置分布及其拓扑关系。此外，地理信息系统中数据库的数据量大、涉及内容多，并具有明显的空间性，如图 13.6 所示。

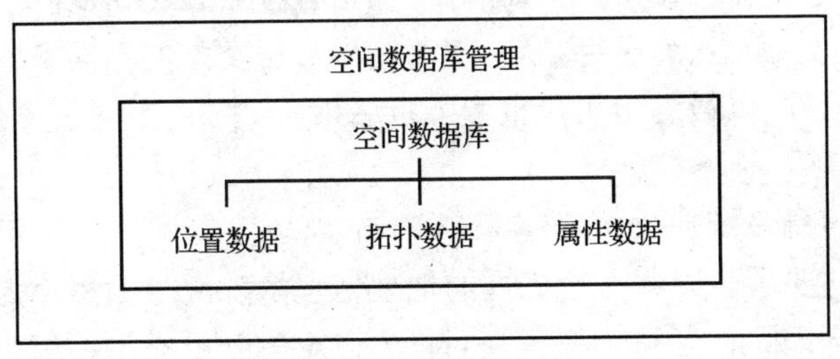

图 13.6　空间数据库管理

3. 空间查询与分析

空间查询是地理信息系统以及许多其他自动化地理数据处理系统应具备的最基本的分析功能；而空间分析是地理信息系统的核心功能，也是地理信息系统与其他计算机系统的根本区别。基本的查询与空间分析操作主要包括拓扑空间查询、拓扑叠加分析、缓冲区分析等。

(1) 拓扑空间查询

图形元素可大致分为点、线、面 3 种基本形式。对空间的查询，可以分为以下 3 个方面。

1) 点与点之间的关系。例如，查询距飞机场 5km 以内的所有宾馆、饭店。

2) 线与线之间的关系。例如，查询与某条国道相连的省级公路的情况。

3) 面与面之间的关系。例如，查询某地区与其周边地区的地理分布。

(2) 空间叠加分析

空间叠加实现了输入要素属性的合并(Union)以及属性在空间上的连接(Join)。例如，为显示出某城市工业区中具有不稳定土壤结构的所有地区，就可以将土壤结构分布图与土地利用分区图进行多边形叠加操作，产生合成图。

(3) 缓冲区分析

例如，在一个城市中，要对某个地区进行改造，就需要通知该地区及其周边地区一定距离(如 500m)范围内的所有单位居民搬迁。缓冲区分析就是研究根据数据库的点、线、面实体自动建立其周围一定宽度范围的缓冲区多边形。

(4) 其他空间查询与分析

除上述这些基本的查询与空间分析功能以外，GIS 还具有一些专用分析功能，可为政府、企业、公司进行现代化管理和决策提供强有力的手段。例如，政府决策部门可以根据 GIS 中存储的丰富信息，运用科学的分析方法，预测某一事物，如人口、资源、环境、粮食产量等，并对今后的可能发展趋势作出评估，以调节、控制计划或行动。另外，利用 GIS 还可以进行最佳位置的选择、新修公路最佳线路的选择、辅助决策系统分析和地学模拟分析等。

4. 数据输出

地理信息系统中输出数据种类很多，如输出地图、表格、文字、图像等；可以输出全要素地图，还可以根据用户需要，分层输出各种专题图、各类统计图等。输出介质可以是纸、光盘、磁盘、显示终端等。随着输出数据类型的不同和输出介质的不同需配备不同的软件，以最终向用户报告分析结果。

5. 应用模型

由于地理信息系统应用范围越来越广，常规系统提供的处理和分析功能很难满足所有用户的要求。因此一个优秀的地理信息系统应当为用户提供二次开发手段，以便用户开发新的空间分析模块，即开发各种应用模型，扩充地理信息系统功能。

13.4.4 GIS 的应用

1. 资源清查

资源清查是地理信息系统最基本的职能，其主要任务是将各种来源的数据汇集在一起，并通过系统的统计和覆盖分析功能，按多种边界和属性条件，提供多种条件组合的区域资源统计和进行原始数据的快速再现。

2. 城乡规划

空间规划是GIS的一个重要应用领域，城市规划和管理是其中的主要内容。例如，用GIS解决在大规模城市基础设施建设中如何保证绿地的比例和合理分布、如何保证学校、公共设施、运动场所、服务设施等能够有最大的服务面（城市资源配置问题）等。

3. 灾害监测

解决在发生洪水、战争、核事故等重大自然或人为灾害时，如何安排最佳的人员撤离路线、并配备相应的运输和保障设施等问题。

4. 土地调查

土地和地籍管理涉及土地使用性质变化、地块轮廓变化、地籍权属关系变化等许多内容，借助GIS技术可以高效、高质量地完成这些工作。

5. 环境管理

用于区域生态规划、环境现状评价、环境影响评价、污染物削减分配的决策支持、环境与区域可持续发展的决策支持、环保设施的管理、环境规划等。

6. 作战指挥

军事领域中运用GIS技术最成功的例子当属1991年海湾战争。美国国防制图局在工作站上建立了GIS与遥感的集成系统，它能用自动影像匹配和自动目标识别技术处理卫星和高低空侦察机实时获得的战场数字影像，及时地（不超过4小时）将反映战场现状的正射影像图叠加到数字地图上，并将数据直接传送到海湾前线指挥部和五角大楼，为军事决策提供24小时的实时服务。通过利用GPS、GIS、RS等高新尖端技术迅速集结部队及武器装备，以较低的代价取得了极大的胜利。

7. 宏观决策

地理信息系统利用拥有的数据库，通过一系列决策模型的构建和比较分析，可为国家宏观决策提供依据。例如我国在三峡地区研究中，通过利用地理信息系统和机助制图的方法，建立了环境监测系统，为三峡宏观决策提供了建库前后环境变化的数量、速度和演变趋势等可靠的数据。

13.4.5 GIS常用软件介绍

1. ARC/INFO

ARC/INFO是美国环境系统研究所ESRI（Environmental Systems Research Institute Inc.）推出的地理信息系统软件，该软件包括工作站版、Windows NT版及微机版（PC ARC/INFO），它是世界上应用最为广泛的GIS软件之一。ARC/INFO是一个典型的地理信息系统软件，至今已成功地应用到自然资源管理、制图、设施管理、城市规划和管理、区域规划、人口和商业管理、交通运输、石油、天然气和矿产、教育、军事、咨询等领域，其基本的GIS功能有：地图投影及投影变换，数据维护及管理，多边形叠加分析及缓冲区分析、网络分析等；高级功能包括：数据输入和编辑功能、数据转换和集成、完整的数据查询和显示、地理数据管理、系统的二次开发功能、数据输出等。

2. MapInfo

MapInfo 是美国 MapInfo 公司近年推出的基于桌面的地理信息系统与制图软件，该软件的特点是系统结构紧凑，使用方便，操作灵活，并提供中文版本，被广泛用于 GIS、办公自动化和桌面地图出版等方面，是近年来国内和国际上用户数量增长最快的 GIS 软件之一。其功能包括：图形数据和属性数据的编辑、相互连接；属性数据的统计、查询和多种图表的制作；支持开放数据库的连接；支持扫描图像和数字影像；支持多种数据格式；提供系统开发语言 MapBasic。

3. 国产软件

国产 GIS 软件有中国地质大学开发的 MapGIS 软件；武汉大学开发的、面向大型数据管理的 GeoStar(吉奥之星)软件；北京大学开发研制的 CityStar(城市之星)软件等，在这儿不作详细介绍。

13.5 数字测图基本知识

随着科学技术以及计算机软、硬件技术的发展，全站型电子速测仪和便携式微机得到了普及和应用，并成为地形测量野外数据处理的主要工具，全站仪和便携机的有机结合，加上必要的测图软件支持，完全可以完成手工测图的全部工作。与之不同的是，数据的获取和记录方式、数据处理的方式、所绘制的地形图的形式都发生了变化。这种崭新的测图方式具有鲜明的“数字化”特征，人们习惯上称为“数字测图”。

13.5.1 数字测图的基本概念

数字地图就是以数字形式贮存在磁带、磁盘、光盘等介质上的地图。广义地讲，生产数字地图的方法和过程就是数字测图。数字测图(Digital Surveying and Mapping，简称 DSM)系统是以计算机为核心，在外连输入输出设备及硬、软件的支持下，对地形空间数据进行采集、输入、成图、绘图、输出、管理的测绘系统。目前，根据数据来源和采集方法的不同，数字测图系统主要分为以下三种：

1. 基于影像的数字测图系统

这种数字测图系统是以航空像片或卫星像片作为数据来源，即利用摄影测量与遥感的方法获得测区的影像并构成立体像对，在解析测图仪上采集地形特征点并自动传输到计算机中，或直接用数字摄影测量方法进行数据采集，利用软件进行数据处理，自动生成数字地形图，并由数控绘图仪进行绘图输出。该系统基本构成如图 13.7 所示。利用摄影测量与遥感技术进行数字测图的方法一般适用于中、小比例尺测图，对于大面积 1：2000 比例尺测图也多采用这种方法。

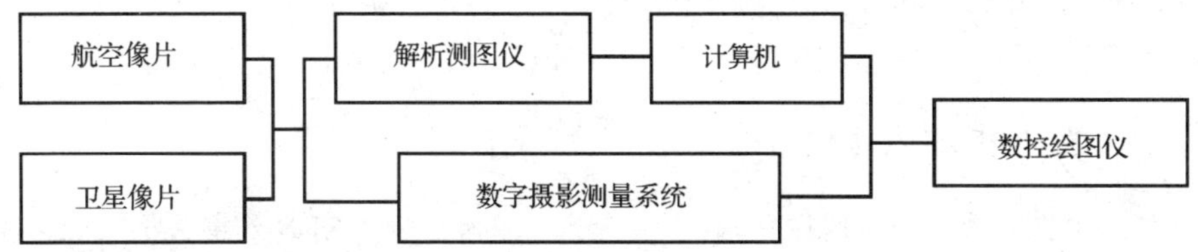

图 13.7　基于影像的数字测图系统

2. 基于现有地形图的数字测图系统

将纸质地形图转换为数字地图的过程称为地图数字化。其方法主要有两种：一种是手扶跟踪数字化，即在数字化仪上对原图各种地图要素的特征点通过手扶跟踪的方法逐点进行采集，将采集结果自动传输到计算机中，并由相应的成图软件处理成数字地图。另一种是扫描数字化，即首先通过扫描仪将原图扫描成数字图像，再在计算机屏幕上进行逐点采集或半自动跟踪，也可以直接对各种地图要素进行自动识别和提取，最后用相应的成图软件处理成数字地图。该系统基本构成如图 13.8 所示。

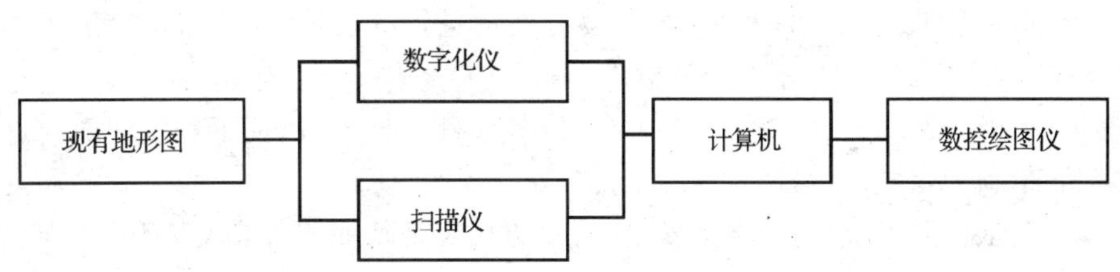

图 13.8　基于现有地形图的数字测图系统

3. 野外数字测图系统

野外数字测图系统是利用全站仪或 GPS 接收机在野外直接采集有关地形信息并将其传输到计算机中，经过测图软件进行数据处理形成图形数据文件，最后由数控绘图仪输出地形图。其系统基本构成如图 13.9 所示。

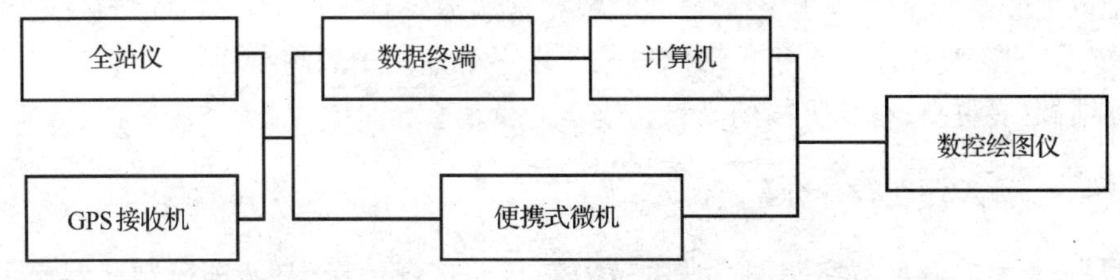

图 13.9　野外数字测图系统

这种数字测图方法是从野外实地采集数据，又称之为地面数字测图。由于这种测图方法和过程与传统平板仪测图相类似，人们习惯上也将这种数字测图系统称为电子平板。由于全站仪具有较高的测量精度，这种测图方式又具有方便灵活的特点，故一般适用于小范围、大比例测图。目前我国1∶1000和1∶500比例尺的数字测图主要采用这种方法，它普遍应用于城市地籍图的测绘工作。

13.5.2 数字测图的基本特点

数字测图是在手工测图的基础上发展起来的，在野外实地采集数据时，地形特征点的选择（跑反光镜）与手工测图（跑尺）一模一样，但它与传统的测图又有着本质的区别，它实质上是一种全解析、全数字的测图方法，有着传统测图无可比拟的优点。

1. 数字测图过程的自动化

数字测图使野外测量自动记录、自动解算处理、自动成图、绘图，并向用图人员提供可进行处理的数字地图，实现了测图过程的自动化。

2. 数字测图产品的数字化

数字测图的主要产品是数字地图。数字地图具有以下主要优点：

1）便于传输和处理，并可供多用户同时使用。

2）便于建立地图数据库和地理信息系统(GIS)。

3）根据所使用的软件和用途，可以方便地进行分层处理，从而可绘出各类专题图（如房产图、道路图、水系图和管线图等）。

4）可以方便地将其传输到 AutoCAD 等设计软件中，以便工程设计部门进行计算机辅助设计。

5）便于提取点位坐标、线段长度、直线方位和地块面积等有关信息。

6）便于局部修测和更新，以保持地形图的现势性。

3. 数字测图成果的高精度

传统测图方法得到的图纸精度，局限于测图比例尺精度。例如1∶1000比例尺测图，比例尺精度以图上0.1mm计，则最好的精度也只能达到10cm，若采用全站仪测量，对仪器精度将是极大的浪费。

数字测图以全站仪测得的数据作为电子信息，可自动传输、记录、存储、处理和绘图。在这一过程中，原始测量数据的精度毫无损失，从而获得高精度（与仪器测量同精度）的测量成果。数字地形图充分体现了外业测量的高精度，同时也充分体现了仪器发展更新、精度提高的高科技进步的价值。

13.5.3 数字测图软件介绍

随着大比例尺数字测图方法的普及和日益广泛的应用，我国研制开发出了一大批性能优越、操作简便的大比例数字测图软件。较有代表性的如清华山维新技术开发公司研制的 EPSW 电子平板测图系统，南方测绘仪器公司的 CASS 系列等，现以 EPSW 为例说明软件的主要功能。

1993年底清华大学及清华山维新技术开发公司在杨德麟教授主持下首创了电子平板测绘模式——全站仪＋便携机＋EPSW电子平板测图软件。EPSW电子平板测图软件既有与全站仪通信和数据记录的功能，又在测量方法、解算建模、现场实时成图和图形编辑、修正等方面超越了传统平板测图的功能，从硬件意义上讲，完全替代了图板、图纸、铅笔、橡皮、三角板、比例尺等绘图工具。高分辨率的显示屏作图面，面上所显即所测，实时成图，真正实现了内外业一体化。

另外，EPSW电子平板测图系统还用于实测与自动绘制各种大比例尺数字地籍图、管线图、地物平面图、断面图等。它具有多种数据采集方法、多种交会测图方法、强大的编辑功能和数据处理功能及操作简单等特点。

思 考 题

13.1 GPS系统由哪几部分组成？与传统测量相比，其特点是什么？

13.2 试述GPS定位的基本原理。

13.3 RS系统由哪些部分组成？其特点是什么？

13.4 GIS包含哪些功能？主要应用在哪些领域？

13.5 试列举常见的GIS软件及其功能。

13.6 与传统测图手段相比，数字测图的特点是什么？

参 考 文 献

冯仲科等. 2002.测量学原理.北京:中国林业出版社
高成发.2002.GPS测量原理及其应用. 北京:人民交通出版社
过静珺. 2000.土木工程测量. 武汉:武汉工业大学出版社
郝延绵.2001.建筑工程测量.北京:科学出版社
郝向阳,赵夫来. 2001.数字测图原理与方法. 北京:解放军出版社
合肥工业大学等.1990.测量学.北京:中国建筑工业出版社
胡鹏等. 2001.地理信息系统教程. 武汉:武汉大学出版社
胡伍生,潘庆林. 2002.土木工程测量(第二版). 南京:东南大学出版社
华南理工大学测量教研组. 1990.建筑工程测量. 广州:华南理工大学出版社
姜春元. 1992.建筑工程测量.北京:冶金工业出版社
靳祥升等. 2001.测量学.郑州:黄河水利出版社
李生平,曹恒慧. 2003.建筑工程测量. 武汉:武汉理工大学出版
卢正主编.2003.建筑工程测量.北京:化学工业出版社
陆守一等. 2003.地理信息系实用教程(第2版). 北京:中国林业出版社
刘基余等. 1999.全球定位系统原理及其应用. 北京:测绘出版社
刘玉珠主编.2001.土木工程测量.广州:华南理工大学出版社
梅安新等. 2002.遥感导论. 北京:高等教育出版社
邵自修等. 1997.工程测量.北京:冶金工业出版社
文登荣,宛梅华.1985.测量学.北京:中央广播电视大学出版社
邬伦等. 2002.地理信息系统. 北京:电子工业出版社
吴信才等. 2002.地理信息系统原理与方法. 北京:电子工业出版社
杨德麟. 1998.大比例尺数字测图的原理方法与应用. 北京:清华大学出版社
占云麟,林风明.1988.建筑工程测量.武汉:武汉工业大学出版社
詹庆明,肖映辉. 1999.城市遥感技术. 武汉:武汉测绘科技大学出版社
朱述龙,张占睦. 2000.遥感图像获取与分析.北京:科学出版社